VLADIMIR LUGO

CIBERMINISTERIO

5 FUNCIONES ESENCIALES DE LA TECNOLOGÍA EN LA MISIÓN DE LA IGLESIA

SERIE: CIBERMINISTERIO 1

CIBERMINISTERIO

**5 funciones esenciales
de la tecnología en la misión de la iglesia**

vladimir@vladimirlugo.com
www.vladimirlugo.com

Publicado en los Estados Unidos de Norteamérica
por Tepui Media, LLC., Sheridan, Wyoming

ISBN-13 Impreso: 978-0-9973369-0-0
ISBN-13 Electrónico: 978-0-9973369-1-7
ISBN-13 Audio: 978-0-9973369-2-4

Library of Congress Control Number: 2023909258

Otros recursos por Vladimir Lugo

Ciberministro hoy
Recibe los artículos donde exploro el tema del uso de la tecnología en el ministerio y recibe notificaciones acerca de nuevas publicaciones, conferencias, y seminarios en la comodidad de tu correo electrónico. Visita www.vladimirlugo.com.

#tecnologiasministeriales | #ciberministerio

Sígueme **@vladimirlugomt** y únete a la conversación en las redes sociales.

DEDICATORIA

A Dios,
tecnólogo y gestor
de todas las cosas
visibles e invisibles.

– Hebreos 11:10

*Nada es más inútil que
hacer con eficiencia
lo que no se debería hacer
en lo absoluto.*

– *Peter Drucker*

TABLA DE FIGURAS

TABLA DE CONTENIDO

PREFACIO

La necesidad es la madre de la tecnología.
— HUGO DE SAN VÍCTOR, TEÓLOGO Y PEDAGOGO SAJÓN.

En 1985 escuché juntas por primera vez las palabras tecnología y teología. Entonces era un estudiante del primer año de ingeniería en la universidad y aunque estaba consciente de que había escogido una carrera técnica, no tenía ni la más remota noción del impacto que la tecnología y la teología tendrían en mi vida.

Sucedió cuando el Dr. Chan, un oficial del gobierno popular chino, visitaba mi ciudad natal, Caracas, Venezuela, y le invitamos a nuestra iglesia para que compartiera su testimonio. Entre drama e intriga narró los detalles de su conversión al cristianismo.

Como representante internacional del partido comunista, el Dr. Chan, dedicó su vida profesional a promocionar el marxismo, el gobierno maoísta y el ateísmo, como los tres pilares sobre los cuales se construye la sociedad ideal. Con dedicación y esfuerzo, escaló las posiciones más altas de los rangos oficiales hasta llegar a contar con la absoluta confianza de sus superiores. Estando en la cumbre de su carrera política, algo inesperado sucedió.

El Dr. Chan recibió una invitación modesta de un amigo para que le acompañara a un grupo cristiano de oración. Él no sabía de qué se trataba, pero asistió de todas maneras. Ese día por primera vez escuchó acerca del poder de Dios en Cristo Jesús para la salvación de la humanidad. No entendió todo lo que le dijeron, pero decidió seguir asistiendo al grupo con regularidad. Poco después se convirtió.

A partir de ese momento, el mundo que se había forjado comenzó a derrumbarse bajo sus pies. Su marco de referencia filosófico dejó de tener sentido. Comenzó a notar un nuevo fuego ardiendo en su corazón y sintió la necesidad de darle lugar y alimentarlo. Su cosmovisión y sus intereses fueron cambiando en la medida que aprendía más sobre su nueva fe.

No le fue nada fácil, pero con el tiempo llegó a la conclusión de que no era la ausencia de Dios, sino más bien Su presencia intencional y misericordiosa, la que puede sostener las bases de una sociedad no sólo mejor sino completa.

El Dr. Chan entendió poco después que su cargo gubernamental y su posición social estaban en riesgo. La iglesia llevaba años siendo perseguida por las autoridades y él se había convertido en una especie de apóstol Pablo moderno, habiendo pasado de perseguidor a las listas de los perseguidos. Por eso escondió su fe en el sótano secreto de las modernas catacumbas. ¡Ah! pero no por mucho tiempo. El Dr. Chan se llenó de valor y arriesgando su estatus político y exponiéndose a la pena capital, decidió hacer pública su fe. Con astucia sin igual le pidió al gobierno un permiso prolongado para venir a los Estados Unidos a cursar estudios doctorales en… TEOLOGÍA.

Por acto de la providencia, y por razones que nunca pudo explicar, el gobierno chino no sólo le dio el permiso al aprobar su aplicación, sino que le envió una carta explicando que pagarían por sus gastos de viaje, de manutención y los costos de la colegiatura durante sus estudios. Él leyó la carta en presencia nuestra, la cual concluía con unas líneas semejantes a estas: "La República Popular China considera de suma importancia el apoyar a un oficial gubernamental de confianza para que estudie los últimos avances mundiales en cuestiones de... TECNOLOGÍA".

¡Santa confusión!

Pidió permiso para estudiar teología y se lo dieron pensando que vendría a estudiar tecnología. Este malentendido permitió que al Dr. Chan le autorizaran para viajar a los Estados Unidos. Aclarada la confusión decidió entonces estudiar la causa del progreso tecnológico en el mundo occidental. Durante sus estudios llegó a la conclusión de que la base del progreso y el desarrollo tecnológico consistía en el mensaje transformador del evangelio y su ética cristiana de trabajo. El gobierno chino quería saber el secreto del progreso tecnológico y el Dr. Chan confirmó con sus investigaciones que ese secreto era de fondo la teología cristiana. Su mandato para que estudiara tecnología de todas maneras resultó en estudios de teología.

La teología había trabajado en favor de la tecnología, y estoy convencido de que ahora la tecnología puede devolverle el favor a la teología. Esta es la pura esencia de este libro: La tecnología puede trabajar en favor de la teología práctica en los múltiples ministerios de la iglesia. En otras palabras, la iglesia necesita explorar los beneficios de una tecnología bien utilizada guiada por una teología bien informada.

Teólogo y tecnólogo

Nosotros, la iglesia de hoy, vivimos en una era de muchos retos. La Gran Comisión delante de nosotros revela nuestra necesidad de hacer ministerio como una labor multifacética. El ministerio nos impulsa a considerar el uso de cada herramienta, metodología o técnica a la cual podamos echarle mano, y en cualquier disciplina existente, para ser efectivos al comunicar el mensaje maravilloso que tenemos "hasta los confines de la tierra" (Hechos 1:8).

Soy teólogo de vocación y tecnólogo de profesión. Así nació este libro, de mi deseo de ser un ministro efectivo en la sociedad contemporánea altamente tecnificada. Las siguientes páginas están llenas de reflexiones personales filtradas por años de investigación interactiva y práctica profesional. Tienen el propósito de ayudar a líderes ministeriales a hacer el mejor uso posible de la tecnología con un sentido práctico y un ojo crítico.

Soy teólogo de vocación y tecnólogo de profesión.

Durante mis treinta años de vida cristiana y ministerio, he visto cómo muchos líderes han percibido la tecnología y la teología en choque filosófico antagónico, como si se opusiesen mutuamente. En lo que a mí respecta, no he podido validar este conflicto con los hechos, ni con la razón, ni con la experiencia. La única tensión de la cual he sido testigo es más personal que metafísica, y tiene que ver con mi propia orientación vocacional y mi experiencia laboral, o sea, el reto de ejercer mi llamado como ministro bivocacional y desarrollar una carrera como profesional de la informática. Esta es la misma tensión que siento al decidir cuál de los siguientes dos párrafos quiero escribir primero.

Como teólogo, mantengo vivo un interés profundo en la iglesia y su misión de comunicar el evangelio o las buenas noticias del reino de Dios, de educar y de hacer discípulos. En este sentido he sido un verdadero evangelista. He tenido la oportunidad de expresar este mensaje liberador por métodos que considero tanto convencionales (la predicación, la enseñanza, o la escritura) como no convencionales (la danza, el drama, la música, las artes plásticas, y las tecnologías de la computación). He usado estos métodos trabajando como pastor de jóvenes y adultos, líder de grupos pequeños, maestro de escuela bíblica, profesor universitario en algunas instituciones cristianas y conferencista.

La iglesia existe por su misión.

Como tecnólogo, he trabajado en varias posiciones promoviendo e implementando el uso estratégico de la tecnología, aunque no he ostentado el título oficial, he sido un evangelista de tecnología. Tal como lo oyes. Aunque el término te suene extraño, el evangelista de tecnología es el título preferido de la mayoría de las empresas de tecnología en los Estados Unidos para referirse a sus empleados de mercadeo. Me sorprende saber que la industria haya tomado prestada esta palabra, originaria de la misión cristiana, para comunicar las buenas noticias de sus avances tecnológicos.

También he trabajado como instructor técnico, administrador de sistemas de alta tecnología y gerente de informática por más de dos décadas. He tenido la oportunidad de especializarme en sistemas masivos de uso empresarial que mantienen las aplicaciones críticas de varias universidades del país. Esto incluye la administración de bancos de datos, sistemas de planificación de recursos (ERP, o *Enterprise Resource Planning*, por sus siglas en inglés) y desarrollo de aplicaciones web en plataformas múltiples. Mi experiencia me ha permitido servir como puente para la implementación, el uso y la planificación estratégica de tecnología en las instituciones para las cuales he trabajado.

Es una madre y hay que respetarla

En los comienzos del siglo doce, Hugo, un teólogo, filósofo, místico y pedagogo del monasterio de San Víctor en París, presentó su clasificación cuádruple de las ciencias basado en la presuposición de que todo conocimiento proviene de Dios y del estudio de la teología, dicho sea de paso, la misma conclusión a la que llegara el Dr. Chan.

De acuerdo con Hugo de San Víctor, las ciencias se clasifican en: Teóricas, Prácticas, Mecánicas y Lógicas. Aunque no era de usanza el término tecnología durante la edad media, las ciencias prácticas y mecánicas incluían todo el desarrollo que hoy podríamos llamar tecnológico.

Los escritos de Hugo fueron muy influyentes en los orígenes del Escolasticismo y sirvieron para promover la aceptación del "nuevo método científico en las escuelas católicas," [1] en los propios orígenes de las universidades. No es sorprendente entonces que Hugo sea el teólogo más citado por los tecnólogos modernos. En su obra, *Didascalicon*, escribe: "Aprende de todo; después verás que nada es superfluo," [2] queriendo decir que todo conocimiento presente ha de confluir en algún momento futuro. *Ciberministerio* representa ese futuro de convergencia para mí, y espero que también para ti.

De joven aprendí de mi abuela el dicho: "el ocio es la madre de todos los vicios". Luego, cuando estudiaba en la escuela secundaria, un amigo lo completó diciendo a manera de chiste: "...pero es una madre, y hay que respetarla". También en la secundaria escuché "La necesidad es la madre de la inventiva". Esta frase se le atribuye por relación a Hugo de San Víctor, aunque en realidad él escribiera: "La necesidad es la madre de la tecnología". En todo caso, este libro desea respetar esa madre llamada necesidad.

Existe una necesidad enorme de tener un marco de referencia teórico práctico respecto de la tecnología en el ministerio cristiano. Necesitamos un modelo adecuado para pensar acerca de la tecnología. Necesitamos también un modelo adecuado para planear, implementar y utilizar la tecnología en el ministerio.

Por qué este libro

Ciberministerio presenta este marco de referencia. Provee a la vez una guía crítica y un modelo organizacional. No tiene comparación ni precedente con ningún otro trabajo en el tema. Viene a llenar un vacío en la literatura cristiana sobre el uso de la tecnología en el ministerio, creando incluso una nueva terminología y categoría de referencia, como veremos más adelante: las tecnologías ministeriales.

El libro *Ciberministerio* es el primer volumen de una serie de libros sobre las tecnologías ministeriales. Cada libro explora una dimensión diferente de la tecnología en misión, como un prisma que revela matices de colores, cada cual perfeccionando las luces de nuestro entendimiento.

Deseo aclarar que, aunque discuta en ocasiones el impacto que las comunicaciones, el transporte o los medios audiovisuales tienen en el ministerio, mi experiencia de primera mano viene del campo de las tecnologías de la computación y la informática. Sé que esto pudiese ser visto de entrada como una limitante en mi capacidad de escribir este libro, dada la amplia variedad de otras tecnologías. Sin embargo, yo considero que esta es mi ventaja por dos razones.

Primero, no se puede negar que la computación ha tenido un impacto tremendo en nuestra cultura y nuestro estilo de vida. La computación inició una nueva revolución tecnológica de proporciones mundiales permeando toda industria y experiencia humana. Y segundo, hay una necesidad evidente en las iglesias locales y otros ministerios de actualizarse con los últimos avances auxiliados por el uso de la computación a todo nivel.

Siempre que sea necesario, he consultado con varios expertos y autoridades en otros campos para asegurarme de que la lectura te informe y a la vez te rete.

A quienes va dirigido este libro

Ciberministerio va dirigido a líderes y obreros cristianos en organizaciones de diversa índole, ya sea en iglesias, organizaciones misioneras y paraeclesiásticas, instituciones educativas, fundaciones de servicio comunitario o incluso en el mercado laboral.

Pastores

Quienes desean entender los tiempos contemporáneos para definir las mejores estrategias para alcanzar a su generación con el mensaje de salvación, y sentar las bases para las generaciones venideras. Esto incluye a los pastores principales, los pastores administrativos y los pastores de diversos ministerios o departamentos. Este libro les ayudará a compartir un vocabulario común para desarrollar estrategias claras de ministerio mediado por la tecnología de hoy.

Directores denominacionales

Quienes desarrollan las políticas y los procedimientos que identifican, definen y dirigen a los representantes de su denominación. Esto incluye a los superintendentes regionales, directores nacionales de centros eclesiásticos y asociaciones pastorales, y a los demás apóstoles y pastores de pastores. Juntos podrán asumir los retos tecnológicos de hoy para formular una visión ministerial completa.

Educadores cristianos

Quienes sientan las bases de nuestra cosmovisión, quienes instruyen a nuestros hijos a vivir siguiendo los valores cristianos, y quienes están comprometidos con la formación teológica, ministerial, e integral de nuestros líderes. Los profesores de seminarios teológicos y universidades, maestros de escuelas tanto a nivel académico, elemental y superior, como de estudios bíblicos, quienes necesitan caminar adelante para conducir de la mano a sus estudiantes, incluso en cuestiones de tecnología.

Líderes

Quienes realizan semana tras semana las labores del ministerio práctico. El director de adoración y los músicos, quienes trabajan en el sonido o en producción de medios, el encargado de evangelismo, el misionero, el cuerpo de consejeros y los trabajadores sociales, los facilitadores y los anfitriones de grupos pequeños, el personal administrativo y gerencial. Todos podrán encontrar consejos prácticos para ser más efectivos en su trabajo ministerial al incorporar tecnología en sus rutinas regulares.

Todo cristiano

Quienes hemos sido llamados a La Gran Comisión. El mandato de Jesucristo sigue vigente hoy por hoy y se enfrenta los nuevos retos de los avances tecnológicos. Es nuestra labor darle nuevas formas para que se mantenga relevante y transformador.

Ciberministerio tiene algo para cada cristiano, siempre y cuando quiera hacer un mejor uso de la tecnología en el ejercicio de sus funciones ministeriales.

Cómo utilizar este libro

Ciberministerio está escrito con cuatro dimensiones en mente. Cada una de estas cuatro dimensiones se entrelazan y complementan entre sí para presentar una visión amplia sobre la tecnología en el ministerio de la iglesia:

1. **Una dimensión bíblica y teológica**, para que puedas destilar principios y desarrollar prácticas avaladas por la palabra de Dios. Esta dimensión les permitirá a los miembros de tu equipo ministerial retomar la confianza necesaria para avanzar en el desarrollo de la misión.

2. **Una dimensión teórica**, que te ayudará a poner a las tecnologías ministeriales en la perspectiva de conceptos

existentes en la industria de la información y crear un marco de referencia para pensar acerca de la tecnología en misión.

3. **Una dimensión práctica**, para que organices los equipos de trabajo tecnológico en completa alineación con tu misión, documentes los procesos existentes para implementar mejoras, y midas los resultados de tus iniciativas de forma tanto cualitativa como cuantitativa.

4. **Una dimensión humana**, porque con frecuencia se nos olvida el papel que juega la gente en asuntos de tecnología y como acostumbro a decir, la tecnología es por las personas y para las personas. En esto la tecnología se identifica con la misión de la Iglesia, que también es por las personas y para las personas.

Ciberministerio desarrolla el concepto de tecnologías ministeriales y lo explora desde el punto de vista de las tres actividades fundamentales de la tecnología en el **Capítulo 4** y las cinco funciones esenciales de la misión cristiana en desde **Capítulo 5** en adelante. Aunque sirva como material de consulta posterior a tu lectura, te recomiendo que los leas progresivamente para asentar los nuevos conocimientos sobre la base de lo leído con anterioridad.

Al final del contenido del libro, encontrarás 2 apéndices: el primero para hacer una evaluación de las tecnoactitudes negativas en tu ministerio, y el segundo con preguntas para fomentar la discusión con tu equipo de trabajo.

Te invito a conectar conmigo de manera personal. Para ello encontrarás mi información de contacto en la sección **Acerca del autor**. Únete al mi grupo de discusión del libro en Goodreads (https://goodreads.com/vladimirlugomt), el sitio web dedicado a los amantes de la lectura, y consígueme en las redes sociales con el identificador único: @vladimirlugomt.

La tecnología es por las personas para las personas.

Te invito a conversar conmigo sobre el tema. Para ello, me gustaría conocer tu opinión acerca del libro, lo cual puedes hacer de forma privada a través de mi contacto personal. Si quisieras ir la milla extra, al terminar tu lectura, por favor deja tu comentario sobre el libro en la página de Amazon. Tu apreciación honesta y tu retroalimentación me pueden ayudar a ayudarte mejor en futuras ediciones y otras publicaciones sobre el tema.

Espero que este libro te ayude a reconocer la importancia del uso de la tecnología en el ejercicio efectivo del ministerio al tiempo que te ayude a utilizar la tecnología en tu práctica pastoral. Espero que te conviertas en ciberministro, evangelista de tecnología ministerial en el lugar donde Dios te ha llamado a servir. También espero, y es mi oración, que al final del libro hayas ganado un mejor entendimiento de cómo la tecnología puede servir a los propósitos de la teología en su interés de esparcir la semilla del conocimiento de Dios.

Con grandes expectativas, tu servidor,

Vladimir Lugo
Los Ángeles, California
Mayo 2023.

CIBERMINISTERIO

INTRODUCCIÓN

La tecnología imita a la naturaleza. [3]

— ARISTÓTELES, FILÓSOFO GRIEGO.

Por fin estaba sentado en el laboratorio de computación. Era el único laboratorio de la Universidad Simón Bolívar, y en ese momento, el más novedoso del país. Contaba con las primeras computadoras portátiles Kaypro II. Claro que, en aquellos días, portátil significaba algo distinto de lo que significa hoy.

La Kaypro II tenía el tamaño de una maleta grande de equipaje con el teclado en la tapa que cerraba como si fuera un baúl y una gran asa para transportarla porque no tenía rueditas. Era tan pesada que se necesitaban dos personas para cargarla. Pero era portátil comparada con aquellas computadoras que ocupaban todo un piso.

La popularidad del laboratorio hacía casi imposible reservar tiempo a solas con las computadoras. Estudiaba mi primera clase de programación. ¡Por fin tenía mi cita! El día que me senté por primera vez a trabajar en una computadora nació mi relación de amor y odio por la tecnología. Tal vez deba decir de odio y después amor.

Comencé con el pie equivocado. Pasaba muchas horas escribiendo rutinas de código y probando manualmente mis programas hasta que pude tener mi cita. Pero mis programas estaban plagados de errores.

¿A quién se le habrá ocurrido el dicho ese que dice "a la tercera va la vencida"? Pues a mí no me funcionó. No tuve suerte escribiendo un programa que funcionara. Como un programa funcional era requisito del curso, reprobé tres veces.

Viendo el lado positivo, esto me dio la ventaja de estudiar programación por año y medio. En mi cuatro intento, Basic y Casio vinieron a mi rescate. Estos no eran los nombres de mis amigos de la universidad, aunque pensándolo bien, se convirtieron en grandes aliados.

Recuerdo que salí del salón de clase con varios amigos luego que el profesor me anunciara que había aprobado. El programa que escribí en definitiva funcionó después de tantos intentos. Ese día grité: "¡Odio la computación!" y me prometí: "¡Nunca más tocaré una computadora el resto de mi vida!"

Pero me había enamorado de Casio sin darme cuenta. La Casio PB-100 fue la primera computadora de bolsillo programable. [4] La belleza de esta computadora era que tenía un teclado completo y todos los comandos de programación en lenguaje de Microsoft Basic ya predispuestos en ese teclado. Además, aceptaba un módulo de memoria extendida de… 2KB ¡imagínate! Para verlo en proporción, la Casio sería 35% más grande que mi teléfono móvil, pero la memoria sería del tamaño de un virus biológico microscópico sobre la pantalla.

Me había enamorado también de una chica de la iglesia. Una pobre y desasistida estudiante de escuela superior que necesitaba tutorías de física y de química… y allí nació la química… ¡Ay! perdón, divago ¿Qué tiene que ver lo uno con lo otro? Bueno, que cuando llegó la hora de confesarle mi amor –a la chica, no a Casio– escribí un pequeño programa de preguntas y respuestas en Basic y lo instalé en la Casio.

Esperé hasta que ya me había despedido. Ella había cerrado las rejas que protegían la puerta del apartamento. No sé por qué, pero eso me daba una sensación de seguridad, así que le di a Casio a través de las rejas y ella comenzó a correr la pequeña pieza de software que le había escrito maravillada de la novedad. ¿Quién dijo que el lenguaje de programación no servía para recitar un poema?

Lo que ella no sabía era que la pregunta final de mi programa para que nos hiciéramos novios, o en buen venezolano: "¿te quieres empatar conmigo?", tenía una sola respuesta: "Sí," por supuesto, y que, si ella escogía la alternativa, el programa seguiría con su línea de preguntas y respuestas en un bucle interminable hasta que no tuviera otra opción. Cuando me dijo que sí de forma voluntaria, me llené de emoción. Le dije: "Entonces, hablamos mañana". La tomé y la besé. A Casio... la chica estaba tras las rejas, ¿recuerdas?

Aunque muchos otros programas fallaron, el programa que escribí en Basic para Casio funcionó a la perfección porque esa chica es ahora mi esposa de más treinta años.

Providencia divina

Nunca pude cumplir con mi promesa universitaria. Apenas me uní al mercado laboral, tuve que utilizar terminales de computación unidos a un mainframe. Después utilicé otras computadoras en la medida que fueron poblando los escritorios de las oficinas: Mac II, IBM con DOS y luego *Microsoft Windows 3.1 for Workgroups.*

Trabajé en la primera compañía de teléfonos móviles en Caracas programando los "ladrillos" de Motorola antes de entregárselos a sus clientes. Esta experiencia me llevó a Puerto Rico a trabajar con teléfonos celulares y me expuso por primera vez a trabajar diseñando redes de computación.

Cuando decidimos mudarnos para California con el propósito de que yo estudiara en el Seminario Teológico Fuller, comencé a trabajar como instructor de computación en una escuela vocacional. Fue entonces cuando en realidad decidí dedicarme a este campo. Al graduarme de la Maestría en Divinidad al cabo de tres años, también había aprendido lo suficiente de computación como para hacer de esto una carrera.

Estoy convencido de que la providencia divina me guio en este proceso. Durante mis años cursando estudios de teología en el seminario y enseñando en la escuela técnica, se formó en mi esta idea de unir ambas disciplinas: La buena tradición de la doctrina y prácticas cristianas junto a una buena relación con la tecnología contemporánea.

Todo ministerio cristiano necesita mantenerse fiel a su profesión de fe, a sus tradiciones, y a sus posturas éticas, en fin, a su misión. Al mismo tiempo, experimenta una tensión con sus métodos tradicionales al tratar de relacionarse con una cultura altamente tecnificada y llena de opciones. Esta tensión es saludable, pero ¿dónde está el balance?, ¿cuál será la manera más apropiada y efectiva para utilizar la tecnología en el ministerio?

Ciberministerio no sólo pretende guiar la conversación a futuro acerca de las tecnologías ministeriales, sino que desea responder a estas preguntas desde un punto de vista estratégico de la misión de la iglesia. La providencia divina que me guio, también nos guiará en este proceso.

Enfoque estratégico

Mi experiencia ha sido que muchos ministerios cristianos se apresuran a comprar aparatos y software, y a adoptar ciertas herramientas tecnológicas sin un conocimiento comprehensivo de la tecnología, y peor aún, sin revisar a cabalidad el lugar que tiene dicha tecnología en el ejercicio de su misión. Muchos otros ministerios se resisten, ya sea por posturas teológicas o porque sienten que enfrentan una realidad que los supera.

En mi opinión, el modelo acertado y balanceado se consigue al desarrollar un enfoque estratégico que alinee la tecnología a la misión de la iglesia. La alineación estratégica consiste precisamente en esto: aparata la comisión antes de comisionar el aparato.

Ciberministerio ofrece un marco de referencia estratégico al alinear el uso de la tecnología con las cinco funciones esenciales de la iglesia, y por ende, de toda organización cristiana: adorar, alcanzar, aprender, ayudar y acompañar.

Ciberministerio trata el tema desde una perspectiva profesional. El libro es el resultado de veinte años del interés y la investigación de un ministro bivocacional, que sirve a Dios simultáneamente en la educación superior y en el ministerio, y que está convencido que no sólo el ministerio se puede beneficiar de la tecnología, sino que las tecnologías contemporáneas tienen la facultad de informar a la teología de hoy, de la misma manera en la cual las tecnologías de antaño informaron las verdades teológicas de la Biblia.

La bibliografía consultada con regularidad por los últimos veinte años sugiere que este libro viene a llenar un vacío abismal. A pesar de que toda empresa moderna considera la tecnología como estratégica para alcanzar sus metas y como ventaja táctica en el mercado competitivo, no existe ningún libro que trate el tema de las tecnologías ministeriales desde el punto de vista estratégico de la misión.

Es posible encontrar algunos libros sobre el tema de ciencia y religión e incluso el uso de ciertas tecnologías en la iglesia, pero muchos de estos libros han sido escritos por académicos, no practicantes de tecnología. Otros autores han tratado el tema de cómo utilizar cierta tecnología en el ministerio, pero con un enfoque táctico, reduciendo su material al "cómo" sin explorar el "porqué" y el "para qué," y aún el trato del "cómo," lo hacen con inmediatez sin pensar en modelos de sostenimiento de la tecnología a mediano y a largo plazo.

Uno de los autores que más ha tratado temas relacionados ha sido Quentin Schultze con varios libros sobre el uso de tecnologías específicas en el ministerio. También en esta categoría se encuentran John Jewell, Scott Watson, Tim Welch y Andrew Careaga.

Algunos autores que tienen un enfoque más teológico son Brent Waters, Albert Borgmann y Richard Rojcewicz siguiendo la filosofía de Heidegger. Se unen a esta lista Lawrence Terlizzese y Derek Schuurman, Justin Wise y Craig Detweiler, pero no exploran el tema desde la perspectiva de la teología de la misión y de la pastoral práctica.

Si quieres explorar el tema estratégico, tienes que volverte a algunos autores seculares como lo son Michael Allison, Jude Kaye, Jodi Podolosky, Terry Schmidt y Frank Medel-González, quienes tratan el tema de la estrategia empresarial. Aubrey Malphurs, Will Mancini y Margaret White establecen el puente a la estrategia ministerial, pero, aunque reconocen el lugar estratégico que tiene la tecnología en el ministerio, no lo desarrollan. Como puedes apreciar por el nombre de los autores mencionados, la literatura cristiana en español sobre el tema es muy escasa, cito tres obras a manera de ejemplo.

Matías Paterlini, quien es un especialista en redes sociales, justifica el uso de estas en el ministerio con un enfoque práctico. El trabajo de Juan Pinto es interesante porque estudia las proclamas papales respecto a las comunicaciones y a la evangelización en el nuevo siglo con el auxilio de la tecnología, aunque luego se apresura un poco para tratar cómo se pueden usar ciertas tecnologías en la evangelización.

También en español encontramos al autor italiano Antonio Spadaro con su excelente trabajo pionero y de corte más teológico. Aunque Spadaro reconoce que no es un especialista en la tecnología, sus observaciones son muy pertinentes y acertadas. Si no has tenido la oportunidad de leerle, te lo recomiendo.

Diferente e innovador

Ciberministerio es diferente e innovador. *Ciberministerio* combina una teología bíblica de la tecnología insertada en la planificación estratégica del ministerio, las cuales se informan mutuamente para el ejercicio ministerial también balanceado.

Dado que este tema se ha explorado poco de la manera presentada aquí, tiene el potencial de abrirse paso como material de estudio en seminarios, institutos bíblicos y conferencias para comenzar a formar la nueva generación de líderes desde las bases.

Es probable que nuestros líderes de hoy, a quienes con aprecio nos referimos como "la vieja guardia," se sientan intimidados por este tema. Pero aún si te consideras parte de este grupo, te animo a seguir leyendo. No hay nada en este libro que esté lejos de tu alcance, te lo prometo, y estoy convencido de que sus páginas te ayudaran a desarrollar tu visión estratégica de la tecnología.

> Ciberministerio *combina una teología bíblica de la tecnología insertada en la planificación estratégica del ministerio.*

Ciberministerio, consiste en once capítulos que construyen de forma progresiva el modelo completo. Comienzo por revisar las actitudes comunes de la iglesia hacia la tecnología para pasar a mi definición práctica de la tecnología en general. Después de explicar las tres actividades fundamentales de toda tecnología, paso a definir el concepto de tecnologías ministeriales y a ahondar en sus detalles. Luego finalizo con una referencia a las varias aplicaciones mencionadas a lo largo del libro.

El libro contiene abundantes referencias técnicas y recursos que podrán ser tomados de forma práctica para guiar a cualquier organización cristiana o ministerio a generar sus propios planes y metas estratégicas y a obtener los mejores resultados en el uso que hagan de las distintas tecnologías aquí tratadas.

A causa de la naturaleza cambiante de la tecnología y de la naturaleza estática de la letra impresa, y por supuesto, dado el tema mismo del libro, he decidido acompañar el libro con un sitio web que lleva el mismo nombre.

Asegúrate de compartir conmigo tu dirección de correo electrónico para que te mantengas actualizado y puedas acceder a plantillas de documentos y recursos técnicos para el ministerio visitando el sitio web: www.ciberministerio.com.

OTROS OJOS

El único viaje verdadero... no sería ir hacia nuevos paisajes, sino tener otros ojos. [5]

– MARCEL PROUST, NOVELISTA FRANCÉS.

A mi hija menor le gusta acompañarme a hacer compras. En cierta ocasión, al haber terminado de recorrer los pasillos del supermercado, nos arrimamos a la fila para pagar. Ella miraba en todas las direcciones de la tienda, y yo la observaba. De repente me hace esta pregunta, "¿Cuántos números crees que hay en esta tienda?"

Su curiosidad despertó la mía. Entendí que se refería al número de dígitos impresos de alguna manera. Juntos comenzamos a inventariar todas las cosas que estaban a la vista que contenían dígitos. Llegamos a la conclusión de que el número de dígitos en la tienda debía estar en un orden de magnitud de miles de millones. Ciertamente la numeración está tan presente en nuestra cotidianidad que, a menos que estemos pegando etiquetas en el supermercado o estudiando matemáticas o contabilidad, pasa completamente desapercibida.

Detente por un momento y mira a tu alrededor. Haz una nota mental de lo que ves. Apunta aquellas cosas que pertenecen sólo al ámbito de lo impreso. Este libro por su puesto encabeza tu lista, si lo estás leyendo en papel, claro está. Abre ahora tu mirada al entorno inmediato. Seguramente encontrarás cartas, letreros, anuncios, instrucciones, etiquetas, ilustraciones, revistas, afiches. En fin, toda una gama de categorías de lo impreso.

Cuenta dentro de esas categorías cuantos objetos ves. Por ejemplo, mientras escribo esta sección del libro con mi acostumbrado café matutino y sin levantarme de mi asiento, veo la ilustración impresa en la taza y las setenta y seis teclas del teclado de mi computadora, con sus diez números indoarábigos, veintiséis letras del alfabeto angloromano y otros símbolos y abreviaturas – en realidad este teclado tiene setenta y siete, pero la barra de espacio no tiene nada impreso.

Sigo mirando y noto el estampado de mi camiseta, una calcomanía promocionando una compañía de tecnología, el logotipo de una marca de deportes y el de una marca de equipos de sonido. Veo dos etiquetas pegadas al cable de la lámpara, un pequeño baúl cuyo diseño impreso ha sido pegado con técnica de papel maché, cinco fotografías, cuatro tarjetas de felicitaciones y una postal enviada desde Europa.

Como el número de dígitos que nos rodea, es muy fácil pasar desapercibidas las cosas impresas. Son tan obvias. Están tan presentes que pocas veces nos detenemos a pensar en ellas. Son parte del paisaje. Pasamos por alto sus ingredientes y su historia. Lo mismo sucede con la tecnología circundante. La tecnología es tan ubicua que tiende a hacerse invisible.

El alfabeto latino, que fue creado alrededor del año 700 a.C., el papel de pulpa, que fue inventado por los chinos alrededor del año 100 a.C. y los molinos hidráulicos para su primera producción en serie, que fueron creación de los monjes europeos en el siglo trece, son piezas fundamentales de la tecnología de lo impreso. Pero no pensamos en ellas al leer una carta.

Es fácil pasar por alto que los dígitos indoarábigos que utilizamos tan comúnmente tienen alrededor de mil quinientos años, la imprenta fue inventada en China hace más de mil años, y la tipografía móvil fue inventada por Johannes Gutenberg en Alemania hace más de quinientos. Y por supuesto, omitimos que el ancestro directo del teclado es el teletipo, creado hace menos de ciento cincuenta años, y que el teclado y la computadora tienen menos de setenta.

La tecnología es tan ubicua que tiende a hacerse invisible.

Ven y ve

La Biblia narra la historia de cómo Jesús escogió a sus discípulos. Sus primeros dos seguidores, Andrés y su hermano Simón, fueron recomendados por Juan el Bautista, quien vino a preparar el camino del Señor no sólo por el mensaje de su predicación sino al referirle su propia gente. Cuando Jesús se dio cuenta de que le seguían les extendió una invitación sencilla: "Vengan y vean" (Juan 1:39).

Dice la historia que pasaron la noche con él y que al siguiente día encontró a Felipe y lo invito a que le siguiera. Felipe a su vez encontró a su hermano Natanael y lo invitó de la misma manera en que Jesús invitara a Andrés y a Simón, "Ven y ve" (Juan 1:46). La perspectiva de vida de esos hombres nunca más fue la mima.

Hay distintos niveles de ver. Podemos mirar las cosas impresas como decoración. Están allí, entretienen nuestros ojos y le suman colorido y esplendor a la imagen. También podemos ver las cosas impresas para comprender el mensaje en sí que quieren comunicar. Unas palabras de felicitaciones, una memoria del pasado o la promoción de un producto o evento son mensajes típicos de lo impreso que, sin la intención de ver, se convierten en ruido visual.

También podemos observar más profundamente y darnos cuenta de que el mundo de lo impreso depende de las muchas tecnologías que lo soportan. Podríamos expandir la lista tecnológica para incluir los pigmentos y las tintas, el papel, el plástico, las maquinarias, la fotografía, los sistemas de transporte y el correo postal, entre otras cosas.

Estoy seguro de que el ejercicio visual anterior, a pesar de ser tan simple, puede cambiar nuestra capacidad de observar. Esto se puede aplicar a otras cosas. Por ejemplo, podemos mirar la Biblia abierta en el Salmo 91 a la entrada de una casa, pero también podemos leer el salmo o podríamos hacer una exégesis profunda del texto. Cada una de estas interacciones con la Biblia representa un nivel distinto de ver.

Te invito a ver con otros ojos: ¡Ven y ve! Ven a ver con mayor profundidad. Ven a ver con el propósito de entender y de actuar con inteligencia. Hagamos juntos una exégesis de la tecnología y de su uso en el ministerio cristiano.

Inventario visual

Por lo pronto quiero que amplíes las categorías de lo que ves y sigas haciendo el inventario visual de lo tecnológico. No sólo te rodea lo impreso, por supuesto. Estás vestido, espero. Las distintas prendas de ropa con todos sus detalles son tecnología. Estás sentado, tal vez. El inmobiliario y todos sus accesorios, también. Es hasta probable que estés tomando una merienda. La producción de esos alimentos, su transportación y su empaque proceden de intricados procesos de ingeniería.

¿Necesitas que siga con la lista? Está bien. El piso, el techo y las paredes del edificio dónde te encuentras están fabricados de acuerdo con estándares que deben seguir los códigos de la ciudad. Con seguridad estás en uno de sus cuartos o salones, de preferencia cerca de un baño. En el baño hay un sistema de cañerías y agua potable; tal vez algunos artículos de aseo personal, que también son tecnología.

El edificio, dicho sea de paso, tiene una dirección física postal. Con esto quiero decir que afuera hay aceras, alumbrado, calles, pavimento y jardineras. Eso es lo que ves. ¿Y lo que no ves? Sabes que las cañerías, el agua potable, el tendido eléctrico y las tuberías de gas van por canales subterráneos por toda la ciudad. De hecho, la obra más grande de tecnología jamás inventada por el ser humano es la ciudad, con todas sus complicadas redes e interacciones.

> *La obra más grande de tecnología jamás inventada por el ser humano es la ciudad.*

Puedes seguir la lista de acuerdo con tus propios intereses. Estoy seguro de que en este punto de la lectura ya te has dado cuenta. La tecnología distingue la experiencia humana. Aún no presento mi definición de qué es la tecnología, para eso tienes que esperar al **Capítulo 3**, pero estarás de acuerdo conmigo en que reconocemos la tecnología de manera intuitiva y nos relacionamos con ella a diario.

Características de la tecnología

Con el inventario visual que acababas de hacer, has hecho un recorrido que va de la letra del libro a la gran ciudad. He hecho esto de manera intencional para ampliar tu perspectiva de las cosas que entran dentro de esta categoría que llamamos tecnología. Con el ejercicio, es más fácil notar algunas características generales de la tecnología.

Industria

Toda tecnología es producto del ingenio, la creatividad y la industria del ser humano. La industria es una destreza humana capaz de tomar un medio, someterlo a una serie de operaciones y convertirlo en otro con fines especiales. Es así como el hierro, abundante de forma natural, se convierte en la hoja de un cuchillo para cortar tomates, o las letras del alfabeto se convierten en lenguaje para la comunicación o en programa para la computación.

Esta capacidad de crear viene de Dios. La segunda palabra de la Biblia hebrea es la palabra que traducimos "creó". La encontramos en

Génesis 1:1: "Dios, en el principio, creó los cielos y la tierra". Luego continúa narrando en detalle la variedad de cosas animadas e inanimadas que Dios creó. Es mi opinión que esta capacidad creativa es uno de los indicadores de que fuimos creados a la imagen de Dios (Génesis 1:27).

La industria permite la variedad. Otras creatividades crearán otras tecnologías. De allí la variedad de cuchillos, de idiomas o de software. Esta variedad tecnológica está relacionada entonces con la misma diversidad humana y su capacidad creativa. Puedes ver esto al observar tu entorno.

Ubicuidad

La tecnología ambienta el paisaje humano en todas las culturas y todos los lugares del globo. Con certeza, no todas las culturas han alcanzado el mismo nivel de desarrollo tecnológico, pero todas han desarrollado un entorno tecnológico que las identifica. Esa es una de las razones por las cuáles el hallazgo de vasijas de barro en las excavaciones arqueológicas es tan importante. Dan evidencia de la presencia humana. Sus características particulares distinguen un asentamiento de otro.

Una de las primeras menciones de tecnología en la Biblia aparece en Génesis 4:20-22. Menciona a Jabal como el antepasado de los fabricantes de tiendas de campaña y de los ganaderos, a Jubal como el antepasado de los que tocan instrumentos musicales, y a Tubal Caín, como el antepasado de los herreros y forjadores de herramientas de bronce y hierro. ¿Qué significa esto? Que la tecnología ha estado con nosotros desde tiempos prehistóricos.

La Real Academia Española relaciona la palabra ubicuo con Dios al referirse a Su omnipresencia, pero también la relaciona con los seres humanos en su afán de estar presentes en todas partes y mantenerse en constante movimiento. [6]

En este sentido, la tecnología también es un producto humano: aparece en todas partes y permanece en constante movimiento y cambio. El lenguaje está en todas partes y cambia todo el tiempo. Hay sillas en todas partes y se rediseñan todo el tiempo. Puedes ver esto si observas con detenimiento.

Linaje

Ninguna tecnología existe en un vacío. Acabamos de ver que la Biblia menciona a los ancestros de los constructores, ganaderos, músicos, herreros e instrumentalistas. Esto es así porque toda tecnología tiene un linaje, una descendencia. Se puede construir un árbol genealógico de cada pieza de tecnología.

En nuestro ejercicio visual mencioné algo de esto respecto del teclado de la computadora. Para escribirlo en lenguaje bíblico, el teletipo engendró a la máquina de escribir, la máquina de escribir engendró al teclado, el teclado engendró al teclado virtual de proyección láser. Con todo, el antepasado de todos es el abecedario. Lo mismo se podría hacer con otras tecnologías.

Para ver el alcance del linaje tecnológico, nos podemos remontar a los tiempos del antiguo Imperio Romano. En aquellos días, los carruajes para la guerra eran halados por dos caballos, de manera que la distancia entre las ruedas estaba determinada por el ancho de la yunta. El Camino Real y otros caminos imperiales empedrados se construyeron del tamaño preciso para que estos carruajes circularan.

Después de varios siglos, cuando en Inglaterra se comenzaron a explotar las minas de carbón, los caballos transportaban el carbón en vagones sobre rieles. Y cuando comenzaron a proliferar los tranvías, utilizaron los antiguos caminos del mismo ancho para instalar sus rieles. En el siglo XIX, ingenieros británicos migraron a los Estados Unidos y llevaron consigo la idea del ferrocarril. Como contaban con las mismas herramientas traídas de la madre patria, construyeron un extenso sistema de vías ferroviarias por todo el país siguiendo la misma distancia entre los rieles. Y así, cuando se ensambló el transbordador espacial en la Florida con partes fabricadas en varios otros estados del país, los tanques de combustible provenientes de Utah debían caber por los túneles de las vías de tren que los transportaría. [7]

Se puede construir un árbol genealógico de cada pieza de tecnología.

Es así como el diámetro de los tanques de combustible del sistema de transporte más sofisticado creado por el hombre se remonta al sistema más rudimentario de transporte a caballo. Este ancho de vía o trocha se calcula en cuatro pies ocho pulgadas y media (4' 8" ½), equivalente a ciento cuarenta y tres centímetros y medio (143.50 cm), y se conoce como el ancho de Stephenson, en honor al padre del ferrocarril.

Practicidad

Toda tecnología tiene fines prácticos. Si una tecnología deja de cumplir el propósito para el cual ha sido creada, si deja de llenar la necesidad práctica que pretende satisfacer, si deja de ofrecer soluciones reales a problemas complejos, se recombina, se transforma, y se recrea para volver a cumplir sus objetivos prácticos.

Una de las actitudes que encuentro a menudo al tratar estos temas en clases y conferencias, es una especie de angustia para apresurarse a lo práctico. Por eso mucha de la literatura se enfoca en el "cómo" antes del "por qué" y el "para qué," como lo mencioné en la **Introducción** del libro. Al final de cuentas, el impacto de la tecnología está determinado por su aplicación práctica.

"Dios es quien produce en ustedes tanto el querer como el hacer para que se cumpla su buena voluntad" (Filipenses 2:13). Nuestra fe debe manifestarse en las obras. Por eso hablamos de la práctica de nuestra fe.

La tecnología conecta nuestra manera de pensar con nuestra manera de actuar. La practicidad intrínseca de la tecnología debe estar conectada con nuestra visión y nuestra manera de pensar acerca de ella. No estamos eximidos de la responsabilidad de reflexión filosófica y teológica ni de la planificación estratégica para transformar, con esa cualidad práctica, el entrono que nos rodea.

Hablaré más sobre la practicidad de la tecnología en los capítulos subsiguientes.

Complejidad

Como veremos en el **Capítulo 3**, la tecnología es un ecosistema complejo de interacciones y sostenimiento mutuo. Esto quiere decir que un sistema tecnológico sirve de apoyo a otro sistema tecnológico, posibilitando la perpetuidad, el crecimiento y la innovación en ambos.

Kevin Kelly nota la complejidad tecnológica con las siguientes palabras: "Los sistemas tecnológicos ganan su propio impulso y se hacen tan complejos y autoagregados que forman ambientes recíprocos para otras tecnologías". [8]

Por ejemplo, el sistema de caminos se apoya del alumbrado público, el cual se beneficia del sistema eléctrico. Los automóviles completan este sistema de transporte, pero no sin antes llenar los tanques de combustible, provenientes del sistema de explotación y refinamiento del petróleo. La coordinación de todos estos sistemas hace posible que nos movilicemos de un lado para otro, transportando bienes producidos por la agricultura y la ingeniería de alimentos.

Estoy seguro de que, si ejercitas tu capacidad de ver, podrás crear tus propias conexiones complejas de sistemas tecnológicos familiares a tu contexto. Pues bien, toma unos minutos y escríbelas. ¿Por qué quiero que hagas esto? Porque cuando comencemos a tratar el tema de las tecnologías ministeriales en el **Capítulo 5**, necesitas haber desarrollado una percepción de la complejidad de la tecnología al servicio de la misión, lo cual te ayudará en tu ejercicio ministerial.

Transformación

Debido a que la tecnología es producto de la transformación – industrial, en el sentido definido antes – la tecnología también produce ella misma transformación social. En otras palabras, una tecnología se puede utilizar para transformar otra tecnología, pero también tiene la capacidad de transformar a una persona o a un organismo social.

La capacidad de transformación de una tecnología es muy difícil de medir en términos concretos, y, por lo general, sus efectos son visibles en generaciones posteriores a aquella que vive y experimenta el cambio social. Esto no significa que sea imposible de medir, sino que debemos ser muy intencionados al respecto.

Otra cosa, la tecnología puede transformar gracias a su capacidad de madurar. A lo largo de este escrito encontrarás referencias a la madurez de la tecnología. El libro *Cibermadurez*, de esta serie, profundiza en este tema y te da herramientas de evaluación para medir el poder transformacional de la tecnología.

> *La tecnología puede transformar gracias a su capacidad de madurar.*

Observa de nuevo a tu alrededor. Toma una pieza de tecnología y responde esta pregunta: ¿De qué manera esta tecnología me ayuda a ser más eficiente al hacer mi trabajo, mejora mi calidad de vida o me permite comunicarme mejor? ¿Cómo era antes de tenerla? ¿Cuál es la diferencia? De seguro encontrarás respuestas a estas preguntas.

Riesgos

Toda tecnología tiene sus ventajas y sus desventajas, sus beneficios y sus riesgos, sus bondades y sus males. La taza de café caliente se puede caer y romper, quemarme y cortarme los pies. El auto que manejo puede causar un accidente por un desperfecto mecánico. El mismo martillo que construye una casa la puede destruir.

Cuando consideramos un plan de tecnología en el ministerio de la iglesia, necesitamos conocer las limitaciones de lo que la tecnología puede y no puede hacer, no sólo desde un punto de vista pragmático, sino también desde la problemática psicológica y teológica, es decir, del comportamiento humano y su necesidad de salvación.

He clasificado los riesgos de la tecnología en cinco categorías en el artículo: *5 males de la tecnología que debemos subsanar.* Estas cinco categorías están todas relacionadas con la pérdida de la libertad y la tecnolatría. son:

1. *Tecnoabusos*: se refiere a abusar de la tecnología para fines pecaminosos y perversos.
2. *Tecnoalienación*: relacionado al aislamiento social cuando nos sometemos al dominio malévolo de la tecnología o mediado por ella.
3. *Tecnoadicciones*: distintas dolencias causadas por la esclavitud personal al ceder el libre albedrío a la tecnología.
4. *Tecnoafecciones*: son los males relacionados con problemas de la salud física o mental asociados de forma directa con el uso repetitivo de ciertas tecnologías.
5. *Tecnoaniquilación*: la posibilidad por primera vez en la historia de la humanidad de causar su propia aniquilación masiva con el uso de ciertas tecnologías. [9]

La idea al enlistar estos males es que la iglesia concientice su responsabilidad ministerial de subsanarlos para traer sanidad a la humanidad, ya sea creando tecnología innovadora de contraposición – por ejemplo, para rescatar de las adicciones y sanar la condición del hombre – o trabajando con las autoridades para regular el uso perjudicial de la tecnología existente. Pero en muchas oportunidades, la iglesia ha quitado su mano del pulso tecnológico y ha dejado las decisiones en manos del mundo secular. Esto es un hecho lamentable.

Ya te guie a mirar para afuera, ahora te quiero llevar a mirar para adentro, a que demos una mirada introspectiva. Te invito a revisar algunas de las actitudes comunes que tenemos hacia la tecnología. De esta manera podremos evaluar nuestras propias actitudes y las de tu equipo de trabajo ministerial.

TECNOACTITUDES

Señor, pero ¿cómo yo voy a aparecer ahora en televisión cuando yo le he dado leña a ese cajón del diablo?

– YIYE ÁVILA, EVANGELISTA PUERTORRIQUEÑO.

Demonizamos la tecnología por ninguna otra razón excepto por el hecho de que nos estamos envejeciendo.

– GARY VAYNERCHUK, EMPRESARIO ESTADOUNIDENSE.

Considero que pertenezco a la primera generación de la televisión. No recuerdo ningún momento durante mi niñez en que no tuviera un televisor disponible para ver mis programas favoritos. Con seguridad algunos recuerdan a Meteoro, Batman, la Señorita Cometa, Ultraman, el Chavo del ocho y las famosas películas de Cantinflas. ¿Mis favoritas? Dick Tracy, el Inspector Gadget, y Pinky y Cerebro. Muchas de estas caricaturas y personajes se convirtieron en mis héroes y compañeros de infancia.

Durante mi adolescencia, después de haber tenido un encuentro personal con Dios y haber estado asistiendo a la iglesia por algún tiempo, un primo me reclutó como servidor del ministerio de Yiye Ávila. El trabajo consistía en pegar afiches de promoción para su campaña de milagros.

Después de unas breves instrucciones, terminamos con un bulto de dichos afiches y varios botes de engrudo. Trabajamos dos noches consecutivas hasta el amanecer, sirviendo a Dios con gozo en las muchas calles del centro de la ciudad. Pegamos cientos de afiches, y con cada uno de ellos, crecía mi expectativa acerca de lo que iba a pasar con la campaña de Yiye Ávila en la plaza de toros del Nuevo Circo, a tal modo que convencí a mi papá para que me acompañara. Así lo hizo.

¡Qué desilusión! El predicador pasó la mayor parte de su enseñanza hablando en contra de la televisión, o cómo él le bautizara, "el cajón del diablo". Creo que ese día tuve mi primer conflicto con la fe. "¡Pobrecito el Chapulín Colorado!" Pensé. "¿Qué culpa tiene? ¿Y ahora quién podrá ayudarle?"

En aquel entonces me tomó mucho trabajo entender esta postura tan radical, aunque nunca la aceptara del todo. ¿Qué tienen algunos cristianos en contra de la tecnología? ¿De dónde nace esta actitud?

Gracias a Dios que con el tiempo Su misericordia le alcanzó, y Yiye Ávila no sólo se arrepintió de sus primeras enseñanzas, sino que se convirtió en un evangelista de radio y televisión pionero en Latinoamérica. El canal de televisión que fundara, *La Cadena del Milagro*, ha crecido mucho a través de los años con programación regular, transmisiones vía satélite e Internet, y expandiéndose a medios impresos y audiovisuales de diversa índole. En su madurez encontró el valor de la televisión como medio de difusión del evangelio.

Tecnófobo o tecnófilo

La tensión del conflicto relatado y su resolución ponen en evidencia dos actitudes que se pueden tener con respecto a la tecnología. De hecho, estas dos actitudes han sido tema de conversación de filósofos y practicantes por muchos años, en especial desde los días de la revolución industrial. [10]

El tecnófobo es aquella persona que le tiene temor o aprehensión a la tecnología, y por extensión, otra serie de actitudes negativas hacia ella. El tecnófilo, por otra parte, es aquella persona que ama la tecnología, y por ende tiende a otorgarle atribuciones que pueden incluso rayar en lo ridículo o exagerado.

Elena Sierra de la Universidad de Alicante, quien ha explorado estas actitudes hacia la tecnología, explica:

> ...los tecnófilos sostienen que la Sociedad de la Información democratiza ésta y por tanto el poder, a la vez que logra una mayor racionalidad en la toma de decisiones, y libera al sujeto de trabajos rutinarios. Por su parte, los tecnófobos consideran que el abuso de los sistemas informáticos, conlleva indeseables interferencias en la intimidad y libertad humanas, favoreciendo la sumisión a los tecnócratas y el aumento del desempleo. [11]

En otras palabras, hacer que la información esté al alcance de todos, según los que favorecen la tecnología, empodera al individuo para pensar y decidir y libera su tiempo para cosas más productivas. Para quienes son antagónicos, por otra parte, la tecnología aliena, esclaviza la voluntad individual a los deseos de quienes la producen, aumenta las preocupaciones y reduce la creatividad.

Kevin Kelly también escribe al respecto:

> Cuando la tecnología apareció entre nuestras rutinas milenarias se le marginó y se le trató como a una infección. La gente abrazó sus productos, pero con culpabilidad. Era una fuerza sospechosa. Cuando las guerras mundiales desataron todo el poder asesino de su inventiva, se afianzó la reputación de la tecnología como el engendro de Satanás. [12]

Es bien sabido que la masificación de la producción por medios técnicos ha dejado desempleados a muchos obreros resentidos con las nuevas tecnologías al punto de que muchos pensadores sociales han hecho públicas sus dudas acerca de sus beneficios. Por otro lado, y si se quiere como una reacción de defensa, otros se han dado a la tarea de exaltar las virtudes de la tecnología y aceptar sus premisas utópicas sin una mentalidad crítica.

Yo encuentro que estas dos actitudes, la del tecnófobo opositor a todo lo relacionado a la tecnología, y la del tecnófilo enamorado de todos sus avances y promesas son como dos extremos de un péndulo – para usar una ilustración prestada de la tecnología – que oscila de lado a lado tratando de conseguir su balance.

Una actitud correcta hacia la tecnología en el ministerio descansaría en algún punto intermedio. El punto intermedio viene definido en términos de la misión. El rol de la tecnología en tu ministerio solo encuentra balance en la misión. Ejercer tu misión es lo que te hará más efectivo con la tecnología.

Ejercer tu misión es lo que te hará más efectivo con la tecnología.

Durante las clases de ética cristiana en el seminario, el profesor nos dirigió en una conversación acerca de la iglesia y la cultura siguiendo el clásico libro de Richard Niebuhr, *Cristo y La Cultura.* [13] Terminamos discutiendo acerca de los amish como un grupo cristiano que vivía en contra de la cultura. En mi participación, insistí que eso no era posible, que los amish no vivían en contra de la cultura, sino que vivían prolongando una cultura congelada en los inicios del siglo dieciocho.

La aparente resistencia tecnológica de este grupo cristiano no es tal, siendo que siguen dependiendo de la tecnología de épocas anteriores hasta para su propia subsistencia. Digo 'aparente' con intención, ya que su actitud crítica y selectividad hacia la tecnología contemporánea ha despertado su creatividad y les ha guiado a desarrollar tecnologías alternativas. [14]

De hecho, la total resistencia tecnológica no es sólo imposible, sino antinatural.

En la naturaleza hay muchos ejemplos de otras formas de vida que hacen adaptaciones tecnológicas de su entorno. Basta considerar a la hormiga con su elaborado laberinto de tierra y su sistema de almacenamiento; a la abeja con la estructura hexagonal perfecta de las celdas de su panal, que, dicho sea de paso, le da identidad a la tecnología móvil celular con su concepto de celdas; o al topo con sus poderosas represas que le sirven a la vez de madriguera y trampa para conseguir alimento.

La diferencia entre estas tecnologías rudimentarias encontradas en la naturaleza es que sus fabricantes no tienen la capacidad crítica para retar sus modelos, hacer mejoras, implementar cambios significativos, o abandonarlas en favor de otras más eficientes. Esta es la capacidad crítica de la cual nosotros sí disponemos y que estamos obligados a ejercer a la luz de la misión y la ética cristianas.

Una actitud crítica nos protegerá de los excesos y nos permitirá asumir una postura pragmática, no idealizada, de la tecnología.

No se puede vivir ausente de alguna forma de tecnología, sea antigua, o moderna, o alternativa.

Quienes supuestamente se promulgan en contra de la tecnología, sin darse cuenta se aferran a formas de tecnologías previas. Como veremos en el siguiente capítulo, la tecnología es parte de la cultura, y la cultura es parte de la realidad del ser humano, de manera que es imposible ser acultural y por ende atecnológico. No se puede vivir ausente de alguna forma de tecnología, sea antigua, o moderna, o alternativa.

La serpiente de bronce

Cuando comencé a consultar la Biblia en mi teléfono móvil hace más de diez años – práctica que ahora se ha convertido en común y conveniente – una señora de la iglesia me dijo: "Debería de leer la Biblia como dijo el pastor y no estar jugando en el teléfono".

Al final del servicio le mostré en el teléfono el pasaje de la Biblia que estaba leyendo el pastor, con mis notas anexadas al verso, y luego, ya para hacer alarde, lo confieso, le mostré el mismo pasaje en varias versiones en español, en inglés, interlineales, y hasta en griego. Al final con sorpresa me dijo, "a mí me gusta más mi Biblia de papel". Yo respeto las preferencias. Lo que muchos miembros de la iglesia no reconocen es que el libro de la Biblia es una pieza de tecnología de unos quinientos años de existencia y su aparente aversión a la tecnología no es más que un apego a tecnologías previas.

En la Biblia hay un pasaje muy conocido que siempre me ha llamado mucho la atención. Se trata del pasaje de la serpiente de bronce en Números 21.

En la historia, el pueblo de Israel comenzó a murmurar en contra de Moisés y de Dios por lo cual Dios les envió serpientes venenosas de manera que muchos de ellos murieron. Quizás porque murmurar en contra de las novedades de Dios es un pecado mortal. Entonces se acercaron a Moisés y le imploraron que intercediera por ellos y que Dios les diera una salida.

En lugar de ahuyentar a las serpientes de los alrededores, Dios les pidió que construyeran una pieza de tecnología – ya sé, todavía no he definido qué es tecnología, lo cual haré en el capítulo siguiente – pero por ahora digamos que dicha "tecnología" era una talla de bronce en el extremo superior de un poste.

El poste no fue erigido siguiendo los códigos de la compañía eléctrica o de los bomberos, pero debieron hacer ciertos cálculos para asegurarse de que la serpiente pudiese ser vista desde cualquier lugar en las inmediaciones del campamento.

Se suponía que las tribus de Israel, con excepción de los levitas, acamparan a unos 900 metros del tabernáculo (Josué 3:4) y se organizaran alrededor de este en grupos de tres a cada lado. Si consideramos que el campamento consistía en una población estimada de tres millones de personas, [15] es posible que entre los dos extremos del campamento hubiese una distancia que podría alcanzar ocho kilómetros (Números 33:48-49). Esto quiere decir que la serpiente en el poste debería poder ser vista desde un mínimo de cuatro kilómetros de distancia, suponiendo que la superficie de todo el campamento fuese plana. El poste debería tener varios metros de alto y un buen diámetro en su base para ser vista por el israelita promedio en el perímetro del campamento. Para tener una referencia, observe el tamaño del poste que sostiene un faro en la autopista o una bandera en una estación de servicio. Literalmente, ¡toda una obra de ingeniería!

Si analizas la serpiente de bronce con los "otros ojos" del **Capítulo 1**, notarás que contiene las siete características de la lista.

1. *Industria*: es producto de la industria del pueblo de Israel con su pericia técnica.
2. *Ubicuidad*: se podía ver desde cualquier parte del campamento y deambulaba con ellos a donde quiera que fuesen.
3. *Linaje*: sus antepasados los encuentras en la fabricación de esculturas, el trabajo de herrería, y el conocimiento que habían ganado como constructores de faraón.
4. *Practicidad*: la miraban y se sanaban de la mordida de serpientes, ¿o no?
5. *Complejidad*: como expliqué, el solo hecho de que debía ser vista desde cualquier lugar del campamento alude a lo complejo de la obra.

6. *Transformación*: el individuo era transformado, las familias cuyos miembros sobrevivían eran transformadas, y el campamento era transformado.
7. *Riesgos*: ver en la serpiente de bronce un amuleto de la buena suerte o hasta llegar a pensar que tenía facultades divinas en sí misma.

De hecho, esto último fue lo que sucedió. El resto de la historia de la serpiente de bronce revela al pueblo de Israel adorándola, al punto que al rey Ezequías le tocó destruirla (2 Reyes 18:4).

Los tecnófobos ignoraron del todo a la serpiente de bronce y murieron en el desierto. Los tecnófilos se enamoraron de la serpiente de bronce y la convirtieron un ídolo, desagradando a Dios, dejando que esta controlara sus vidas.

Israel se había apegado a la pasada tecnología del desierto pensando que ésta tenía cualidades salvíficas en sí misma aparte de Dios. No podemos hacer esto. Tampoco podemos ignorar la tecnología y perdernos de las oportunidades que esta nos ofrece para preservar la vida por el mensaje de salvación, para recordarnos que Dios está con nosotros y para seguir siendo pertinentes en el contexto donde hacemos ministerio.

> *La tecnología es un instrumento para ser usado y no un ídolo para ser adorado.*

De manera que entre la tecnofobia y la tecnofilia hay una gama de actitudes que vale la pena revisar desde el punto de vista de la misión del ministerio cristiano.

En pro del balance, te recomiendo que adoptes una posición utilitaria de la tecnología, en otras palabras, la tecnología es un instrumento para ser usado y no un ídolo para ser adorado. Cuando la tecnología deja de cumplir su función se puede reemplazar sin remordimientos y sin apego insano.

Actitudes comunes

Pasemos entonces a enumerar algunas de las actitudes más comunes con el propósito de crear una conciencia tecnológica adecuada. Cada una de estas actitudes venenosas tiene un antídoto que te ayudará a evitar los efectos de la mordedura de serpiente para que tus iniciativas de tecnología no mueran y puedas hacer una evaluación balanceada y centrada en la misión.

1. Ignorancia

La palabra griega que significa conocimiento, ciencia o saber es la palabra *gnosis*. En la cultura griega estaba relacionada con conectar la teoría con la práctica, similar a la noción hebrea de saber que discutimos bajo practicidad en el **Capítulo 1**. Muchas veces no llegamos a este nivel de conocimiento tecnológico por la falta de pericia en la materia. En vez de hacernos de la vista gorda, debemos tomar la decisión de aprender.

En griego	Raiz	En español	Significado	Ejemplo
gnosis	i + gnosis	Ignorancia	No sé lo que no sé	
	reco + gnosis	Reconocimiento	Ya sé lo que no sé	"No sé hablar griego"
	co + gnosis	Conocimiento	Si sé lo que sé	"Si sé hablar español"
	pro + gnosis	Pronóstico	No sabía que lo sabía	"No sabía que sabía griego"

Figura 1: Niveles del conocimiento

La **Figura 1** muestra los cuatro niveles de conocimiento. Observa la raíz griega de las palabras en español.

La ignorancia es el nivel más básico. El antídoto de la ignorancia es la educación y el entrenamiento. Para salir de la ignorancia, debes comenzar por hacer una lista de lo que sabes que no sabes. Debes responder a las preguntas: ¿Cómo aprendo de esta tecnología? ¿Cómo me entreno?

En asuntos de tecnología, el ministerio con frecuencia ignora no sólo los detalles técnicos de uso y de aplicación de ciertas tecnologías, sino que también se ignora qué es, en qué consiste, cómo se mantiene, cuánto cuesta en su totalidad, y cómo explotar todo su potencial para recibir el mayor beneficio posible de la inversión.

Por ejemplo, quizás no sabes desarrollar una página web, pero ya sabes que no lo sabes y que, si quisieras, pudieras aprenderlo. O tal vez decidas permanecer ignorante al respecto, y te rodeas de personas que ya tienen ese conocimiento para que lo hagan por ti.

Este libro espera sacarte de la ignorancia en muchas áreas, para que aprendas a identificar las cosas que no sabes y tomar decisiones más acertadas. Te recomiendo que pongas especial atención al **Capítulo 3**, al **Capítulo 6** con amplias referencias a la Biblia y al **Capítulo 7** que trata sobre el aprendizaje.

2. Rechazo

Como vimos en la sección anterior, no es posible rechazar toda la tecnología, sin embargo, esta es la más común de las actitudes que encuentro entre cristianos y sus líderes.

Con el rechazo se cae en el error de oponerse a ciertas tecnologías – e incluso a ciertas premisas científicas – sin razón, sólo para luego tener que admitir que nos habíamos equivocado y hacer ajustes. Este fue el caso de Yiye Ávila.

No es posible rechazar toda la tecnología.

Parte del problema es que para entonces habremos perdido buenas oportunidades, además del tiempo valioso que hubiésemos podido emplear para al menos evaluar y, mejor aún, planificar estrategias claras.

El antídoto del rechazo es la planificación estratégica. Necesitamos responder a la pregunta: ¿Cómo planifico estratégicamente para esta tecnología? Para encontrar la respuesta, podrás estudiar el **Capítulo 4** y el **Capítulo 5**.

3. Ceguera

También me gusta referirme a esto como adopción a ciegas. Es decir, aceptar cualquier tecnología por el solo hecho de estar de moda sin sopesarla por su valor misional y misionero, es decir, su capacidad de fortalecer la misión y su cualidad de movilización. Es en cierto sentido lo contrario al rechazo, es la aceptación de todo y por cualquier razón y por ninguna.

Al considerar la misión de la iglesia podremos tomar mejores decisiones en asuntos de tecnología. Al desarrollar una visión clara de hacia dónde quieres dirigir tu ministerio, podrás deducir los detalles y planear de qué manera cierta tecnología te podrá asistir.

El antídoto de la ceguera es que nuestros ojos sean abiertos para entender cómo las nuevas tecnologías pueden ayudarnos a alcanzar nuestra visión y cómo se propagan en el ambiente dónde ministramos. Viene al responder la pregunta: ¿Cómo me puede ayudar esta tecnología a alcanzar mi visión?, tema en el cual podrás ahondar en el **Capítulo 4** y el **Capítulo 5**.

4. Tradicionalismo

El tradicionalismo implica el apego desmedido a modelos de tecnología vieja que ya han dejado de crear un impacto contemporáneo. No debe confundirse con la tradición. La tradición es buena, el tradicionalismo no. El tradicionalismo es una actitud negativa.

La tradición de la fe, de los valores bíblicos, de la esencia de la vida cristiana, en otras palabras, de las cosas fundamentales, estamos obligados a defender a capa y espada. El tradicionalismo de las formas y los métodos se pueden someter a escrutinio para ajustarse a las nuevas realidades.

Así como el desarrollo de la cultura es dinámico y su estudio es primordial para la ejecución de la misión de la iglesia, entender la tecnología como parte de la cultura es esencial para mantenerse relevante en un mundo cambiante.

El antídoto contra el tradicionalismo es una apertura a lo novedoso a la luz de la misión, el cual es el tema principal de base para los **Capítulos 6** al **10**.

5. Demora

Entre el completo rechazo y la adopción a ciegas se encuentra la demora. Esta actitud pudiera ser vista como una más balanceada, siempre y cuando se consideren asuntos del ciclo de vida de la tecnología y cuáles serían los beneficios de diferir el proceso, por ejemplo, dar tiempo para planificar mejor, diseñar una solución más adecuada o conseguir mejores precios a la hora de comprar.

Trato el tema del ciclo de vida de la tecnología con mayor detalle en mi libro *Cibermadurez*. En este presento el único modelo de madurez tecnológica existente para el ministerio cristiano en siete pasos que van desde los inicios hasta la innovación. El tiempo que tomes para crear un modelo de madurez de tecnología sólido para tu ministerio es una demora controlada que puede traer grandes dividendos a mediano y a largo plazo.

La demora causada por politiquerías, desorden, indecisiones, o cualquiera de las otras actitudes negativas de esta lista, es una demora innecesaria y denota una actitud que se debe corregir.

El antídoto de la demora es delinear propósitos claros y metas alcanzables ancladas en el tiempo, siempre y cuando nos aseguremos de que no se debe a la ignorancia, la parálisis, o consideraciones de índole moral que no se hayan resuelto. Es darle respuesta a la pregunta: ¿Cómo defino propósitos claros y metas alcanzables? En los **Capítulos 6** al **10** doy varios consejos para la implementación y gerencia de proyectos que te ayudarán en este sentido.

6. Indisciplina

La indisciplina rebaja los estándares de calidad haciendo que la gente al final pierda el interés y gravite hacia otras opciones no provistas por tu ministerio o provistas de manera limitada, mediocre o esporádica.

La indisciplina genera falta de continuidad. Un ejemplo claro lo vemos cuando somos inconsistentes en la entrega de contenido ya sea para la web o materiales de enseñanza. Por indisciplina se pueden causar también interrupciones en los servicios mediados por tecnología que la organización pueda ofrecer.

La indisciplina genera falta de continuidad.

Aunque sea obvio debo decir que el antídoto de este veneno es la disciplina. La disciplina es clave del éxito con cualquier tecnología, ya que la mantiene disponible y vigente. Nos ayuda a responder las preguntas: ¿Cómo mejoro los estándares y la calidad del servicio? ¿Cuáles prácticas me permiten su mantenimiento regular y controlado?

Los **Capítulos 6** al **10** y las ayudas que se encuentran en el sitio web (www.ciberministerio.com) contienen recomendaciones varias que te ayudarán a crecer en esta área, tanto a nivel personal como corporativo.

7. Desorden

La indisciplina y el desorden van de la mano, pero no son la misma cosa. Tener disciplina significa seguir los principios particulares de un arte facultad o ciencia. [16] La indisciplina entonces consistiría en no seguir – sea por ignorancia o por alguna otra razón – los principios que rigen el uso de la tecnología. Este libro trata los principios de esta disciplina.

El orden se refiere a la secuencia o relación que hay entre las cosas. De acuerdo con esto, el desorden sería, por ejemplo, querer comprar primero ruedas antes de comprar carro. Vale recordar que la palabra que se usa en España para computador es ordenador. El enfoque está sobre su capacidad de organizar y no sólo de computar. La tecnología puede ayudarnos a ordenar asuntos internos del funcionamiento del ministerio como organización y asuntos externos de su labor en el mundo.

Los sistemas y proyectos de tecnología siguen un orden particular. Familiarizarse bien con los conceptos de análisis y diseño de procesos, **Capítulo 3**, diseñar los programas de tecnología de acuerdo con sus tres actividades fundamentales, **Capitulo 4**, y entender el ciclo de vida de la tecnología para organizarse bien en cada etapa de este ciclo son el antídoto para el desorden. Reemplazamos esta actitud al responder la pregunta: ¿Cómo organizo cada etapa del proceso y del ciclo de vida? ¿Cuáles controles y medidas adopto para mantener el orden a mediano y largo plazo?

8. Parálisis

Hay una frase muy común en mi profesión: 'parálisis por análisis,' o sea, quedarse entretenido en las consideraciones sin tomar acciones. La consideración sin acción es defunción ("La fe por sí sola, si no tiene obras, está muerta," Santiago 2:17). De nuevo, recuerda lo que discutimos en el **Capítulo 1** y la importancia de conectar lo que creemos con lo que hacemos.

Una actitud de parálisis por lo general responde a otras actitudes ulteriores. Es común la parálisis por intimidación. Esta actitud es, en mi opinión, un poco más entendible, ya que el mundo de la tecnología es tan amplio que muchas veces no se sabe por dónde comenzar y cuáles pasos se pueden seguir. Aristóteles escribió: "el principio es más de la mitad del todo". [17] Así que te animo a tomar el antídoto contra la parálisis y empezar; responde la pregunta: ¿Cómo comienzo a trabajar con esta tecnología?

En mi libro *Cibermadurez* encontrarás un modelo para diseñar un plan de acción inicial y crecer con la tecnología.

9. Inmoralidad

Durante el tiempo de la burbuja-punto-com, estuve trabajando para una compañía que ofrecía publicidad por Internet. La compañía estaba considerando convertirse en un proveedor de pornografía en línea. De más está decir que esto para nosotros los empleados era inadmisible. Varios de nosotros hicimos un frente unido y planteamos una renuncia colectiva. A los pocos meses la compañía decidió cerrar sus operaciones. Nunca supimos en realidad qué pasó, pero es probable que prosiguieran con sus planes bajo otro nombre.

En estos días hay muchas alternativas que se pueden considerar cuando los principios corporativos de algún proveedor sean contrarios a los principios cristianos o cuando el impacto que cierta tecnología pudiera tener en la sociedad arremeta en contra de nuestra fe y nuestros valores. De no haberla, quizás estemos frente a una necesidad que Dios nos llama a llenar como ministerio y una oportunidad para crear algo nuevo.

Como dije antes, toda tecnología tiene sus riesgos, pero aun así considero que tiene el potencial para ser usada con fines ministeriales, mientras seamos sensible a sus implicaciones éticas y morales.

El antídoto para esta actitud es la evaluación moral que se debe hacer de cada tecnología en particular. Es responder a la pregunta:

¿Cómo evalúo los asuntos morales asociados a esta tecnología? El **Apéndice A** y en los recursos en línea encontrarás plantillas que te permitirán evaluar tus propios valores y la tecnología en asuntos de moralidad, entre otras cosas.

10. Infobesidad

La infobesidad, [18] también llamada a veces infotoxicidad, sobreinformación o sobrecarga informativa, se refiere al estado de ser bombardeado con una cantidad tal de información que termina por distraernos e incapacitarnos en la toma de decisiones. [19]

Un ejemplo clásico de esto es nuestro correo postal. A diario nuestro buzón se llena de panfletos de restaurantes a los cuales nunca vamos, volantes de agentes de bienes raíces a quienes no necesitamos, tarjetas del mejor jardinero del vecindario, aunque no tengamos patio, y cupones de supermercado para alimentos que no comemos, entre otras cosas. Necesitamos sortear y eliminar gran parte de la información que recibimos no sea que perdamos esa carta de inmigración que tanto estamos esperando entre tantos papeles.

Y ni hablar de nuestro correo electrónico. He notado que muchas instituciones cristianas recolectan gran cantidad de información que se convierte en lastre ya que no se usa para nada productivo. Un ministro o ministerio no debería culpar a la tecnología de este problema sino volver la mirada a sus hábitos.

El antídoto contra la infobesidad es la infodieta, [20] es decir, desarrollar buenos hábitos de recopilación, selección, uso y análisis de la información. Es más, con poco esfuerzo, otras tecnologías te podrían ayudar a revisar la información y así sabrías decidir qué es importante y qué no; sería como llamar a la oficina postal para que suspendan el correo indeseado por un tiempo. Para esto debo responder a la pregunta: ¿Cómo decido cuál información es importante y cuál no?

Los **Capítulos 6** al **10** tratan el tema del manejo de la información en el ministerio.

11. Inseguridad

Mientras escribo esta sección del libro, Apple acaba de admitir que su sistema *iCloud* ha sido infiltrado por personas inescrupulosas que se robaron la información privada de varios famosos, incluyendo algunas fotos comprometedoras. [21] El robo de la información es real. No se trata de 'si puede suceder' sino de 'cuándo.'

Entiendo que la inseguridad cibernética puede hacernos sentir vulnerables y temerosos de cualquier apertura a la tecnología. El antídoto es la prevención y la protección. Necesitamos conocer cuáles son los ataques frecuentes a la privacidad de nuestra información; la mayoría se pueden prevenir siendo consistentes en seguir unos principios sencillos. Necesitamos poder darle respuesta a la pregunta: ¿Cómo protejo y prevengo el robo de la información?

Los **Capítulos 6** al **10** tratarán el tema de la seguridad siempre que sea necesario. El libro *Ciberética* de la serie ahonda también en el tema.

12. Excusas

Muchas excusas se han utilizado para justificar posturas erróneas. He escuchado a líderes de varias organizaciones decir cosas como: "loro viejo no aprende a hablar," "yo lo que quiero es retirarme para no tener que ver con eso," "es muy complejo para mí," "¿y si daño algo?," "es que hay demasiadas opciones," "siempre lo hemos hecho así," y la más común de todas, "es muy costoso".

Aunque he tratado algunas de estas evasivas en los párrafos anteriores, quiero enfocarme en esta última: hay de todo para todos, es decir, por cada opción costosa hay un número de opciones gratuitas o de bajo costo que se pueden utilizar, esto gracias a lo que se conoce como el movimiento de código abierto, la Fundación de Software Libre, [22] y ofertas de Software como Servicio (o SaaS, por sus siglas en inglés de *Software as a Service*) en la nube.

Ahora bien, el hecho de que sean gratis no significa que no vayan a costar nada, ya que con seguridad costarán tiempo, dedicación, y esfuerzo mancomunado para poder sacar un proyecto adelante.

El antídoto para las excusas es el análisis de beneficios y rentabilidad. Es el resultado de responder: ¿Cómo analizo y sopeso los beneficios de esta tecnología? El **Capítulo 10** toca un poco más en detalle asuntos de dinero en el contexto de la gerencia de proyectos.

Puedes ver un resumen de estas actitudes en la **Figura 2** a continuación, la cual podrás usar como una referencia temática de consulta rápida para lidiar con esas actitudes, dado el caso de que estén presentes en tu ministerio.

Actitud	Veneno	Antídoto	Capítulos
#1	Ignorancia	¿Cómo aprendo de esta tecnología? ¿Cómo me entreno?	3, 6, 7
#2	Rechazo	¿Cómo planifico estratégicamente para esta tecnología?	4, 5
#3	Ceguera	¿Cómo me puede ayudar esta tecnología a alcanzar mi visión?	4, 5
#4	Tradicionalismo	¿Cómo utilizo esta tecnología a la luz de la misión?	6-10
#5	Demora	¿Cómo defino propósitos claros y metas alcanzables?	6-10
#6	Indisciplina	¿Cómo mejoro los estándares y la calidad del servicio?	6-10
#7	Desorden	¿Cómo organizo cada etapa del proceso y del ciclo de vida?	3, 4
#8	Parálisis	¿Cómo comienzo a trabajar con esta tecnología?	6-10
#9	Inmoralidad	¿Cómo evalúo los asuntos morales asociados a esta tecnología?	A
#10	Infobesidad	¿Cómo decido cuál información es importante y cuál no?	6-10
#11	Inseguridad	¿Cómo protejo y prevengo el robo de la información?	6-10
#12	Excusas	¿Cómo analizo y sopeso los beneficios de esta tecnología?	10

Figura 2: Actitudes hacia la tecnología

Te recomiendo que uses la tabla de actitudes con sus antídotos a manera de encuesta, haciendo las preguntas adecuadas para identificar el pensamiento a corregir con necesidades más inmediatas y establecer un orden de prioridades. Puedes usar el **Apéndice A** para tal fin.

Por ejemplo, si las actitudes más repetitivas en tu contexto son el tradicionalismo y la inmoralidad, entonces podrías comenzar por definir los valores de tu organización, evaluar los asuntos morales asociados a esas tecnologías particulares, y analizar cómo lo novedoso que quieres hacer pudiera favorecer o perjudicar tu misión. Esto es bien importante: en materia de tecnología, tu misión debe guiar tu decisión, como veremos en el capítulo cinco.

En materia de tecnología,
tu misión
debe guiar tu decisión.

Espero que este capítulo no te haya desanimado en tus intenciones, sino que, antes bien te ayude a identificar algunas actitudes comunes que pudieran existir en lo personal o en tu cuerpo directivo o ministerial y, haciendo esto, puedas desarrollar un plan de acción. A fin de cuentas, Dios es el que pone el querer como el hacer. [23]

He querido incluir este capítulo sobre tecnoactitudes porque, como dijera Peter Drucker, "la cultura se come a la estrategia en el desayuno," lo cual quiere decir que independientemente de la estrategia, la cultura de tu ministerio va a prevalecer. Es la cultura, con sus actitudes y hábitos cotidianos, la que va a determinar cómo se usará o no la tecnología en tu ministerio. De manera que, si comenzamos por una evaluación de la cultura organizacional en cuanto a la tecnología, podemos tomar cartas sobre el asunto y abrir espacio para que, como veremos en el **Capítulo 4**, nos movamos con una estrategia ministerial clara.

Pero antes, pasemos a definir el significado de la tecnología.

LA TECNOLOGÍA

La tecnología es un sistema holístico y dinámico. No es sólo ferretería; se asemeja más a un organismo. [24]

— KEVIN KELLY, FUNDADOR DE LA REVISTA *WIRED*.

La primera regla de desarmar con inteligencia es guardar todas las partes.

- PAUL EHRLICH, CIENTÍFICO ALEMÁN.

Me encontraba dando clases de computación en una escuela de orientación vocacional para adultos. A decir verdad, tenía la sensación de que muchos de mis primeros estudiantes asistían a la escuela más por obligación que por un deseo personal de superación. De hecho, muchos de ellos recibían las clases de forma gratuita gracias a un programa con fondos del estado que les permitiría regresar al mercado de trabajo. En aquellos días, les enseñaba a utilizar las herramientas de productividad que se convertirían en el estándar de toda empresa, *Microsoft Office*.

Recuerdo que estaba enseñando algunas de las funciones avanzadas del procesador de palabras *Microsoft Word* cuando interrumpió la clase uno de mis alumnos con su acostumbrada llegada tarde. Esta vez noté algo un poco diferente pero no pude saber de inmediato qué era.

Le pedí que por favor entrara y tomara su asiento frente a la computadora que tenía asignada. Con murmuraciones incoherentes caminó por el pasillo y se sentó de brazos cruzados. Cerró los ojos como si estuviera dormido. El resto de mis estudiantes estaban sorprendidos, pero sin darle más cabida al asunto retomé la clase y proseguí. Al cabo de algunos minutos, se levantó de forma abrupta y preguntó a gritos:

— "Después de todo esto, ¿qué?"

— "¿A qué te refieres?" Le devolví la pregunta ante la mirada desconcierta del resto.

— "Supongamos que yo esté en todas las clases, que pase todos los exámenes y que haga todas las tareas. ¿Qué viene después? ¿Qué voy a hacer con eso?" Para este momento, todos nos dimos cuenta de que estaba ebrio. Con paciencia le expliqué que estaba creando habilidades que le ayudarían en un futuro cercano, pero él insistía:

— "Sí, pero ¿qué más?" Traté de explicarle, pero me interrumpía cada vez que trataba de hablar. Entonces le pedí que por favor se sentara y me escuchara. Le dije que estas clases le ayudarían a conseguir empleo… —"¿Y qué más?"— seguía preguntando.

— "Entonces puedes tomar los exámenes oficiales para certificarte". En aquellos días la certificación correspondiente era bien reconocida en la industria de manera que le expliqué sus beneficios. La certificación llevaba por nombre, en inglés, *Microsoft Office User Specialist* o *MOUS* (Usuario Especializado de Microsoft Office). Con mucha paciencia le expliqué el acrónimo: "M," "O," "U," "S," mientras lo escribía en letras grandes en la pizarra, pero *MOUS* suena en inglés como la palabra ratón. Y allí fue cuando cometí mi error. Le dije:

— "Si te certificas, va a ser un *MOUS*". Se levantó del asiento irritado, y con el sobresalto del resto de la clase, comenzó a gritar: "¡Yo no quiero ser un *MOUS* (ratón), yo quiero ser un *LION* (un león), como tú! ¡Yo quiero ser león! ¡Grgrgr!"

Cuando le conté esta historia a un amigo hace poco, él me hizo caer en cuenta que la mascota de Loyola Marymount University, la universidad para la cual trabajaba en esos momentos es un león. No sabía que las palabras de este señor borracho se convertirían en profecía. No sé si él llegó a ser león, pero yo sí.

Cuestión de términos

Durante mis años de experiencia como instructor de tecnología les he dicho a mis estudiantes que aprender la terminología es por lo menos la mitad del trabajo. ¡Y vaya que hay terminología en este campo!

Millones de objetos, decenas de miles de programas, miles de funciones, cientos de comandos de programación, en fin, el número de vocablos que la tecnología en general añade a nuestro diccionario cada año es considerable. [25] Muchas palabras ni siquiera llegan a ser parte del diccionario, sino que quedan como parte de la cultura popular o de la documentación técnica en manos de un número reducido de especialistas.

Conocer el lenguaje es fundamental. Mínimo nos ayuda a aclarar toda confusión y a favorecer la comunicación.

Con frecuencia me gusta preguntarle a la gente: "¿Qué es la tecnología?" He notado que muchos nos referimos a la tecnología, pero muy pocos conocemos su significado a cabalidad. Me sorprende la clase de respuestas que recibo incluso de quienes trabajan conmigo en informática.

Debo confesarte que por años yo también trabajé con las tecnologías de la información sin detenerme a pensar en la tecnología como concepto y mucho menos a tratar de definirla. Algunas personas se apresuran a responder a mi pregunta y levantan su teléfono celular. Otros balbucean frases acerca de lo que la tecnología ha hecho por ellos, o el impacto que ha tenido en la sociedad, o cómo a su hija de tres años se le hace tan fácil usarla, pero no alcanzan a definirla.

La mayoría de la gente tiende a pensar, como sugirió Alan Key: "La tecnología es todo lo que fue inventado después de que naciste," [26] y desconocen avances tecnológicos anteriores tan presentes en la vida cotidiana que pasan desapercibidos. Eso ya lo corregimos en el **Capítulo 1.** Muchos con quienes he interactuado al respecto en iglesias y ministerios cristianos piensan que la tecnología son los aparatos que usamos, pero es más que eso.

Hace varios años un pastor de una iglesia a la cual asistía, a la que me referiré como Proyecto "R", me comentó: "Estamos entrando en esa onda de la tecnología: la iglesia está comprando un proyector".

En la conversación supe que la instalación del proyector y la pantalla tenían un presupuesto de veinte mil dólares, e incluía la construcción de soportes reforzados para colgarlos del techo. Al cabo de unos días, allí estaba el proyector del tamaño de una maleta de equipaje amenazando las cabezas de los feligreses.

Luego de varias semanas pregunté, "¿por qué no se está usando el proyector todavía?" y me respondieron, "Es que la imagen no se ve". Los planes iniciales no habían considerado la iluminación del lugar, con abundante luz natural, para escoger el mejor equipo posible. Al poco tiempo noté que lo habían remplazado por uno más grande. Pasaron varias semanas más y entonces volví a preguntar, "¿por qué no se está usando el proyector todavía?" a lo cual me respondieron, "Es que nadie lo sabe usar".

En la mente de este pastor, entrar en "la onda de la tecnología" era sinónimo de comprar un aparato. Pero si algo es obvio en esta historia es que la tecnología va mucho más allá. Lo que el pastor necesitaba era una definición acertada de la tecnología que le informara de sus fundamentos a la vez que le dirigiera en sus asuntos prácticos. Es decir, era una cuestión de términos.

Una definición congruente de la tecnología te permitirá una relación acertada con ella. Lo opuesto es también cierto. Si no defines la tecnología en términos correctos no podrás aprovecharla bien.

Holístico e Integrado

Ahora bien, ¿por dónde comenzamos a definir un término que se ha convertido en parte de la vida cotidiana? Podría comenzar citando, por ejemplo, la definición del diccionario.

La Real Academia Española define a la tecnología como el "conjunto de teorías y técnicas que permiten el aprovechamiento práctico del conocimiento científico". [27]

Lo inadecuado de esta definición es que asume que la tecnología tiene por requisito la ciencia, y, por ende, que sin ciencia no hay tecnología. De hecho, recuerdo que como estudiante de ingeniería disputábamos el valor de la tecnología en los pasillos de la universidad con quienes estudiaban la ciencia "pura". Ellos profesaban en su orgullo que sin ellos no existiríamos nosotros. O sea que, sin los físicos, matemáticos, y químicos, no existiríamos los ingenieros ni los arquitectos.

Sin embargo, la ciencia es posterior a la tecnología. La tecnología precede a la ciencia en sus aspectos más rudimentarios en el desarrollo de la vida. La tecnología es más natural y hasta más espontánea. Como ya mencioné, basta observar a otras especies incapaces de ciencia, pero capaces de tecnología. La araña construye su telaraña, las aves sus nidos, los chimpancés usan palos como herramientas y los grillos hojas grandes como amplificadores, por citar algunos ejemplos.

Por otro lado, podría también argumentarse que la ciencia, con sus métodos, investigación y documentación, es tecnología.

Otra manera de definir la tecnología consideraría su etimología. La palabra se deriva del griego, *tecné*, que significa literalmente arte, artesanía u oficio; y *logia*, que denota el discurso, estudio o el tratado de algo. En este sentido, la tecnología es el estudio del arte.

Esta traducción tampoco nos ayuda mucho puesto que lo que hoy entendemos por tecnología dista de lo que entendemos por arte. Sin embargo, contiene la idea de que la tecnología es producto del diseño y del ingenio humano, y además presupone que el arte, en todas sus manifestaciones, depende de la tecnología correspondiente a su expresión. Por ejemplo, la pintura depende del conocimiento de los pigmentos, de los solventes y de los materiales, mientras que la música depende de la creación de instrumentos y la acústica.

La tecnología es producto del diseño y del ingenio humano.

La primera persona que juntara estos dos términos fue Aristóteles, quien lo mencionara cinco veces en su ensayo *Retórica*, [28] refiriéndose al uso de la palabra *tecné* como arte y *tecnologéo* como el uso de las reglas y técnicas de la persuasión. De manera que, para Aristóteles, el arte de hablar para tratar de convencer a alguien más de sus argumentos era tecnología.

El término tecnología como tal fue ignorado después por varios siglos y no fue sino hasta 1777, cuando Johann Beckmann, un profesor de economía en la Universidad de Gotinga, en Alemania, publicara su libro *Guía a la Tecnología.* [29] Beckmann fue la primera persona en enseñar y escribir sobre la tecnología de forma académica, argumentando que "la rápida diseminación y creciente importancia de las artes prácticas demandaba que las enseñásemos con un orden sistémico… [e] interconectado". [30]

Lo que sucede es que la noción antigua dividía las artes en dos mega categorías: Las artes plásticas y las artes prácticas. El propósito de las artes plásticas era el de adornar y entretener; entre estas encontramos hasta el día de hoy la artesanía, la pintura, la escultura, el teatro y la música entre otras. Las artes prácticas eran aquellas que producían bienes y herramientas de uso cotidiano y para el ejercicio de la profesión; en esta categoría entraban disciplinas como la arquitectura, la química – o más bien su antecesor, la alquimia, – la metalurgia, la albañilería, la abogacía y la manufactura, por citar algunas.

La tecnología consistía en las artes plásticas y las artes prácticas. No fue sino hasta que Beckmann publicó su libro que se comenzó a trazar una brecha entre las dos, al punto en que, en nuestros tiempos, cuando hablamos de tecnología la asociamos casi de forma exclusiva con las artes prácticas.

La tecnología consistía en las artes plásticas y las artes prácticas.

La antropología cultural, aquella rama del estudio del ser humano que estudia la cultura, define la tecnología como la forma humana de interactuar con el mundo material o "el rasgo más obvio de una cultura". [31] Esta definición me atrae porque pone a la tecnología en esa perspectiva de un sistema amplio e interconectado como lo es la cultura. La tecnología entonces no es tan solo material sino cultural. Se encuentra en la intersección de lo que se denomina la cultura material de los pueblos.

La antropología cultural estudia los grupos humanos siguiendo un patrón de análisis de cinco elementos presentes en toda cultura:

1. *Parentesco*: la observación y el estudio de las relaciones interpersonales dentro del marco familiar.
2. *Sociedad*: la observación y el estudio de las relaciones interpersonales fuera del marco familiar, con el resto de los miembros del grupo social inmediato.
3. *Economía*: la observación y el estudio de las relaciones entre los seres humanos y su entorno natural para el uso y aprovechamiento de los recursos.

4. *Política*: la observación y el estudio de las relaciones que gobiernan al grupo social y sus relaciones con otros grupos sociales.
5. *Religión*: la observación y el estudio de los seres humanos en relación con la cosmovisión y su relación con Dios, el más allá y los fenómenos invisibles.

La tecnología afecta y es afectada por cada una de estas cinco áreas. Esto nos acerca bastante más a un concepto de tecnología más holístico e integrado.

La tecnología pertenece a la cultura. De hecho, como vimos en el capítulo anterior, el mayor obstáculo en la adopción de cualquier tecnología es la resistencia cultural que podría generar. Instalar algo es fácil; cambiar la cultura es difícil. La tecnología requiere no solo comprar los aparatos correctos sino crear la cultura correcta.

La tecnología incluye un sinnúmero de cosas inmateriales.

La tecnología incluye un sinnúmero de cosas inmateriales. De hecho, muchas de las transformaciones tecnológicas por las cuales ha pasado la humanidad en su historia pertenecen al ámbito de las ideas. El lenguaje y su escritura, por ejemplo, no son objetos. El software tampoco. En estos momentos, ni siquiera el dinero en tu cuenta bancaria. Podríamos extrapolar esta verdad para incluir entonces a la doctrina cristiana. ¿Estoy diciendo que la doctrina es tecnología? En este sentido amplio, no reduccionista, sí. Pertenecen a la cultura religiosa. La doctrina es una herramienta ideológica que forma nuestra cosmovisión y nos permite interactuar con el mundo material. Y esto no la hace menos importante. Todo lo contrario, es una herramienta que además ha transformado el curso de la historia.

La iglesia como organización es tecnología. La iglesia es un "sistema holístico e integrado," o un organismo social – tomando prestadas las palabras de Kevin Kelly que encabezan este capítulo – con relaciones, ministerios, dogmas, economía y prácticas religiosas que provee alternativas viables de ver y organizar nuestro entorno.

La iglesia no puede "entrar en la onda de la tecnología" porque nunca se ha salido. Y esta realidad de la iglesia como tecnología la ubica en el corazón de este libro. Si la iglesia está llamada a tener un impacto ministerial, y la iglesia como concepto amplio es tecnología, entonces la tecnología está llamada a tener un impacto ministerial.

¿Qué es la Tecnología?

Sabiendo entonces que la tecnología es un sistema holístico que afecta todas las áreas de la cultura, propongo esta definición práctica de la tecnología informada por la antropología cultural:

> La tecnología es una red cultural interconectada de personas, sistemas, procesos, políticas y aparatos que nos permite interactuar con el mundo que nos rodea.

Te pido que te detengas unos minutos para absorber esta definición. Léela otra vez. Es más, memorízatela. Esta definición tiene implicaciones profundas de índole ministerial que me gustaría explorar a continuación.

Las personas

La tecnología es por la gente y para la gente. No se puede establecer una estrategia de tecnología en ninguna organización si no se comienza por las personas, tanto quienes la van a dirigir como quienes la van a digerir.

La Biblia establece la prioridad de las personas en la tecnología, porque quien usa la tecnología es más importante que la tecnología misma:

> ¿Puede acaso gloriarse el hacha más que el que la maneja, o jactarse la sierra contra quien la usa? ¡Como si pudiera el bastón manejar a quien lo tiene en la mano, o la frágil vara pudiera levantar a quien pesa más que la madera! (Isaías 10:15).

Estas son buenas noticias para la iglesia. La iglesia es la congregación de los llamados a seguir a Cristo, o sea que la iglesia no es el edificio sino la gente, existe por la gente y para la gente. De la misma manera en la cual no escogemos a cualquiera para que sea el pastor de la iglesia, no deberíamos escoger a cualquiera para que lleve adelante sus planes tecnológicos.

Tener un criterio de selección es imperante. Se espera que el pastor o ministro sea una persona preparada y entrenada en los asuntos de la fe y de la doctrina, de la iglesia y las prácticas cristianas. En este sentido, el pastor es un tecnólogo de los quehaceres del ministerio de la iglesia, es técnico entrenado en ética, exegética, homilética y apologética. De la misma manera, el personal a cargo de toda iniciativa de tecnología ministerial debe ser capaz y tener el entrenamiento preciso.

No se puede establecer una estrategia de tecnología en ninguna organización si no se comienza por las personas.

Tener un plan de entrenamiento y actualización es igual de imperante. No plantamos una iglesia sin tener al liderazgo señalado y comprometido; tampoco deberíamos iniciar una implementación de tecnología sin tener a las personas responsables y comprometidas para ello. Se hace necesario entonces un principio de sujeción, porque sin sujeción no hay bendición, para dar cuentas y administrar los recursos que se tienen a disposición.

Se necesita de la gente adecuada para planificar, diseñar, implementar y mantener la tecnología. Un paréntesis: Ningún proyecto debe obviar la necesidad de personal en la fase operativa y de mantenimiento. Muchos proyectos de tecnología quedan abandonados en el descuido luego de ser implementados por no planear el mantenimiento a mediano y largo plazo.

Pero ¿dónde conseguimos a esta gente? Por supuesto que la respuesta depende de muchos factores, pero en líneas generales, hay por lo menos cuatro maneras de conseguir personal calificado:

1. Líderes,
2. Empleados,
3. Voluntarios y
4. Consultores.

Como gerente de tecnología tengo que balancear estas cuatro fuentes de personal con frecuencia. Cada grupo con características y aportaciones diferentes. Cada grupo con sus propias necesidades presupuestarias, además.

Descanso en mis empleados las responsabilidades de los sistemas críticos, los proyectos a mediano y largo plazo, y el mantenimiento regular. No puedo hacer esto con los voluntarios, ya que el tiempo que pueden dedicar, aunque bienvenido, es irregular y esporádico. No pienses que los voluntarios son gratuitos porque no hay que pagarles, esta forma de pensar es errónea. Algo te va a costar. Inviertes bastante tiempo (y cómo va el dicho, el tiempo es dinero) entrenándoles antes de poder delegar tareas que requieren mayor compromiso o cuidado. También debes tomar en cuenta el riesgo potencial y el costo de los errores, así como el costo de la oportunidad al tener que retrasar un proyecto porque dependemos del tiempo voluntariado. Por esto asigno tareas cortas y hasta triviales a los voluntarios, y así puedo liberar el tiempo efectivo de los empleados.

Cuando no cuento con la experiencia o el conocimiento necesarios para un proyecto en particular, o cuando el tiempo combinado de mi grupo de trabajo está ocupado al máximo, entonces me corresponde mirar hacia afuera y contratar consultores. Los consultores complementan el trabajo por un tiempo finito, preestablecido, y le transfieren al grupo el conocimiento necesario para que pueda continuar en las labores de mantenimiento.

Proveo herramientas para contratar a un buen asesor de tecnología en el **Capítulo 10** del libro *Cibermadurez*, basado en la historia de Jetro y Moisés en Éxodo 18. [32]

A la hora de establecer un plan de tecnología ministerial, se debe construir una base de personal que pueda correr con la visión. Este debe ser un proceso formal. No tiene nada de malo ni de ofensivo que cada persona que trabaje en esta área someta una hoja de vida o currículo y pase por una o varias entrevistas.

Una vez constituido el grupo de trabajo, deben establecer reuniones regulares, semanales o quincenales, por ejemplo, para mantener a todos acoyuntados y a cuentas. Recomiendo también reuniones individuales con cada persona. Planifica y documenta cada reunión a cabalidad. Y muy importante, no olvidemos tomar tiempo para celebrar los logros al cierre de los proyectos.

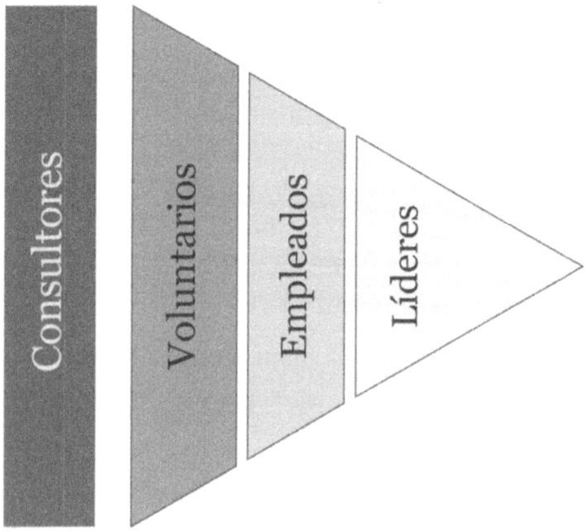

Figura 3: Personas

Los sistemas

Con frecuencia relacionamos los sistemas con las computadoras, pero un sistema es más que eso. De acuerdo con la Real Academia Española, un sistema es un "conjunto de cosas que relacionadas entre sí ordenadamente contribuyen a determinado objeto". [33]

Toda computadora es un sistema, pero no todo sistema es una computadora. La computadora está compuesta de varias cosas, como son, la memoria, el procesador y el disco duro. También una serie de puertos que hacen viable la comunicación con otros aparatos llamados periféricos, los cuales incluyen el ratón (que no quiere ser león) y el teclado, la pantalla y la impresora. Estas cosas hallan un orden particular en el circuito integrado que les permite a estos componentes relacionarse entre sí.

El conjunto contribuye al objetivo: procesar aplicaciones de software a altas velocidades. Las aplicaciones a su vez cumplen un propósito, ya sea escribir, calcular, comunicar o hasta jugar.

La computadora como ejemplo nos permite visualizar en qué consiste todo sistema: Todo sistema opera ciertos objetos en cierto orden para cierto objetivo. Esto se muestra en la **Figura 4**.

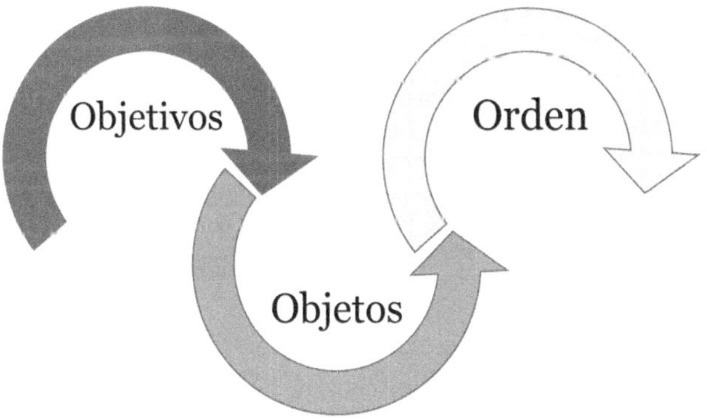

Figura 4: Sistemas

El diseño de todo sistema debe comenzar con el objetivo en mente. Es decir, el sistema corre de atrás para adelante, pero se diseña de adelante para atrás. Uso la palabra "diseño" de forma deliberada porque esto presupone tiempo para pensar y planificar.

Al comenzar debemos hacernos la pregunta, "¿qué estamos tratando de lograr?" Su objetivo va a determinar los recursos que va a utilizar, y no al revés.

El hecho de tener un proyector en la iglesia no dicta que tengas que proyectar todo lo que quieres decir *ad verbatim.* Si alguien te visita y te pregunta: "¿por qué estás proyectando?" No creo que tu respuesta sea: "porque tengo un proyector". No se trata de tener un proyector nada más para poder decir que tienes uno. Pero si tu objetivo es dirigir a otros a adorar, un proyector te puede ayudar, junto con otras técnicas, a guiar a la congregación. Pregunta: "¿qué necesito para estimular la adoración?" en vez de "¿qué puedo hacer con este proyector?"

He notado que en algunos ministerios se toman decisiones de tecnología que no consideran el concepto de sistema. No incursiones en las redes sociales sin saber qué quieres lograr y qué clase de contenido quieres comunicar, ni montes un sitio web sin saber para qué.

Todo sistema opera ciertos objetos en cierto orden para cumplir cierto objetivo.

Esta práctica es inadecuada. Muchas iniciativas de tecnología fallan porque no se tiene un objetivo claro y no se le da a este objetivo la prioridad debida. Escribe tu objetivo de la manera más concisa y detallada posible. Pon el objetivo de primero. Revisa tus iniciativas a la luz de ese objetivo con regularidad. Haz de esto algo necesario y rutinario.

El objetivo dispone los objetos. Sólo cuando tienes un objetivo definido puedes preguntar, "¿qué necesito para lograrlo?" Trataré este tema con mayor detalle más adelante al hablar de los "Aparatos".

Por lo pronto quisiera decir que no se escogen los objetos al azar. No se compra lo primero que se ve o lo más atractivo o lo que está en oferta. Al adquirir aparatos, piensa en el sistema como un todo. Haz una evaluación comparativa, ten una mentalidad de retorno de inversión y considera el valor total de la propiedad. [34]

Existen distintas maneras de hacer estas tres cosas, que van desde lo empírico hasta un análisis profesional y formal. Muchas compañías que ofrecen servicios de tecnología puede que tengan esta información ya disponible. Y si no la tienen, siempre podrás pedirla antes de tomar una decisión.

Al adquirir aparatos, piensa en el sistema como un todo.

Muchos ministerios me han pedido que les ayude a establecer su presencia digital. Nos embarcamos en el proceso de registro del nombre, selección de hospedaje en la nube y plataforma de programación, para poder producir el contenido inicial. Es común que se cubran todos los costos de la inversión de arranque, pero cuando llega el tiempo de renovar la registración y los servicios de hospedaje, o cuando se trata de mantener actualizado el contenido de las páginas, se abandona la iniciativa.

Toda tecnología tiene costos inmediatos y a largo plazo. Debes considerar el costo total en balance con el retorno de tu inversión.

Con el objetivo claro y los objetos alineados, define cómo se ordenan y relacionan entre sí. Un retroproyector necesita una pantalla al frente, un soporte, unos cables de cierta longitud, adaptadores para conectar distintas clases de fuentes de audio y vídeo, un interruptor de señal, un generador de caracteres, una computadora, la cual a su vez tiene sus propias necesidades.

Es probable y hasta recomendable que se necesiten también monitores de frente. Es muy incómodo para un presentador tener que estarse volteando para ver si lo que se está proyectando en la pantalla coincide con su punto. El área de control y producción debe ser apropiada y tener visibilidad al santuario.

Cuando Proyecto "R" comenzó a usar el equipo que adquirió, el cuarto de controles se encontraba cerrado y sin visibilidad al santuario. El personal de control andaba siempre perdido respecto a lo que correspondía mostrar en las pantallas y la tecnología se convirtió en objeto de distracción y en ocasiones, hasta de risas.

La adoración corporativa es un sistema. Dios le dio instrucciones precisas a Moisés para construir un tabernáculo, y dentro del tabernáculo, un santuario. Este tema lo voy a explorar más a cabalidad en el **Capítulo 6**, pero por lo pronto quisiera que notáramos los elementos de este sistema.

La adoración corporativa es un sistema.

Primero, el objetivo del lugar santo era la adoración a Dios. Segundo, el lugar santo debía llevar tres grupos de objetos muy particulares: una mesa para colocar panes, un candelabro para la iluminación, y un altar para quemar incienso. Y tercero, estos objetos se disponían en un orden particular.

El orden implica espacio-tiempo. Es decir, hay un espacio donde se realizan las funciones de los objetos y hay un tiempo, ritmo y frecuencia con la que se realizan.

Éxodo 39:37 nos dice que trajeron al tabernáculo, entre otras cosas, "el candelero puro, sus lamparillas, las lamparillas que *debían mantenerse en orden*, y todos sus utensilios, [y] el aceite para el alumbrado" (énfasis añadido). Lo mismo con respecto a la mesa: "Meterás la mesa y la *pondrás en orden*" (Éxodo 40:4), "y sobre ella *puso por orden* los panes delante de Jehová, como Jehová había mandado a Moisés" (Éxodo 40:23).

Puede que en la adoración de la iglesia hayan cambiado los utensilios, pero el objetivo es el mismo y el principio permanece. El orden es una orden: "Pero todo debe hacerse de una manera apropiada y con orden" (1 Corintios 14:40).

Para un uso efectivo de la tecnología en el ministerio necesitamos pensar de forma sistemática. Esto significa definir el objetivo, los objetos y el orden y revisar los componentes del sistema con regularidad para saber si aún cumplen con su propósito. Asegúrate de que el objetivo siga siendo válido, los objetos sigan siendo adecuados y están ordenados de la mejor forma posible.

El orden es una orden.

Los procesos

Un proceso es una serie de pasos sucesivos a seguir con un fin. Literalmente significa moverse hacia adelante, de allí la palabra procesión, como las procesiones religiosas. Un proceso implica el mover datos de un lugar a otro para ir generando información o mover objetos entre un estado y otro transformándolo en el transcurrir del tiempo, como es el caso de una línea de producción, por ejemplo.

Los procesos juntan a las personas con los sistemas. Se conforman por aquellas tareas que las personas hacen en su utilización del sistema con la intención de producir. Los procesos producen.

Además, los procesos de tecnología efectivos son finitos, es decir, tienen un comienzo y un final. De hecho, un proceso mal programado en una computadora es lo que hace que esta se "congele" cuando entra en un ciclo o bucle infinito. Gracias a Dios por el interruptor de poder. Nos da la capacidad de finalizar un proceso interminable que consume los recursos del sistema. La analogía con los procesos ministeriales es muy válida. Si algún asunto drena los recursos de la iglesia, estresa al pastor y no se le ve salida, es probable que el mejor curso de acción sea interrumpirlo.

De acuerdo con Dan Madison, "Los expertos en estudiar los procesos afirman que el 85 por ciento de todos los problemas [de una organización] se pueden atribuir a sus procesos. El otro 15 por ciento se debe a la gente". [35] Esto puede ser revelador para una iglesia conflictiva. Lo más seguro es que tenga procesos problemáticos en lugar de personas problemáticas. Madison continúa explicando que cuando existen problemas en una organización, es común que se trate de identificar a un culpable, la culpa pasa como papa caliente por las manos de varias personas hasta que la cuestión se olvida. Pocas veces nos detenemos a pensar que el proceso, y no la persona, pudiera ser inadecuado o ineficiente y no enfocamos nuestros esfuerzos en ajustar el proceso o apretar el botón interruptor para resolver la situación.

Tener una mentalidad de proceso es fundamental cuando hacemos cualquier uso de la tecnología en el ministerio, ya sea existente o nueva. El mapa, la mejora y la gestión de procesos de negocios (BPM por sus siglas en inglés, de *Business Process Mapping*), han dado origen a toda una disciplina de estudio, producido literatura correspondiente y creado una especialización de la administración de empresas junto con muchas aplicaciones de software que permiten diagramar el flujo de tareas, el flujo de datos y el flujo de la información. Por cierto, los diagramas de flujo son la herramienta preferida para documentar los procesos.

Personas	Tareas
Líder de adoración	Escoge las canciones del servicio
	Ensaya con el grupo de alabanza y los músicos
	Aprueba la música del domingo
	Envía las letras e instrucciones al panel control
	Calendariza y participa del ensayo general
	Dirige la adoración durante el servicio
Grupo de alabanza	Ensaya con los músicos
	Participa del ensayo general
	Participa de la adoración durante el servicio
Panel de control	Recibe la información del líder de adoración
	Recibe la información del maestro de ceremonia
	Recibe la información del pastor
	Compila y publica una presentación consolidada
	Confirma que la presentación está completa
	Prueba la presentación en el ensayo general
	Controla la presentación durante el servicio
Maestro de ceremonia	Escoge la escritura de apertura
	Recopila los anuncios de la semana
	Crea el orden del servicio
	Hace aprobar el servicio por el pastor
	Participa del ensayo general
	Dirige el servicio
Pastor	Prepara el mensaje del domingo
	Escoge contenido que desea incluir en la presentación
	Escoge las escrituras del sermón para la presentación
	Envía el contenido con instrucciones al panel de control
	Participa del ensayo general
	Aprueba el servicio
	Predica durante el servicio

Figura 5: Mapa de Tareas

Siguiendo con nuestro ejemplo, el contenido que ha de mostrarse en un proyector durante el servicio de adoración debe ser sometido a un proceso. El proceso incluye a varias personas encargadas de distintas tareas, ciertos datos y archivos que deben recopilarse, y cierta información que se debe compartir hasta llegar a la presentación final. Al mismo tiempo, nota que el proceso une a cada persona protagonista con varios sistemas para completar sus tareas. Los sistemas incluyen al proyector, pero también el sonido y herramientas para el estudio bíblico, entre otros.

La **Figura 5** de la página anterior contiene un posible mapa de tareas. Cada una de estas tareas se puede representar en un diagrama de flujo. Es posible que en este momento esté pensando que el documentar un proceso es algo difícil, especialmente si hay que aprender a hacer diagramas de flujo. Pero no tiene por qué ser complicado.

Puedes adoptar la siguiente forma sencilla pero práctica para hacer un diagrama de flujo. Si revisas la **Figura 5**, notarás que algunas tareas se podrían definir como actividades y otras como decisiones, mientras otras necesitan preservar cierta data. Estos tipos de tareas se representan de forma gráfica por un rectángulo, un rombo y una bala, respectivamente, y se unen entre sí con flechas, tal como lo muestra la **Figura 6**. Note que el rombo de decisión tiene dos posibles respuestas y dos flechas salientes para representar el Sí o el No.

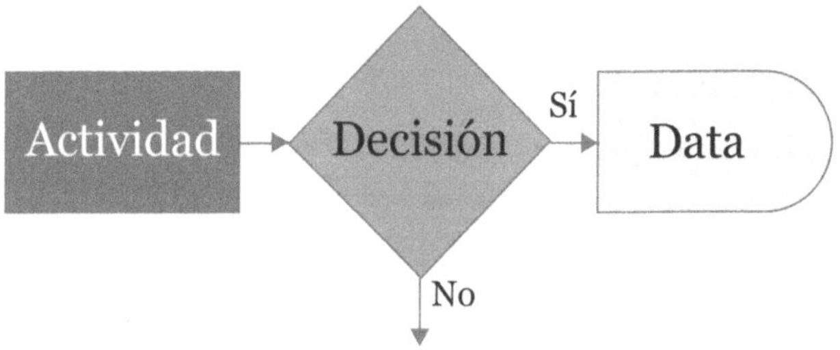

Figura 6: Diagrama de tareas

En la documentación típica de un proceso, se juntan el mapa de tareas de la **Figura 5** con los diagramas de tareas de la **Figura 6** para formar lo que se conoce como una gráfica de carriles de nado.

Este tipo de documentación toma la metáfora de una piscina o alberca que está separada en carriles. La piscina o alberca completa representa el proceso. Cada carril representa los roles que una persona ejerce; es probable que la misma persona ejerza varios de estos roles cuanto más pequeña sea la organización. Bajo esta matriz se organizan las actividades, decisiones y data a distintos tiempos a lo largo de cada carril de nado. Las flechas no sólo conectan las actividades con las decisiones y la data, sino que representan la dirección en la cual fluyen las actividades.

La lista de actividades de la **Figura 5** de este "proceso" se convertiría entonces en algo parecido a la **Figura 7**, a continuación:

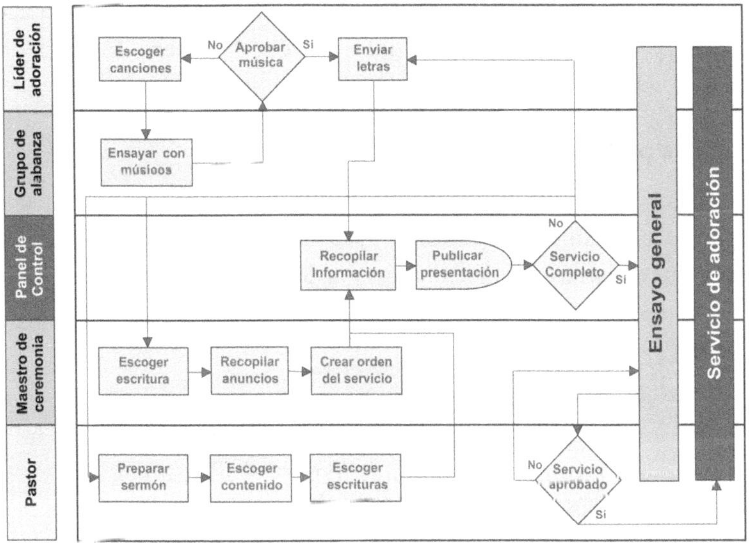

Figura 7: Carriles de nado

Note que, si una actividad corresponde a más de una persona, la actividad puede cruzar múltiples carriles, lo cual no está permitido en la natación, pero sí en la diagramación de procesos. Este es el caso del ensayo general y del servicio de adoración. Note también que, en este ejemplo, la actividad "Publicar presentación" debe producir data, en este caso, un archivo de presentación, por eso el uso de la bala y no el rectángulo. Por último, se puede ser tan general o específico como se desee; algunas de estas actividades pudiesen subdividirse en varias actividades más, por ejemplo "los músicos" pudiesen ser movidos a su propio carril.

Para un uso efectivo de la tecnología en el ministerio necesitamos definir y documentar los procesos involucrados. Esto significa delinear, con particular atención a los detalles, cómo las personas interactúan con los sistemas y realizan sus distintas tareas, toman decisiones y almacenan información.

Cuando se documentan los procesos de esta manera visual, el equipo de trabajo ministerial se mantiene bien informado y puede encontrar con facilidad aquellos embudos donde el proceso se traba o se retrasa. Armados con esta información, se puede fomentar la mejoría y hasta la reingeniería de procesos.

Las políticas

Las políticas son aquellas directrices, reglas o procedimientos que rigen la actuación de las personas y sus interacciones con los sistemas. En otras palabras, le dan contexto a los procesos para que estos funcionen de forma coordinada y eficiente.

Una organización que carece de políticas explícitas se convierte en una desorganización.

La falta de políticas y procedimientos claros son el origen del caos. Una organización que carece de políticas explícitas se convierte en una desorganización. Veamos esto con un ejemplo sencillo.

La mayoría de las iglesias se congregan el domingo en la mañana. Sin entrar en los detalles teológicos para esta práctica, imagínate que una congregación nunca publicara su horario de reuniones.

La gente llegaría a distintas horas, en distintos días de la semana y con diferentes expectativas. Aquellos que llegan en domingo, tal vez no encuentren estacionamiento, no haya con quien dejar a los niños, y cuando entren al santuario, las luces están apagadas. El pastor ese día se fue a jugar golf con los amigos y los músicos están cada uno tocando una canción diferente. Caos total.

Si, por el contrario, la reunión dominical se dice que comienza a las 10:30 am, es mucho más probable que las demás cosas se enfilen para producir una mejor experiencia. Entonces, "Domingos a las 10:30 am" es una política, y esta política rige la práctica y los procedimientos de esa congregación – que dije era imaginaria, cualquier parecido con la realidad es pura coincidencia.

Las políticas guían los procesos. Volviendo al diagrama de carriles de nado de la **Figura 7**, ahora podemos unir esta política con el proceso. Si juntamos la actividad, "Servicio de adoración" con la política "domingos a las 10:30 am," podemos trazar el resto de las políticas siguiendo el diagrama de reversa.

Así podríamos decir que el "Ensayo general" tiene que ser antes de esa hora, por ejemplo, "sábado a las 8:30 am" – ojalá con desayuno incluido; que el Panel de control debe "Publicar presentación" antes del viernes por la noche en el almacenamiento central, que tanto el Líder de adoración, el Maestro de ceremonia y el Pastor deben proveer al Panel de control la información necesaria antes del jueves por la mañana, y que el "Ensayo con músicos" es el martes por la noche.

Estas políticas de tiempo se pudiesen incluso escribir en la parte superior de la **Figura 7** como encabezados de las columnas de actividades.

El servicio de adoración no va a ser menos espiritual si lo planificamos bien y nos ajustamos a ciertas políticas que lo rijan. El tabernáculo del desierto tenía sus propias políticas. Los animales para los sacrificios debían ser sin defecto, el aceite debía ser de olivas machacadas, el candelero y el incienso no podían cesar de arder y el aceite de la unión no era un perfume para la gente común, entre otras cosas.

Dante Gebel lo dice de la siguiente manera: "La planificación no solo no es pecado, sino por el contrario, es una condición determinante para que Dios pueda hacer algo serio con nuestras vidas". [36] Y continúa con ahínco: "Los hispanos hemos hecho un arte de la improvisación y la mediocridad, solo que como esas palabras suenan demasiado fuertes, las llamamos «la guía del Espíritu»". [37]

El definir políticas y procedimientos precisos no limita la acción del Espíritu Santo, sino que nos da un contexto formal para que se manifieste y sea de bendición para el mayor número de personas posibles.

En líneas generales, al tratarse de políticas de tecnología, se necesitan delinear por lo menos tres tipos de políticas y procedimientos que tienen como objetivo general proveer un marco de referencia y hasta de protección legal:

- *Políticas de uso*: Se trata de las reglas que rigen la utilización aceptable de la tecnología. Muchos sistemas de información requieren de la aprobación explícita o implícita de las políticas de uso. Se deben crear tanto las políticas como los procedimientos de uso con tanto detalle como sea posible.

- *Políticas de control*: Estas se refieren al gobierno de la organización, incluyendo el rol del cuerpo de liderazgo, los requisitos de los usuarios, el uso de los recursos, las finanzas y la forma en que los sistemas de tecnología apoyan estas actividades.

- *Políticas de seguridad*: Existen varios protocolos de seguridad, que van desde la seguridad física e industrial, hasta la seguridad de los sistemas de información. El Instituto SANS de Administración de Sistemas, Redes y Seguridad, [38] por ejemplo, es un buen lugar para disponer de plantillas que se pueden ajustar al contexto y las necesidades de toda organización.

- *Políticas de Gestión de Datos*: Estas políticas establecen pautas para la recopilación, almacenamiento, retención y eliminación de datos dentro de la organización. Abordan temas como los procedimientos de copia de seguridad de datos, los períodos de retención de datos, la clasificación de datos y el cumplimiento de las regulaciones de protección de datos. Estas políticas garantizan que los datos se gestionen de manera efectiva, segura y acorde con los requisitos legales.

Toda organización cristiana debe establecer sus propias políticas de uso, de control y de seguridad para garantizar la adopción y el empleo apropiado de sus recursos tecnológicos.

Cuando escribas las políticas de uso, de control y de seguridad, asegúrate de incluir no solo cuáles son las reglas del juego, sino quienes son los jugadores y cuáles son los roles de cada uno de ellos. Las políticas respecto a las personas involucradas deben ser tan detalladas como para incluir también las cualificaciones, las responsabilidades, las funciones y las expectativas.

Por ejemplo, al definir las políticas respecto al uso, el control y la seguridad de los sistemas de adoración, habría que definir con claridad:

1. *Cualificaciones*: El llamado, las habilidades y los talentos de las personas, el conocimiento requerido para mantener y manejar los sistemas y la experiencia que aportan al resto del equipo de trabajo.

2. *Responsabilidades*: Tiene que ver con aquellas cosas por las cuales las personas cualificadas deben dar cuentas, dirigir la adoración durante el culto o entrenar a los miembros a participar en los servicios congregacionales.

3. *Funciones*: Piensa en términos de las operaciones cotidianas, ensayar la música, cantar las canciones, ajustar el sonido, proyectar las letras y predicar el sermón son todas funciones de las personas encargadas.

Quiero compartir una herramienta más. Se trata de lo que se conoce como la matriz RACI. [39] La matriz RACI es una forma visual de alinear las responsabilidades con los roles y las personas a cargo. RACI es un acrónimo que significa:

R responsable de que se realice y complete la función.
A cargo de que se ejecuten todas las tareas relacionadas.
C consultado para dar orientación a quienes ejecutan las tareas.
I informado de todo lo que pasa respecto a esa función.

Siguiendo con el ejemplo del equipo de adoración, se pudiese crear una matriz con los siguientes roles: músico, cantor, técnico, (encargado del sonido), productor (de medios audiovisuales – por favor, que sepa usar el proyector) y pastor.

Función	Músico	Cantor	Técnico	Productor	Pastor
Ensayar la música	RA	A	A		I
Cantar las canciones	A	RA	A		C
Ajustar el sonido	A	A	RA	I	
Proyectar las letras			A	R	
Predicar el sermón	I	I	I	I	RA

Figura 8: Matriz RACI

Estos roles se cruzan con las funciones para crear la matriz, asignando una o más de las cuatro letras de RACI determinando las responsabilidades, como se muestra en la figura anterior.

Nota que no todos los roles tienen asignación en la matriz, como que el pastor no es responsable de ajustar el sonido, y cualquier rol pudiese tener más de una responsabilidad, como que los son responsables y están a cargo de tocar la música.

Las políticas y los manuales de procedimiento deben ser parte del cuerpo documental de la organización, en otras palabras, y contrario a la práctica de muchas organizaciones cristianas que no tienen una cultura de documentación, hay que tomar el tiempo de sentarse a escribirlas y compartirlas en un lugar común y accesible para todos.

Los aparatos

Lo que el común de la gente se refiere al hablar de tecnología son los aparatos. Esto se puede entender ya que los aparatos son los objetos de la tecnología que podemos ver y tocar.

En este punto de tu lectura estoy convencido de que ya tienes un concepto mucho más amplio. Pero de no ser así, déjeme ilustrártelo con un ejemplo de la actualidad: tu teléfono inteligente.

El aparato consiste en capas de componentes físicos: el chasis de aluminio y el cristal de sílice, quizás protegidos por una cubierta contra impacto, conforman la capa exterior. Luego le siguen los interfaces que le permiten interactuar con el equipo, por lo general, una serie de botones y agujeros que facilitan las funciones básicas de *input* y *output* (I/O) o entrada y salida. Dentro de este caparazón se encuentran la fuente de poder o batería y los circuitos integrados que mueven la información por medio de corrientes eléctricas.

Pero el teléfono, por muy inteligente que sea, no tiene utilidad si no fuese por los miles de desarrolladores invisibles que programan su sistema operativo y millones aplicaciones más. Le siguen las ondas de radio y de microondas, también invisibles, que hacen posible la comunicación celular y la transferencia de datos. Luego está la tienda multimedia interconectada de aplicaciones que permite la descarga de música, vídeos y libros. Aparte puedes conseguir muchos aparatos complementarios o periféricos, como la cámara (I), los audífonos (O) y el cargador (I).

Siguiendo esta lógica, tu aparato inteligente es un sistema. Hay toda una gama de tecnologías combinadas, con sus personas, sus sistemas, sus procesos y sus políticas, que lo convierten en una herramienta compleja de confluencia.

En la implementación de toda tecnología pueden participar varias personas, coordinarse varios sistemas, dibujarse varios procesos, establecerse varias políticas y utilizarse varios aparatos y materiales que a su vez pueden utilizar varios objetos auxiliares y complementarios.

Debes tener un criterio y una política de selección a la hora de adquirir aparatos para tu ministerio. La evaluación debe considerar tanto al artefacto como a su fabricante.

Como la tecnología es un sistema cultural, es fundamental evaluar al fabricante de los aparatos para salvaguardar la inversión y velar que rinda los beneficios prometidos al plazo esperado.

Aparatos	Fabricante
Funciones y durabilidad	Longevidad
Facilidades de uso	Estrategia a futuro
Costo total de propiedad	Canales de distribución
Arquitectura	Alcance empresarial
Accesorios requeridos	Ubicación geográfica
Estándares en la industria	Posición en la industria
Requisitos de mantenimiento	Soporte técnico

Figura 9: Criterio de selección de aparatos

Por ejemplo, que un proyector dure cinco años y no seis meses, y si se daña a los seis meses, que el fabricante no haya quebrado el negocio y pueda respetar la garantía o proveer los servicios de reparación apropiados.

La **Figura 9** organiza algunos de estos criterios a considerar en dos columnas correspondientes al aparato y su fabricante. Puede que haya otras consideraciones; en todo caso, tu equipo ministerial puede utilizar este ejemplo para generar su propio criterio.

Una posible forma de evaluar es asignar a cada uno de estos criterios una puntuación en una escala de valores, digamos del 0 al 5, y añadir el puntaje para varios candidatos en una matriz. No se busca una medida exacta, sino una que nos pueda ayudar en la toma de decisiones.

Se puede adaptar el modelo para evaluar aparatos que no son tan obvios: mobiliario, himnarios, Biblias, software o currículo infantil. Lo mismo se puede hacer para los proveedores de servicios.

Queda así nuestra definición de tecnología ilustrada con la **Figura 10** a continuación:

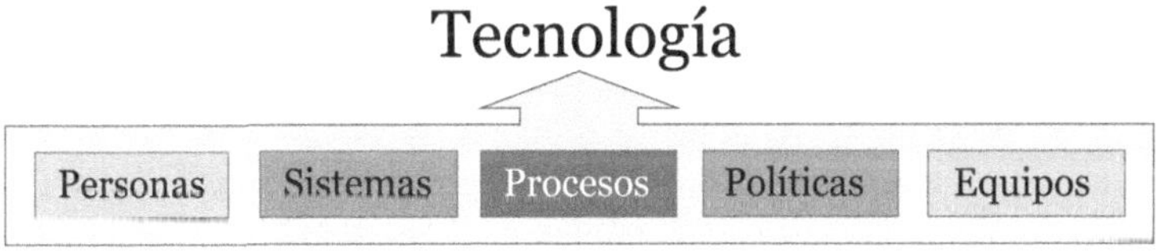

Figura 10: Definición de tecnología

Esto concluye nuestra definición práctica de la tecnología. Espero haber ampliado tu entendimiento de la tecnología al revelar sus cinco componentes y las implicaciones prácticas que se derivan de estos. Ahora veamos las tres actividades fundamentales de la tecnología.

TRILOGÍA DE LA TECNOLOGÍA

La profecía será cumplida pronto, pero antes de que suceda, el Oráculo debe ser consultado.

— MORFEO, THE MATRIX RELOADED.

En la guerra, entonces, que tu gran objetivo sea la victoria, y no las largas campañas. [40]

— SUN TZU, GENERAL Y ESTRATEGA MILITAR CHINO.

Trabajaba en el Seminario Teológico Fuller cuando estrenaron en la pantalla grande la segunda película de la serie *Matrix*. El tema central de esta serie de ciencia ficción es la liberación de la humanidad cautiva en las garras de las máquinas. Las máquinas subsisten extrayendo energía de los humanos, quienes están conectados con sensores y cables a una granja de extracción. Las máquinas han creado un software que imita la vida sobre la tierra y reemplaza en el cerebro humano su experiencia de esclavitud con una realidad virtual alternativa. El nombre de este sistema computarizado es la Matriz.

Como todo sistema computarizado, la Matriz tiene un margen de error del 1% de humanos para quienes el software no funciona. Este remanente se da a la tarea de liberar al resto. Ellos aprendieron a entrar y salir de la Matriz cuando así lo desearan, pero una sola persona, Neo, el Único – interpretado por Keanu Reeves – podía manipular el código a su antojo para desmantelar la Matriz desde adentro. Si lo lograba, liberaría a cada ser humano de la Matriz y les incorporaría a la nueva ciudad de Sion, la cual protegían con una flota de naves.

Estas películas están llenas de temas espirituales, como la salvación, la redención, la lucha entre el bien y el mal, el cumplimiento de las profecías de un nuevo mesías, quien podría desafiar a la Matriz hasta destruirla y permitirle a todo ser humano despertar al mundo verdadero y la libertad.

En La Matriz Recargada (*The Matrix Reloaded*, por su título en inglés), la segunda de la serie, aparece una escena en la cual Morfeo – interpretado por Laurence Fishburne – un hombre ya liberado, entró tarde a una reunión de los generales de las naves de Sion. Las máquinas estaban preparando un ataque masivo contra Sion para destruir a todos los humanos rebeldes, por lo cual el comandante les había ordenado a todos que regresaran a Sion para poder defender la ciudad.

Morfeo sugirió que se quedaran rezagados para poder entrar a la Matriz una vez más y consultar al Oráculo. El Oráculo era un programa de software que vivía en la Matriz pero que simpatizaba con los humanos y les ayudaba a entender, escaneando su lenguaje de programación, el cumplimiento de las profecías. Era una especie de profeta enigmática que les señalaba los puntos débiles de la Matriz en el mundo virtual para que pudieran vencerla en el mundo real.

Cuando estrenaron la segunda película, yo trabajaba como administrador de bases de datos, manteniendo el sistema de control de estudios y finanzas del seminario. Este sistema, utilizado por cerca de tres mil universidades a nivel mundial, corre sobre una plataforma de software provisto por la compañía *Oracle* (oráculo, en inglés).

Cuando regresé a la oficina el lunes siguiente al estreno, reemplacé la placa estándar con mi nombre y mi cargo, por una foto mía con gafas de sol, manipulada para verme como Morfeo, y la frase: "El Oráculo debe ser consultado". Utilicé el logotipo de *Oracle* en lugar de la palabra.

Esto causó sensación. Por las semanas siguientes, empleados y estudiantes del seminario venían a mi cubículo para ver mi letrero. Fue muy divertido. Hacían toda clase de comentarios. Con el tiempo, me llegaron a conocer como "el oráculo". Cada vez que necesitaban alguna información del sistema decían: "Vengo a consultar el oráculo".

Una buena trilogía

El cine cuenta con varios éxitos de taquilla en serie de tres. Estas series incluyen a *Jason Bourne*, *El Caballero de la Noche*, *Historia de Juguetes*, *El Señor de los Anillos*, *Las Crónicas de Narnia*, *La Guerra de las Galaxias (Episodios V-VI)* y *El Padrino*. Esta manera de contar una historia en tres actos viene de la Grecia clásica y se conoce por su término griego de trilogía, o tratado en tres partes. De más está decir que *Matrix* es una de mis trilogías favoritas.

Una trilogía cuenta una historia de forma completa. Se podría decir que sigue el esquema de todo buen escrito: introducción, desarrollo y conclusiones. La introducción nos presenta el tema general, los personajes principales y el problema que se quiere resolver. Allí se establece el propósito y la dirección de la historia, se captura la atención y se fomenta el interés. El desarrollo arma el enredo que se debe desatar y va elevando la expectativa del resultado final; o sea, el desarrollo conduce a la conclusión. En la conclusión el problema se resuelve y toda la historia cobra sentido.

La tecnología es mi trilogía favorita.

En otras palabras, toda buena trilogía se hace adulta con cada episodio. Hay una dirección hacia la madurez de la historia. En la medida que se encamina al desenlace, la historia toma más cuerpo y más sentido. Tiene más que ofrecer. Es más robusta. Los caracteres maduran, los planes dan resultados, las situaciones se resuelven y la guerra se gana. Se proyecta hacia el equilibrio y hacia la moraleja para traer un sentido de satisfacción y plenitud.

La tecnología es mi trilogía favorita. La tecnología cuenta su historia en tres actos y sigue el esquema de toda buena trilogía para presentarnos una narrativa completa donde cada porción complementa a las otras dos.

En el capítulo anterior definimos la tecnología en términos de la cultura y de la aplicación práctica de sus cinco componentes. Esta definición corrige el pensamiento minimalista o reduccionista que se pueda tener de la tecnología, lo cual está bien como puerta de entrada.

Sin embargo, las situaciones más frustrantes de mi carrera profesional no se han dado por el desconocimiento de ¿qué es la tecnología?, sino de ¿para qué sirve la tecnología? La trilogía de la tecnología responde a esta segunda pregunta. Si no entendemos la naturaleza tripartita de la tecnología, nunca estaremos en la capacidad de sacarle su máximo provecho. Nuestro beneficio estará incompleto porque desconoceremos sus funciones.

La trilogía de la tecnología fomentará el crecimiento de tu ministerio.

La trilogía de la tecnología conduce hacia la madurez y hacia el equilibrio. De hecho, se han pronunciado varios modelos de madurez tecnológica con el pasar de los años. De eso se trata el segundo libro de la *Serie Ciberministerio.* Además, la introducción, el desarrollo y las conclusiones de la tecnología, todas tres, deberían facilitar el progreso de la misión de toda organización cristiana.

Sólo cuando entendemos la trilogía de la tecnología podremos hacer que nuestras iniciativas tecnológicas sean exitosas y no fallidas, y con su éxito, se estimule el éxito de la misión.

La trilogía de la tecnología fomentará el crecimiento de tu ministerio. Te ayudará primero a entender para que puedas crecer en sabiduría y evitar el fracaso de tus programas (Proverbios 15:24).

La trilogía de la tecnología

La trilogía de la tecnología es: estrategia, táctica e inteligencia. Me refiero a estas como las tres actividades fundamentales de la tecnología. Podemos pensar en estrategia, táctica e inteligencia como la introducción, el desarrollo y las conclusiones de la tecnología.

El propósito de la tecnología se cumple a plenitud y madura hasta alcanzar su máxima capacidad cuando se consideran con cuidado la estrategia, la táctica y la inteligencia. De estas actividades fundamentales se derivan todas las actividades subsecuentes de cualquier iniciativa tecnológica.

> *La trilogía de la tecnología es: estrategia, táctica e inteligencia.*

Con el transcurrir de los años he conocido varios ministerios y organizaciones cristianas entretenidas en la táctica. Se pasan organizando o participando en muchos eventos, usando muchos medios disponibles y hasta la tecnología de moda, pero no muestran el resultado de tanta actividad. Al fin de cuentas – si es que logran hacer cuentas – no crecen en número ni participación, por ejemplo. Sus miembros no están más comprometidos. No causan un impacto en la comunidad. Pareciera ser mucho más fácil tener muchas actividades y dar la impresión de estar atareados que tomar el tiempo para desarrollar un plan de acción.

Como veremos, no podemos menospreciar el tiempo para desarrollar tal plan de acción. Los recursos que se invierten en los planes estratégicos nunca serán un desperdicio, aunque no atiendan las necesidades inmediatas.

Estrategia, táctica e inteligencia son los tres amigos de la tecnología. Los tres deben funcionar en perfecta coordinación para obtener los resultados apropiados en el ejercicio del ministerio. Una vez definida la estrategia, la táctica se traduce en la práctica de esa estrategia y la inteligencia analiza la utilidad de la táctica en el logro de la estrategia y la retroalimenta, cerrando de esta manera el ciclo, tal como se muestra en la **Figura 11**.

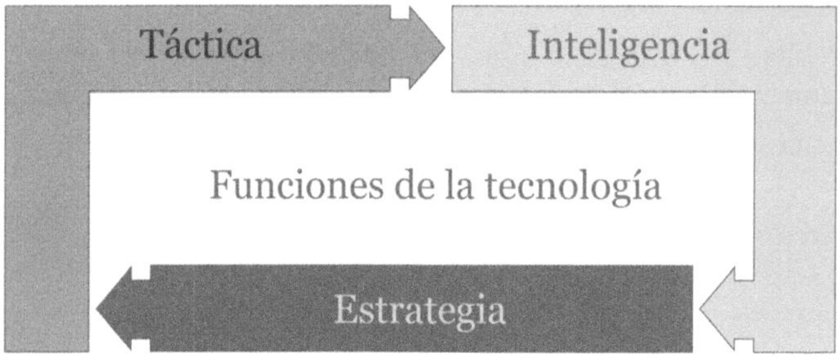

Figura 11: Actividades fundamentales de la tecnología

Pasemos ahora a revisar algunas consideraciones particulares de cada una de estas funciones o actividades fundamentales.

Estrategia

Este modelo de estrategia, táctica e inteligencia proviene de la milicia. La Biblia misma ubica lo estratégico en el contexto militar.

El libro de Proverbios nos anima a establecer una buena estrategia antes de entretenernos en los asuntos tácticos del combate: "Afirma tus planes con buenos consejos; entabla el combate con buena estrategia" (20:18), y también: "La guerra se hace con buena estrategia; la victoria se alcanza con muchos consejeros" (Proverbios 24:6).

La estrategia define la victoria que se quiere alcanzar, la dirección que se ha de tomar y las opciones tácticas. Como dice Proverbios, la estrategia se crea en consejo, define quienes son las personas claves que la diseñan y ejecutan. La tecnología disponible informa y afecta las decisiones en el campo de batalla. No en vano, mucho del desarrollo tecnológico nace en las necesidades del campo de batalla.

La palabra estrategia proviene del griego, *strategós*, la cual es la combinación de *stratós* – ejército o hueste, del verbo *strateúo* – prestar servicio militar o combatir en la guerra, y *ágo* – líder o comandante. [41]

Lucas llama estrategas tanto al jefe de la guardia del templo (Lucas 22:4, 52 y Hechos 4:1; 5:24, 26), como a los magistrados romanos (Hechos 16:20, 22, 35, 38), quienes eran responsables por las tropas – *stráteuma,* tanto judías como romanas.

Pablo utiliza estas palabras con liberalidad como una metáfora de la vida cristiana. Para Pablo, el cristiano es soldado de Jesucristo (2 Timoteo 2:3-4; 1 Corintios 9:7), quien con la armadura de Dios (Efesios 6:13), combate según el Espíritu (2 Corintios 10:3), con las poderosas armas de nuestra milicia – *strateías* (2 Corintios 10:4).

La metáfora fue expandida luego por los padres apostólicos, en especial Clemente, al escribir: "Militemos [*strateusómetha*], pues, hermanos, con todo fervor bajo sus órdenes intachables" (1 Clemente 37:1). [42]

La estrategia es el encargo del liderazgo. La estrategia nos dirige en la lucha espiritual a quienes militamos en el ejército de Dios. Por esta razón la estrategia es fundamental para determinar el éxito de cualquier iniciativa ministerial. Como líderes, es nuestra responsabilidad pensar y actuar estratégicamente en sentido general y en términos del uso estratégico de la tecnología en el ministerio.

La estrategia nos dirige en la lucha espiritual a quienes militamos en el ejército de Dios.

Planificación estratégica

La administración de empresas como disciplina de estudio, ha delineado cómo crear una estrategia mediante el concepto de la "Planificación estratégica".

La planificación estratégica comienza con un proceso de introspección organizacional y cultural que culmina en un documento con el siguiente orden de jerarquía:

- *Visión*: La visión es visual, valga la redundancia. Es una fotografía detallada del futuro que queremos ver. No expresa nuestro estado actual sino nuestras aspiraciones. No necesita ser tan corta; está bien si escribes la visión en un par de páginas con detalles descriptivos.

- *Misión*: La misión es el desempeño de una labor. Piensa en un mapa del presente para movernos al futuro. Un manual que describe aquello que deberíamos mantenernos haciendo. Son las actividades clave. Si la visión es el destino, la misión es la ruta. Para definir tu misión, define una descripción corta de a qué te dedicas en la cotidianidad.

- *Valores*: Los valores son los principios irrefutables en el ejercicio de la misión. Los valores son decisiones precedentes – decisiones tomadas a priori. Piensa en los rieles de un ferrocarril; puedes tomar distintas rutas y cambiar la velocidad, pero nunca descarrilado. Es la fe que nos impulsa; la motivación detrás de lo que hacemos. Para definir tus valores, define de tres a cinco valores; nunca más de siete; y en lo posible usa un acrónimo para que sea fácil de recordar.

- *Estrategias*: Las estrategias son cada uno de los objetivos generales que, haciendo la misión, te permitirán alcanzar la visión. Piensa en términos del transporte que vas a usar. Puedes ir en burro, en tren, o en avión, pero debes decidir por anticipado cuál vas a usar. Escoge de tres a cinco estrategias en las cuales vas a trabajar. Recuerda que menos, es más, es decir, es más fácil que logres lo que propones si la lista es corta.

- *Metas*: Las metas son acción. Son el viaje. Piensa en marcadores del camino. No sé si has escuchado el concepto de las metas "más inteligentes" del acrónimo en inglés *SMARTER*, que significa que las metas son logros específicos, medibles, alcanzables, relevantes, tangibles, emocionantes y recompensantes para cada estrategia que forma parte de tu plan.

- *Métodos*: Los métodos son las operaciones rutinarias que nos permitirán alcanzar las metas. Los métodos se practican. Piensa en echarle carbón a la locomotora, cambiar las palancas de las encrucijadas o recoger la valija colgada en el camino. Son procedimientos o técnicas sistemáticas que se ejecutan en la práctica. Aunque los métodos se pueden ir ajustando en el camino, la visión, la misión, los valores y las estrategias suelen ser más permanentes. Escribe por lo menos un método para alcanzar cada una de tus metas.

- *Medidores*: Los medidores son los marcadores contables que muestran cuánto se ha progresado en el tiempo y si los métodos están ayudando a alcanzar las metas. Son el GPS en el mapa, la velocidad, el kilometraje, la temperatura de las calderas y la cantidad de carga transportada. Como veremos más adelante, son tu puerta de entrada a la autoevaluación.

Define dos o tres medidores de desempeño para cada estrategia.

La visión, la misión y los valores pertenecen a la estrategia, las estrategias, las metas y los métodos pertenecen a la táctica, y los medidores a la inteligencia. Nota que la planificación estratégica considera las tres actividades fundamentales de la tecnología.

Ha habido algunos intentos de aplicar la planificación estratégica al ministerio cristiano, en especial el trabajo extenso de Aubrey Malphurs, y en particular su libro, *Planeamiento Estratégico: Un nuevo modelo para la iglesia y los líderes.* [43]

También ha habido algunos detractores de la planificación estratégica. Will Mancini, por ejemplo, advierte acerca de la insuficiencia de la planificación estratégica clásica en el ejercicio ministerial. En su libro, *Iglesia Única: Como los líderes misionales desarrollan visión, captan la cultura y crean movimientos*, Mancini dice que la planificación estratégica sufre de tres falacias: la falacia de la complejidad, que explica que la planificación puede ser tan compleja que pierde claridad; la falacia de la responsabilidad, donde cada grupo de trabajo está tan preocupado por mostrar sus resultados individuales que se pierden de vista la visión amplia y la sinergia del equipo; y la falacia de la previsibilidad, en la cual se asume que el futuro a mediano plazo será igual al pasado inmediato cuando la realidad es que el mundo está cambiando vertiginosamente y se necesita ser flexible y adaptarse rápidamente. [44]

Quienes se oponen a la planificación estratégica alegan que su proceso tiende a ser largo y engorroso; que la documentación que se produce es demasiado extensa, con una lista de metas, estrategias y métodos que se hacen difíciles de seguir; y que le asignan una importancia desmedida a definir medidores cuantitativos y cualitativos del éxito, los cuales muchas veces reducen el plan a solo mostrar números.

Por experiencia sé que este énfasis puede ser desproporcionado y que es muy difícil definir métricas del éxito en el ministerio. Al fin y al cabo, la eficiencia no garantiza la efectividad ni la mucha actividad el impacto. Podríamos mostrar números impresionantes que demuestren lo ocupados que estamos haciendo algo que no es esencial. Alguien dijo que lo bueno es el peor enemigo de lo mejor. La eficiencia se parece a Marta mientras que la efectividad se parece a María.

No tiene por qué ser así. Todo depende del proceso de planificación estratégica, del plazo que se escoja y de la ejecución del plan por buenos estrategas y consejeros.

Una buena estrategia ministerial es saludable si se apunta a la efectividad. Aubrey Malphurs dice al respecto:

> Es esencial que las iglesias practiquen la planificación estratégica. Escuchamos algunas voces afuera que argumentan que las iglesias no necesitan planear estratégicamente. Lo que deberían estar diciendo es que las iglesias no deberían intentar más el hacer y depender de planes a largo plazo. Nuestro mundo está cambiando muy rápidamente como para que el planear a largo plazo sea efectivo. Una planificación estratégica que involucra el pensar y actuar estratégicamente siempre será útil. [45]

La velocidad del cambio que nos rodea ha sido precipitada por muchas de las nuevas tecnologías. Esta reacción contra la planificación a largo plazo no solo proviene de la iglesia sino de otras organizaciones.

En el mundo de los negocios se está experimentando una respuesta similar en contra de los métodos clásicos de planificación. Por eso han surgido nuevas metodologías, tales como: Ágil, DevOps, Scrum, Integración Continua, Manufactura Esbelta (del inglés, *Lean*) y Generación de Modelos de Negocio (o BMG por sus siglas en inglés de *Business Model Generation*). [46]

Estas metodologías definen una manera mucho más flexible de planificar estratégicamente, con plazos más realistas, adaptándose con prontitud a las necesidades del mercado, del ambiente y de los requerimientos de sus usuarios. Estos modelos ofrecen una alternativa a la manera de plantear las estrategias en un mundo en transformación.

Hasta la fecha, no hay ningún trabajo que explore las maneras de adaptar estas metodologías a la estrategia de nuestras organizaciones cristianas, pero pudieran ser modos viables cuando necesitamos ser flexibles y adaptarnos.

La eficiencia no garantiza la efectividad.

En todo caso, si seguimos nuestra definición de tecnología del capítulo anterior, cualquier metodología de planificación estratégica como modelo de pensamiento, es en sí, tecnología. Por lo tanto, es de esperar que la tecnología permee la planificación estratégica en cada una de sus etapas. Lo importante para nuestra discusión es mantener en cuenta que, independientemente del método estratégico que se prefiera, la tecnología cumple fines estratégicos.

Como veremos, la tecnología provee de medios para que se establezca y se comunique la visión, se desarrolle la misión en el contexto particular de la cultura, se alcancen las metas propuestas y los medidores de desempeño nos ayuden a tomar decisiones. Si pensamos el plan estratégico en reversa, las mediciones pueden ser una representación justa de la eficiencia de los métodos, los métodos pueden ayudar a alcanzar las metas y las estrategias, el alcanzar las metas podría acercarnos al cumplimiento de la misión y si cumplimos la misión podríamos llegar al futuro donde queremos llegar.

Los siete ingredientes de tu plan estratégico ministerial están representados en la **Figura 12** a continuación:

Figura 12: Plan estratégico ministerial

Ahora bien, ¿cómo se llega a tener una estrategia? ¿Cuáles son sus elementos fundamentales? ¿Por dónde debemos comenzar? ¿De qué manera se inserta o se alinea la tecnología con la estrategia? Estas son preguntas que pretendo contestar a continuación.

Toda estrategia ministerial nace en oración

Suena obvio, pero es un recordatorio muy práctico en realidad: toda estrategia ministerial nace en oración.

En 2 Reyes 18 y 19 se narra cómo Dios liberó a Ezequías, rey de Judá, de las amenazas de Senaquerib, rey de Asiria. Ezequías fue uno de los buenos reyes de Judá. Se dice que había puesto su confianza en el Señor (18:5) y que tenía éxito en todas sus empresas (18:7). Senaquerib había avanzado poderosamente conquistando las ciudades fortificadas de Judá (18:13), pero le faltaba Jerusalén. Ezequías decidió pagarle impuestos para evitar la debacle del reino, pero no le fue suficiente.

Entonces Senaquerib envío a su virrey y a su comandante en jefe a hablar con Ezequías, para amenazarlo diciendo:

> ¿En qué se basa tu confianza? Tú dices que tienes estrategia y fuerza militar, pero éstas no son más que

> palabras sin fundamento. ¿En quién confías, que te rebelas contra mí? (18:19b-20).

Entonces Ezequías consultó al Señor (19:1) y este le dio palabra de victoria por medio del profeta Isaías (19:6), quien también profetizó la retirada de Senaquerib y su muerte a espada cuando regresara a Nínive, capital del imperio, tal cual como sucedió (19:36-37).

A pesar de la acusación que recibió, Ezequías sí tuvo una estrategia que consistió en consultar a Dios primero. Puso su confianza en Dios y culminó en victoria. La estrategia comienza por consultar a Dios para descubrir su plan y alcanzar nuestras victorias.

La estrategia comienza por consultar a Dios para descubrir su plan y alcanzar nuestras victoras.

Tener una estrategia no es menos espiritual. Todo lo contrario.

Toda estrategia ministerial debe escribirse

Las palabras del comandante asirio también deben servir como una advertencia para nosotros; no podemos decir que tenemos una estrategia si tan solo son palabras al aire sin fundamento.

Todo ministerio cristiano debe escribir su estrategia para que esta tome sentido y claridad y le permita luego evaluar si la ha alcanzado. El hecho de que tengamos un registro escrito de la estrategia de Ezequías y el desenlace de su historia es prueba de la necesidad que tenemos en el ministerio de escribir nuestra propia estrategia y, llegado el tiempo, evaluar nuestros propios resultados.

En el capítulo anterior establecí que el lenguaje y la escritura son tecnología. Los medios de comunicación y de registro de la escritura también lo son. Escribir la estrategia requiere de forma intrínseca el uso de la tecnología. Esto se confirma en el pasaje del siguiente punto.

> *Todo ministerio cristiano debe escribir su estrategia para que esta tome sentido y claridad.*

Toda estrategia ministerial comienza con la visión

El profeta Habacuc, quien viviera unos años después de Isaías y Ezequiel, también consultó a Dios, esta vez durante el tiempo de la invasión babilónica. Habacuc consulta a Dios al ver las injusticas cometidas por los caldeos.

Dios le respondió diciendo: "Escribe la visión, y declárala en tablas, para que corra el que leyere en ella" (Habacuc 2:2 RVR60). Toda estrategia ministerial comienza escribiendo la visión.

Muchas veces no sabemos cómo obtener la victoria porque ni siquiera sabemos a qué se parece la victoria. Habacuc escribió la visión en tablas, nosotros ahora la tenemos que escribir en *tablets.* La única manera de asegurarnos de que quienes sirven en el ministerio lo hagan efectivamente es definiendo la visión.

La visión es una imagen del futuro que queremos ver. El escribir nuestra visión crea un lenguaje común de claridad, identidad y compromiso que les permite a todos caminar en la misma dirección.

Nuestra visión del futuro debe tomar en cuenta el papel que la tecnología va a jugar. Una estrategia de guerra difiere de otra dependiendo de la tecnología que se tenga a la disposición o que se decida utilizar. Muchos avances tecnológicos han decidido la victoria en muchas guerras.

Un ministerio que comienza puede tomar esto en consideración con más facilidad. Puede que sea más difícil para un ministerio de amplia trayectoria que lleva años caminando en su visión porque tiende a apegarse a las tecnologías antiguas. Recordemos que es difícil cambiar la cultura y los hábitos de las personas en organizaciones de tradición.

En todo caso, una estrategia y, por ende, una visión, no es simplemente un escrito que una vez que se tiene, se imprime y se guarda en una gaveta del archivador. La estrategia, comenzando por la visión, es para leerla de corrido y correr con ella. Planifica sesiones de revisión que permitan la re-visión. Esas ocasiones son perfectas para considerar la tecnología en el ejercicio ministerial.

La visión es una imagen del futuro que queremos ver.

Toda estrategia ministerial define la misión

Si la visión es una imagen del futuro a donde queremos llegar, la misión describe cómo vamos a correr con ella o cómo vamos a llegar.

La misión es una definición de para qué existimos y, por consiguiente, a qué nos dedicamos. No quiero ahondar mucho en el tema de la misión cristiana en este momento ya que le dedicaré todo el **Capítulo 5**, pero quiero adelantar que, la misión cristiana no es una declaración sino una orden ministerial; la misión no es un mantra para repetir sino un mandato para realizar. En otras palabras, la misión no es para estar de acuerdo y ya, sino para hacerla.

En esto se diferencia la misión cristiana a la misión de una empresa común: Jesucristo nos dijo lo que debíamos hacer, lo que él esperaba de nosotros. Lo que está registrado en las Escrituras define la esencia de quienes somos como organización.

La misión y la tecnología coinciden en que ambas tienen carácter pragmático. Es en la ejecución de la misión donde mejor podemos alinear el uso de la tecnología. Necesitamos aparatar la comisión antes de comisionar el aparato. Por eso el ministerio dicta la misión y no viceversa; y la misión dicta la tecnología, y no viceversa. Es decir, la misión cristiana determina qué tecnología se ha de usar y cómo. A esto me refiero cuando hablo de la alineación estratégica de la tecnología, lo cual me lleva al siguiente punto.

Planifica sesiones de revisión que permitan la re-visión.

Toda estrategia ministerial facilita la comunicación

Tu estrategia ministerial es un modelo de comunicación; y esto no es poca cosa. Nada de lo que existe, existe aparte del lenguaje. Todas las cosas, y me refiero a 'todas' las cosas, primero existieron en lo insubstancial de las ideas. Pero fue el poder de la palabra el que transformó esas ideas en lo tangible.

Esto es una verdad teológica, tal como explicara el apóstol Juan:

> Antes de que todo comenzara ya existía aquel que es la Palabra. La Palabra estaba con Dios, y la Palabra era Dios. Cuando Dios creó todas las cosas, allí estaba la Palabra. Todo fue creado por la Palabra, y sin la Palabra nada se hizo (Juan 1:1-3 TLA).

Esto continúa siendo una verdad en el mundo de la tecnología. En este sentido también somos imagen de Dios: en nuestra capacidad para el lenguaje. Todo producto del ingenio humano y todo avance tecnológico se han iniciado y materializado mediante el lenguaje. Todo sigue siendo creado por la palabra y sin la palabra nada será hecho.

Necesitamos aparatar la comisión antes de comisionar el aparato.

Si queremos mantenernos haciendo la misión y llegar a ver la visión, debemos no solo escribirla sino también comunicarla de forma concisa, clara, accesible y recurrente. Cuando haya claridad escrita e intencionalidad al comunicar la estrategia, correremos hacia su cumplimiento. Por eso Habacuc continúa diciendo:

> Pues la visión se realizará en el tiempo señalado; marcha hacia su cumplimiento, y no dejará de cumplirse. Aunque parezca tardar, espérala; porque sin falta vendrá (Habacuc 2:3).

Toda estrategia ministerial requiere sujeción

Josué se encontraba a punto de atacar la ciudad de Jericó cuando se le acercó un guerrero con su espada desenvainada (Josué 5:13). Josué le preguntó si era amigo o enemigo, a lo cual el varón le contestó: "¡De ninguno! —respondió—. Me presento ante ti como comandante del ejército del Señor" (Josué 5:14). Josué se postró para adorarle y el Príncipe del ejército de Jehová no se lo impidió; antes bien le dijo que se quitara el calzado de sus pies porque estaba en un lugar santo, lo mismo que le dijo a Moisés en su encuentro con la zarza ardiente. Los comentaristas coinciden en que esto es una cristofanía o una manifestación de Cristo preencarnado.

El Príncipe del ejército de Jehová – Cristo – le entrega a Josué la visión: "Mira [visión], yo he entregado en tu mano a Jericó y a su rey, con sus varones de guerra" (Josué 6:2 RVR60). Luego le entrega los detalles tácticos (Josué 6:3-5).

Lo que sigue es impresionante. Josué ordena a los sacerdotes y al pueblo a seguir el plan de ataque paso a paso por los siguientes siete días, sin obviar nada (Josué 6:6-19). Josué se sujeta a las instrucciones del Príncipe del ejército de Jehová, los sacerdotes se sujetan a Josué y el resto del pueblo se sujeta a los sacerdotes. El resultado fue una victoria aplastante, el muro se derrumbó y tomaron la ciudad con su botín (Josué 6:20). ¿Qué hubiese sucedido en la ausencia de sujeción? Sin sujeción no hay victoria.

*La misión
no es un mantra para repetir
sino un mandato para realizar.*

Recordemos que uno de los títulos de Dios en el Antiguo Testamento es *Yahweh Sabaoth*, o Jehová de los ejércitos. Aparece 283 veces en las escrituras hebreas, la primera siendo 1 Samuel 1:3, y dos veces en el Nuevo Testamento en Romanos 9:29 y Santiago 5:4.

La frase implica que los ejércitos angelicales espirituales están sujetos a Él, y, por ende, quienes le adoramos en espíritu y en verdad, igual debemos sujetarnos. Cristo es el sumo capitán, el comandante en jefe, a quien estamos sujetos todos como soldados.

La epístola de Clemente a los corintios, citada anteriormente, continúa explorando la metáfora diciendo:

> Consideremos a los que se alistan bajo las banderas de nuestros emperadores. ¡Con qué disciplina, con qué prontitud, con qué sumisión ejecutan cuanto se les ordena! No todos son prefectos, ni todos tribunos ni centuriones, ni quincuagenarios, y así de los demás grados, sino que *cada uno en su propio orden* ejecuta lo mandado por el emperador y por los jefes superiores (1 Clemente 37:2-3). [47]

El coronel de infantería del ejército de los Estados Unidos, Harry G. Summers, quien sirviera como miembro del equipo de negociación que puso cese al fuego a la Guerra de Vietnam, y quien luego se convirtiera en analista de guerra, escribió:

> El éxito táctico no necesariamente se traduce en éxito estratégico, y la falla táctica no necesariamente se traduce en falla estratégica... Irónicamente, nuestros éxitos tácticos no previnieron nuestra falla estratégica. [48]

Podemos ser excelentes en mantenernos ocupados (táctica), sin mantenernos haciendo lo que es realmente importante (estrategia). Por eso la estrategia es primordial.

Toda estrategia ministerial...
Nace en oración
Debe escribirse
Comienza con la visión
Define la misión
Facilita la comunicación
Requiere sujeción

Figura 13: Estrategia ministerial

Toda iniciativa de tecnología en el ministerio debe insertarse a nivel de la estrategia ministerial, la cual debe preceder para luego guiar e informar nuestras acciones tácticas. Con esto en mente, pasemos a considerar el segundo episodio de nuestra trilogía.

Táctica

La táctica se relaciona con los asuntos más cotidianos de la organización, la gestión y la operación de la tecnología en el ministerio de la iglesia. Donde la estrategia responde al qué (visión-misión), al por qué (valores), y al para qué (estrategias), la táctica responde al cómo, cuando, y dónde.

La táctica es más situacional y depende de factores concretos del medio ambiente, la cultura, los recursos con los cuales se cuenta o cambios en la composición del liderazgo.

La estrategia es el arraigo a tierra, es más estable, mientras que la táctica se somete a las variaciones del clima, es más circunstancial. La estrategia define el curso táctico y la táctica define el recurso práctico.

La palabra táctica proviene también del griego, *taktikós*, y abarca todo lo relacionado a la organización de las cosas. Se deriva del verbo *tásso*, que significa ordenar; al igual que en español, tanto en el sentido de sistematizar o acomodar, como en el sentido de dar órdenes o instrucciones.

De acuerdo con la Real Academia Española, la táctica es un "método o sistema para ejecutar o conseguir algo". [49] De manera que la táctica es la organización y los pasos necesarios para ver la estrategia realizada. Son las acciones de menor escala que van moviéndote hacia tu objetivo deseado. El énfasis no está en tu planeación sino en la ejecución de tu plan.

Cuando el emperador persa Darío decidió organizar su gobierno, nombró a tres gobernadores o ministros y los puso a cargo de ciento veinte sátrapas o provincianos. La Biblia dice que Darío hizo esto "a fin de que los intereses del rey no se vieran afectados" (Daniel 6:2b) Daniel era uno de estos tres ministros.

El título otorgado a Daniel en hebreo es *seràk*, el cual se traduce en la Septuaginta como *taktikós*, es decir, la persona encargada de correr las operaciones del reino y velar por los intereses del rey. Esta palabra se traduce al español como administrador, gobernador y supervisor. Las actividades tácticas recaen sobre un grupo de personas encargadas a la organización y a la dirección de cualquiera sea la empresa. ¿Quieres ser como el profeta Daniel? Dirige las acciones tácticas de tu ministerio.

La estrategia define el curso táctico y la táctica define el recurso práctico.

El aspecto táctico de la tecnología ministerial tiene como propósito correr las operaciones del reino de Dios y velar por los intereses del Rey.

En el orden táctico del reino de Dios, el Rey tiene preeminencia. Esto lo confirma Pablo en su primera carta a los corintios con referencia a la resurrección:

> Pero cada uno en su debido orden [*tásso*]: Cristo, las primicias; después, cuando él venga, los que le pertenecen (1 Corintios 15:23).

En el orden de las cosas: Primero Cristo, después nosotros. La resurrección de Jesucristo fue la operación táctica de Dios para su propósito estratégico de salvación a toda la humanidad.

Cuando Jesucristo definiera la instrucción primordial del quehacer de la iglesia, les ordenó a los discípulos que le esperaran en el lugar indicado (Mateo 28:16). Allí aparece el mismo verbo *tásso* de manera pasiva, esta vez para referirse a lo que ellos habían acordado.

La táctica es un acuerdo mutuo. Precisa los compromisos adquiridos e indica las acciones a seguir. Como veremos más adelante, el ejercicio de la misión es el encaje perfecto para todas las tácticas de la tecnología en el ministerio de la iglesia.

Factores tácticos

Como la operación táctica es circunstancial, las acciones están sujetas a cambios y adaptaciones constantes. Una buena táctica debe considerar varios factores a la hora de tomar decisiones y establecer sistemas de rutina para alcanzar las metas.

Entre estos factores debemos considerar:

- *Ubicación geográfica y condiciones climáticas*: un concierto en el parque en época de aguaceros puede que no sea una buena táctica. Ajusta tus actividades según tu ubicación geográfica y el estado del tiempo.

- *Capacidad de la infraestructura local*: considera el acceso confiable a los servicios públicos como el agua potable, la electricidad, el transporte, la Internet y las comunicaciones, como cosa fundamental. Asegura una infraestructura estable y confiable. En esto brillan los servicios de infraestructura en la nube.

- *Peligros ambientales y otras amenazas*: quedarse a celebrar el culto en medio de un huracán y el llamado oficial a evacuar el lugar es una táctica de alto riesgo. Celebrar culto presencial en medio de pandemias pudiera considerarse irresponsable. Incluye el rol de la tecnología en tus planes de contingencia, es decir, cómo responder a las situaciones de emergencia y cómo recuperarte en caso de algún desastre.

- *Promoción y comunicaciones*: dirígete a la opinión pública en tu campaña de concientización y en tus métodos para comunicar el mensaje. Si la iglesia quiere implementar tecnología debe hablar de tecnología e instruir a sus usuarios en el uso de esta.

- *Simpatías y reacciones de la comunidad*: tal vez haya habido una época en la cual el altoparlante en la esquina pública haya funcionado, pero desde que yo tengo memoria, esta táctica resulta bastante molesta e inútil. Hay que aprender a leer las reacciones de los escuchas para hablarles en el lenguaje y el medio en el cual están dispuestos a oír. Lanza una campaña de promoción adecuada a tu audiencia.

- *Economía total*: todo cuesta, y la tecnología no es la excepción. Si no te cuesta dinero, te costará tiempo de adaptación y el aprendizaje de las habilidades necesarias para sostener tus iniciativas. Siéntate a estudiar el costo total de tus proyectos, incluyendo las tres tes: tiempo, tesoro y talento.

- *Sistema legal*: como vimos en el **Capítulo 3**, las políticas son uno de los cinco pilares que sostienen a la tecnología, esto incluye el marco legal local donde haces ministerio. Por lo general, el departamento público para asuntos de tecnología o de transporte y comunicaciones regula el uso de la tecnología en la nación. Conoce bien tu entorno legal.

- *Otras organizaciones*: la iglesia es un organismo en comunidad, esto implica que debe dar cuenta a organizaciones superintendentes, tales como consejos ministeriales, juntas directivas o denominaciones, y liderar grupos o asociaciones subintendentes. Debes pensar en cómo tus tácticas de tecnología van a afectar hacia arriba y hacia abajo.

- *Gobierno local*: si tu ministerio pretende crear impacto en la sociedad, debe procurar el apoyo de los gobiernos locales. Busca oportunidades para aprovechar los recursos que el gobierno tenga disponibles y ocasiones para colaborar en proyectos de ayuda a la comunidad. Considera tanto el gobierno del distrito y de la ciudad, como el gobierno estatal y hasta federal. Yo sé que este puede ser un camino delicado de transitar, a veces con implicaciones éticas, pero eso no significa que no lo debas considerar.

- *Alianzas estratégicas*: las alianzas y los socios estratégicos te ayudarán a juntar recursos con los cuales a lo mejor no cuentas de entrada. Por ejemplo, pueden ayudarte a llegar a tu grupo objetivo con mayor facilidad a cambio de tu experiencia o proveerte con licencias de software gratuito a cambio de tu promoción. Haz una lista de aliados deseables y procura esas alianzas.

- *Gestión del cambio*: Como dijo el filósofo griego Heráclito de Éfeso: "Lo único permanente es el cambio". [50] Me sorprende que la mayoría de nuestros ministerios no tengan una gestión clara del cambio. El cambio al azar puede causar la destrucción, sin embargo, el cambio controlado puede dar lugar a lo nuevo. Este es un asunto aún más crítico al implementar tecnología. Establece procedimientos claros para acomodar la realidad cambiante de la tecnología.

Mi intención al proveerte con una lista como esta es que lleves cada uno de estos factores tácticos a la mesa de discusión o a la junta ministerial para que puedan tomar decisiones informadas y ancladas en tus realidades locales.

Asuntos operativos

Lo siguiente a considerar en cuanto a la táctica son los asuntos operativos. Cada uno de los factores tácticos anteriores darán lugar a acciones concretas para resolver con precisión en el tiempo. Para cada acción debes definir el qué, quién o quiénes, y cuándo, con una fecha de caducación para que te asegures de que se haga lo acordado.

A manera de ejemplo, digamos que tu iglesia quiere transmitir el culto en línea cada semana y que quieres usar los factores tácticos para definir tus acciones operativas. Por razones de espacio, consideremos solo dos de ellos, la infraestructura y la gestión de cambio. Te sugiero que escribas algo parecido a esto:

Infraestructura: no contamos con servidores abiertos a la Internet y por eso debemos usar plataformas ofrecidas por compañías públicas. Hemos decidido utilizar una plataforma social para transmitir en vivo.

- Acción #1: Juan va a crear una página de seguidores en la plataforma para la semana que viene. Alicia le va a ayudar a crear los elementos de identidad corporativa. El pastor va a anunciar y promover la página en dos semanas para el lanzamiento en los servicios del fin de semana.

- Acción #2: Pedro va a descargar el software para controlar las tomas de la transmisión para la semana que viene. Alicia le va a ayudar a crear los elementos de identidad corporativa para incorporar en el vídeo, como logos, colores, y títulos superpuestos. El pastor hará una prueba el sábado que viene en la cual Pedro controle la transmisión y Juan la conecte en a la transmisión en vivo como una transmisión privada.

Como puedes observar en el ejemplo anterior, el factor táctico da lugar a acciones operativas concretas en el tiempo. Una vez andando el programa, se convertirán en acciones recurrentes en la frecuencia que se haya determinado.

Gestión de cambio: nuestro reto es poder responder a los intereses cambiantes de los creyentes en línea en el transcurso del tiempo. Hemos decidido las siguientes acciones de para responder a los cambios de intereses.

- Acción #1: El pastor va a utilizar los comentarios de las redes sociales para crear una encuesta que ayude a capturar las necesidades de los creyentes. Pedro va a programar la encuesta en un software especializado para tomar la data trimestralmente. Pedro va a promocionar la encuesta por las mismas redes sociales llegado el tiempo.

- Acción #2: Pedro va a actualizar el software de transmisión con regularidad, siguiendo el calendario de apoyo técnico. Pedro proveerá la data recopilada al pastor y al cuerpo directivo. El pastor analizará la data para ajustar el contenido, el formato, y los temas de la predicación. Alicia ajustará los elementos de identidad siguiendo los cambios sugeridos.

Lo anterior es solo una guía de cómo pudieses documentar el problema, las decisiones, y las acciones derivadas de esas decisiones tácticas. Tú puedes usar el formato que consideres más apropiado a tu forma de trabajo.

Figura 14: Elementos tácticos

En la sección anterior hablé de la importancia de escribir tu estrategia. De igual manera, tus acciones tácticas deben estar escritas en un documento de fácil acceso que puedas incorporar en las discusiones regulares de tu equipo de trabajo. Así podrás saber el progreso que vas teniendo y las nuevas acciones a seguir.

Inteligencia

De vuelta en la Matriz. Neo llegó a una plaza desolada en la cual una mujer entrada en edad le esperaba de espaldas sentada en una banca alimentando cuervos. Neo se acercó con mucha cautela y caminó alrededor de la banca. Ya sabes el dicho, cría cuervos… Era ella, el Oráculo. Le invitó a sentarse a su lado para conversar.

En medio de la conversación enigmática que dejaba más preguntas que respuestas, Neo llega a ciertas conclusiones que decidirían el futuro de la humanidad y su liberación de la Matriz. El Oráculo era parte del sistema, un programa que podía escudriñar todos los detalles de la Matriz y que tenía la capacidad de colaborar con los seres humanos para planear un futuro de mutuo beneficio.

Neo le dice: "Supongo que la pregunta más obvia es: ¿cómo puedo confiar en ti?" A lo cual el Oráculo le responde "Bingo… o aceptas lo que te voy a decir o lo rechazas". Neo pregunta de vuelta: "¿Por qué nos quieres ayudar?" El Oráculo le responde con firmeza: "Estoy interesada en una sola cosa, Neo, el futuro, y créeme, yo sé que la única manera de llegar allí es juntos".

Tantos ministerios se quedan tan entretenidos en las actividades y las operaciones cotidianas de la tecnología que pierden de vista el futuro, o sea, la visión. No solo descuidan la guía estratégica sino también el cierre del ciclo con la inteligencia que ayuda a validar el estado actual y el progreso hacia sus estrategias.

Como el Oráculo, la inteligencia debe ser parte de tu sistema, impulsarte a recopilar todos los detalles concernientes a tu matriz estratégica y transportarte al futuro que ya has visualizado.

La inteligencia se relaciona con los medidores de éxito y el estudio de las tendencias. Hace una lectura detallada de todos los indicadores relevantes para que puedas hacer ajustes calculados y seguir avanzando con firmeza hacia tu visión futura. Esto te ayudará a hacer juicios facultativos para afirmar tu confianza en tus decisiones cruciales.

La inteligencia depende de dos pilares: la colección de data fidedigna y el análisis de dicha data para la toma de decisiones. Es el proceso de retroalimentación para saber si vas o no por buen camino. La inteligencia convierte datos en información accionable. Provee lo que necesitas saber para ajustar las estrategias y el curso de las operaciones tácticas.

La inteligencia es crítica y autocrítica. Hace las preguntas difíciles y persevera para hallar respuestas veraces. Sin respuestas apegadas a la cruda realidad, podríamos perder el rumbo y llegar a un destino no deseado.

Inteligencia empresarial

Hay toda una disciplina de la informática dedicada a lo que se conoce como inteligencia empresarial (o BI, del inglés *Business Intelligence*). La inteligencia empresarial combina el almacén de datos, la minería de datos y la visualización de datos con el análisis de sistemas de negocio en herramientas agregadas para facilitar la toma de decisiones.

Hay programas de software especializados en la inteligencia empresarial que se conectan a fuentes de datos variadas para crear ese efecto agregado. Con frecuencia combinan alguna expresión de los conceptos a continuación para la recaudación presentación de datos al usuario:

- *Bancos de datos*: utilizan un modelo de almacenamiento de datos estructurados, lo cual significa que la data se guarda en tablas que se relacionan entre sí. Se interactúa con estos programas usando lenguaje estructurado de consulta (o SQL, del inglés, *Structured Query Language*).

- *Almacenes de datos* o *Data Warehouse*, por su nombre en inglés. Este es un tipo de banco de datos especializado para extraer, transformar y cargar data de bancos estructurados, haciendo cálculos en el proceso y combinaciones de relevancia para el negocio o el ministerio.

- *Bancos de objetos*: utiliza un modelo de almacenamiento de objetos que se definen en lenguaje de programación a conveniencia de la aplicación de software que se desarrolla. Por ejemplo, se puede programar un objeto para guardar las estadísticas de asistencia en un archivo de texto cada semana.

- *Jerarquía de datos*: utiliza un modelo no estructurado para guardar la información en jerarquías predeterminadas. Un buen ejemplo de esta forma de almacenar información es el modelo de archivos del disco duro de tu computadora. Hay bases de datos de documentos para esta clase de información.

- *Lago de datos*: combina fuentes múltiples estructuradas, no estructuradas, de objetos y variedad de documentos en un espacio amplio de recolección para organizar y procesar grandes volúmenes de datos por anticipado, antes de ser requerida para el análisis.

- *Gran Data*: como su nombre lo indica, son almacenes de data de gran capacidad que se han optimizado para guardar, recuperar, leer y manipular mucha data al mismo tiempo de cualquiera de las fuentes descritas antes.

- *Minería de datos*: es el proceso mediante el cual se extrae data para descubrir patrones repetitivos y estadísticas relevantes que se esconden a simple vista en un lago de datos. Puede que combine elementos de inteligencia artificial y una nueva disciplina que se conoce como aprendizaje de máquina (o ML, del inglés, *Machine Learning*).

- *Visualización de datos*: hay aplicaciones especializadas en tomar la data agregada y presentarle de forma gráfica con gran variedad de formatos y colores. Ejemplos de estas visualizaciones incluyen alertas y notificaciones, gráficos de tendencias, de barras o circulares, tarjetas de información, mapas, y tablas organizadas en un tablero central.

Estoy convencido de que el ministerio puede beneficiarse de un programa de inteligencia empresarial que le permita generar informes con ayudas visuales y análisis estadísticos anclados en una recopilación de datos reales y consistentes.

Es probable que tu ministerio no cuente con las finanzas o la experiencia necesarias para implementar software especializado, pero si siembras los conceptos de la inteligencia empresarial lo antes posible podrás cosechar sus beneficios.

Para comenzar, puedes utilizar hojas de cálculo con medidores claros para ir recaudando los datos claves con frecuencia. La misma hoja de cálculo tiene elementos de visualización de datos sencillos de usar que puede orientarte en la toma de decisiones sabias.

Ya sabemos dónde guardar la data, pero la pregunta más importante es ¿qué data debemos guardar? ¿Cómo determinamos qué cosas son importantes de considerar en el tiempo y cómo la vamos a revisar para que informe nuestra toma de decisiones?

Indicadores de desempeño

Yo era muy joven cuando noté que los ujieres acostumbraban a pasearse por los pasillos de la iglesia durante la predicación. No sabía por qué lo hacían, pero mi curiosidad fue creciendo hasta que un día hice como que iba a usar el baño y me paré para observar a uno de ellos. Llevaba un pequeño objeto en la mano que chasqueaba. Era un contador. A su paso por los pasillos contaba el número de personas sentadas en las bancas. Este debe ser el aparato más primitivo de inteligencia empresarial que se haya usado jamás en el ministerio.

Con frecuencia, las iglesias contabilizan dos cosas, el número de personas que asisten a los servicios y el dinero recogido en los platones de las ofrendas: los dadores y las dádivas. Pero hay muchas más cosas dignas de medir para descubrir la vida de tus programas ministeriales.

Primero comienzas por tener objetivos claros. Alrededor de esos objetivos se plantean unas preguntas claves. Estas preguntas deberían darte una idea de las cosas que debes medir. Puedes usar preguntas al estilo de:

- ¿Es fácil de medir?
- ¿Mide el objetivo que planteamos?
- ¿Estamos midiendo el progreso, avance o retroceso?
- ¿Podemos cambiar los resultados con nuestras acciones?
- ¿Cómo sabemos si lo logramos?
- ¿Nos dice cuándo es tiempo de replantear el objetivo?

Las mediciones que consideras importante se conocen en el mundo de la inteligencia empresarial como indicadores claves de rendimiento (o KPIs, del inglés *Key Performance Indicators*), también conocidos como indicadores de desempeño.

Los indicadores de desempeño se modelan cuando la data crítica se va recopilando en fuentes múltiples y almacenando durante el tiempo de duración del objetivo para luego organizarla y prepararla para el análisis con tu equipo ministerial. Esta data organizada se presenta en informes visuales y ayudan a descubrir si se necesita hacer ajustes al plan estratégico o a tus tácticas ministeriales, como continuar o cerrar un programa u ofrecer un programa nuevo de servicio a tu comunidad.

Puedes visualizar este proceso en la **Figura 15** a continuación.

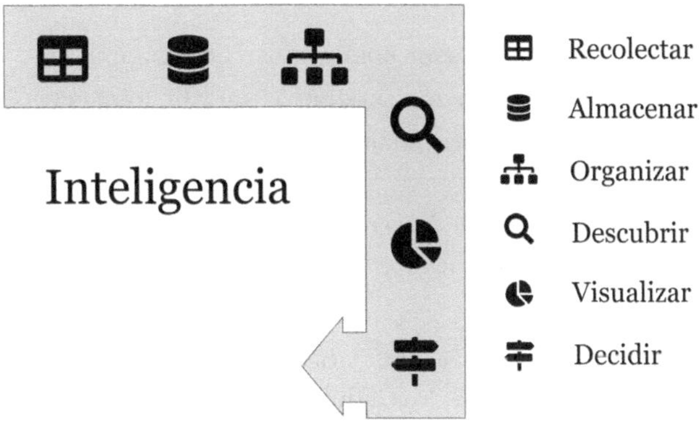

Figura 15: Procesos de inteligencia

Llevar los números de tu ministerio no te hace menos espiritual. Es tan espiritual que hasta hay un libro de la Biblia que se llama así. Aunque parezca contradictorio, es una actividad crítica. Los números son importantes para informar nuestras decisiones. Con todo, no se trata de reducir el ministerio a números, porque sabemos que es mucho más que números. Por esta razón, asegúrate de incluir factores tanto cuantitativos como cualitativos.

Déjame darte un ejemplo. Si uno de tus objetivos estratégicos es discipular a 50 personas en un año, es obvio que debes contar el número de discípulos en el programa de discipulado; esta es tu medida cuantitativa. Pero también debes contar el crecimiento espiritual de cada discípulo y cómo lo vas a medir; podrías guiarles a que lleven un diario de oración y lectura de la palabra y reporten su progreso. Esta sería tu medida cualitativa. Quieres medir cantidad e impacto.

Entonces, en el proceso de diseño estratégico, para cada objetivo estratégico debes asignar por lo menos un medidor. Este medidor es tu indicador de rendimiento o desempeño.

Tus indicadores de desempeño deben medir más allá de lo obvio. A continuación, te ofrezco un listado en tres categorías de posibles medidores que pudieses incluir en tu planeación estratégica.

Asistencia

No se trata solo de medir solo la asistencia general sino de ser específico de acuerdo con los programas que tu ministerio ofrece. Toma en cuenta el uso de los recursos de tu presencia digital.

- *Asistencia por estado de membresía*: miembro, visitante, simpatizante, menor de edad y contribuyente.

- *Asistencia por grupos por edades*: infantes, párvulos, niños, jóvenes, jóvenes adultos, adultos y ancianos.

- *Asistencia a los grupos de interés común*: células, solteros, matrimonios, estudiantes universitarios y empresarios.

- *Asistencia a las actividades digitales*: transmisiones en vivo, seminarios y comunidades en línea, participación en grupos de redes sociales, respuestas a campañas de correos electrónico, comentarios y vistas de pregrabados.

Respecto a las actividades digitales, muchas plataformas de redes sociales recopilan esta información y cuentan con tableros para visualizar el alcance y la participación de tus seguidores. Debes asegurarte de incluir estos medidores en tus reuniones de planificación y revisión para que informen tus decisiones.

Llevar los números de tu ministerio no te hace menos espiritual.

También puedes medir asistencia y participación por la respuesta que recibes usando encuestas. Las aplicaciones de encuestas, algunas gratuitas, tienen sus propios medidores de éxito. Las encuestas son una excelente forma de capturar información tanto cuantitativa como cualitativa.

Voluntariado

Una iglesia activa cuenta con el sacerdocio de todos los creyentes, lo cual significa que todos sirven en alguna capacidad de acuerdo con los dones recibidos por el Espíritu Santo.

Por esto el voluntariado es una medida de la vitalidad y el impacto de tu ministerio ejerciendo su misión. Ya hemos hablado de la importancia de que tus medidores de desempeño se alineen a tu estrategia; pues bien, en ninguna otra área se hace esto tan evidente como en el área del voluntariado. Por eso, sé tan específico como puedas a la hora de medir la participación de tus voluntarios.

- *Voluntariado por asistencia*: revisa otra vez las mediciones de asistencia anteriores y cruza cada una con el número de voluntarios que sirven con regularidad. Por ejemplo, voluntarios por miembros, voluntarios por ancianos o voluntarios por transmisiones en vivo.

- *Voluntariado por área de misión*: En los capítulos siguientes veremos cómo alinear la estrategia de tu ministerio con la tecnología y retomaremos este tema cuando sea pertinente.

- *Voluntariado por programa de servicio*: Haz una lista de los programas de servicio que ofrece tu ministerio, si no la has hecho aún, y revisa las métricas de participación voluntaria.

- *Voluntariado digital*: Sitio web, redes sociales, campañas de correo electrónico, presencia gráfica y visual, producción presencial (sonido, luces, escenario, ayudas visuales) para la transmisión en vivo y la transmisión como tal son algunas cosas dignas de medir.

Es probable que tengas que lidiar con brechas generacionales, demográficas y hasta culturales. Tal vez estos sean factores claves que valga la pena también considerar en tus medidores de desempeño.

Puedes medir también las actividades específicas que realizas para entrenar, fortalecer y nutrir la vida y las relaciones con y de tus voluntarios. No olvides que el voluntariado es una oportunidad para pastorear de cerca a quienes te acompañan haciendo ministerio.

El voluntariado es una medida de la vitalidad y el impacto de tu ministerio.

Decisiones

Hay decisiones en la vida de fe que pueden ser excelentes indicadores de desempeño. No dejes estos por fuera. Las decisiones miden la dirección hacia la cual tu ministerio se mueve.

- *Decisiones sacramentales*: profesiones de fe, bautizos, bodas, sanidades y milagros, comisionado y envío de misioneros, entre otras.

- *Decisiones de crecimiento espiritual*: mide la participación en programas de discipulado, preparación para el bautismo, centro de capacitación ministerial, simposios de diversos temas y actividades de oración y de compañerismo.

- *Decisiones digitales*: tendencias en las redes sociales incluyen el número de seguidores, de reacciones, de compartidos, de comentarios y retención en la vista de tus videos.

- *Cambios demográficos*: aunque no son decisiones, algunos eventos de la vida determinan su dirección. No dejes de cruzar datos como edades, fallecimientos, nacionalidades, etnias, idioma y estado civil con tus medidores de desempeño.

Dinero

Es obvio medir el total del dinero recaudado por tu ministerio. Si es una iglesia, esto se traduce muchas veces a lo recibido en las actividades semanales. Pero hay muchas dimensiones que se pueden medir cuando se trata de las finanzas de tu ministerio.

- *Ingresos regulares*: diezmo, ofrendas, venta de artículos, boletos a seminarios y conciertos, inscripciones a campamentos y programas educativos.

- *Ingresos por área de servicio o voluntariado*: si tu intención es, por ejemplo, que cada área de servicio sea autosuficiente en sus finanzas, esto debes medir.

- *Contribuyentes por área de servicio o voluntariado*: otra forma de ver el dinero es por clase de contribuyente. Esto considera cosas como preferencias generacionales o ministeriales de tus donantes.

- *Donaciones por clase de medio*: efectivo, cheque, tarjetas de crédito, portal digital, criptomonedas y valores, ya sean calendarizadas o esporádicas o al fondo general o para programas específicos.

Con tantas cosas que se pueden medir en el ministerio, es crítico que escojas, junto con tus líderes o equipo de planificación estratégica, cuáles de estas cosas son relevantes para los objetivos estratégicos que se hayan planteado. Medir estos es esencial para desarrollar una buena percepción de cuánto han progresado y cuánto les falta por recorrer.

Y así cerramos el ciclo de la exhilarante trilogía de la tecnología (**Figura 11**). El conocido especialista en gerencia empresarial austríaco estadounidense Peter Drucker también acuñó la frase: "La mejor manera de conocer el futuro es creándolo". La estrategia vislumbra el futuro a donde se quiere llegar. La táctica pone las yantas en fricción con la carretera para movilizarnos. Y la inteligencia informa a la estrategia para ajustar el curso y la velocidad cuando sea necesario.

Ahora veamos cómo se aplican estas cosas a la misión.

TECNOLOGÍAS MINISTERIALES

La misión es la madre de la teología.

— DAVID J. BOSCH, TEÓLOGO ESTADOUNIDENSE.

Los misioneros fabrican mejores productos. [51]

— JEFF BEZOS, FUNDADOR DE AMAZON.COM.

Tuve la oportunidad de almorzar con el cardenal Paul Tighe, quien en ese momento fuese el Secretario al Consejo Pontificio de las Comunicaciones Sociales para el Vaticano y responsable por las nuevas iniciativas de la iglesia de Roma para la evangelización, incluyendo su incursión en las redes sociales. ¿Recuerdas que el papa Francisco fue el primer papa en *Twitter* @pontifex_ex? Pues su primer mensaje fue enviado desde el iPad del reverendo Tighe.

Durante el almuerzo, le preguntaba acerca de cómo la iglesia católica estaba organizando el uso de la tecnología en el ejercicio del ministerio. Debo confesar que siendo la iglesia católica una de las iglesias con más historia y recorrido en estos temas, yo esperaba que me respondiera con un plan completo, integrado, centralizado y estratégico, pero, para mi sorpresa y desilusión, no fue así.

A pesar de saber que la iglesia ha estado utilizando alguna forma de tecnología por siglos, ese día reconoció que todas las iniciativas estaban desconectadas entre sí, que no se alineaban con un plan estratégico y ni siquiera seguían una filosofía común que definiera las razones ni la dirección de la tecnología en la iglesia.

La iglesia católica no está sola en esto. Esta condición afecta a toda la iglesia, sin importar denominación ni tradición eclesiástica. Es cierto que puede haber excepciones, pero la ausencia de un modelo claro para abordar, organizar y hasta dirigir el uso que las organizaciones cristianas hacen de la tecnología en el desarrollo de su ministerio es la condición más común. En la mayoría de los casos, no significa que la iglesia no esté usando alguna forma de tecnología para ejercer algún área de ministerio, sino que no tiene una perspectiva holística ni una propuesta estratégica que le facilite insertar la tecnología efectivamente en todas las áreas.

Este vacío ha dado origen a *Ciberministerio* como modelo. *Ciberministerio* es una fuente de información y recursos para ayudar a las organizaciones cristianas a definir de manera comprehensiva y concertada el uso de la tecnología en el ejercicio de su ministerio.

Mi experiencia trabajando como profesional de la informática y mi liderazgo ministerial me ha permitido un proceso de práctica y reflexión que me ha conducido a la *Matriz de Tecnologías Ministeriales®* que introduzco en este capítulo. Mi propuesta está basada en una premisa si se quiere simple:

El modelo para pensar, organizar, planificar y administrar el uso de las tecnologías ministeriales la encontramos en la misión de la iglesia. Cuando alineamos el uso de la tecnología a la misión, y la misión a su vez está alineada a los valores y a la visión de la iglesia, conseguimos la alineación estratégica de la tecnología en el ministerio.

Permíteme desglosar esta declaración con cierto detalle.

El modelo

Primero que nada, necesitamos un modelo a seguir. Muchas iniciativas tecnológicas fracasan desde sus inicios porque no siguen un modelo claro. La carencia de un modelo para definir las tecnologías ministeriales ha dejado a la iglesia a la deriva y sin estándares organizacionales en esta área. Imagínate que estás en el negocio de hacer sillas sin tener un modelo, ¿cómo sabrías si lo que estás fabricando son sillas y funcionarán como sillas, y no trajes de astronauta? El traje de astronauta seguramente será muy atractivo, pero no satisfará tu necesidad de sillas.

De la misma manera, cuando la iglesia se atreve a lanzar una iniciativa tecnológica, ¿cómo sabe si esa iniciativa rendirá el resultado esperado? Un modelo le permite cotejar si el resultado coincide con la intención original.

Además, el propósito de un modelo no es el de limitar la capacidad creativa ni la posibilidad de tener un estilo de silla o, mejor dicho, de ministerio, que lo distinga. El modelo debe ser lo suficientemente flexible como para poderse adaptar a las necesidades propias del contexto. Por eso tener un modelo capacita y libera al ministerio para crear algo único.

Un modelo es indispensable si queremos estimular la comprensión de las tecnologías ministeriales y si queremos afectar positivamente nuestra práctica al emplearlas.

Hasta el momento de escribir este documento, no he encontrado un modelo claro que le permita a la iglesia y a otras organizaciones cristianas entender a cabalidad el uso que hacen de la tecnología. Pues bien, esto está a punto de cambiar.

POPA

Seguramente hemos escuchado la expresión "viento en popa". La popa es la parte posterior de cualquier embarcación (así como la proa es la parte frontal). Cuando se navega un velero con viento en popa suceden dos cosas: primero, el viento no causa resistencia a la embarcación, y segundo, el viento hace fuerza contra la vela mayor. Esto le permite al velero avanzar y alcanzar sus velocidades máximas, a la vez que el marinero puede navegar con facilidad. El viento en popa permite máximos resultados con el menor esfuerzo.

Esa es la función del modelo de tecnologías ministeriales: máximo resultado con mínimo esfuerzo.

Por eso me gusta usar la analogía del viento en popa como acróstico:

[P] - Pensar
[O] - Organizar
[P] - Planificar
[A] - Administrar

Pensar

La actividad tecnológica es una actividad inteligente. Me refiero a que la tecnología no es creada al azar sino el resultado del esfuerzo mancomunado de mentes pensantes tratando de resolver problemas reales con herramientas adecuadas.

El modelo de tecnologías ministeriales te permite pensar acerca de la tecnología desde varias perspectivas, incluso teológica – para iniciarte en el tema te recomiendo mi artículo, *3 pasajes para formular una teología bíblica de la tecnología.* [52] Toda iniciativa tecnológica con fines ministeriales implica tiempo de análisis y síntesis. Existen herramientas de pensamiento que facilitan este proceso en tus equipos ministeriales, como mapas mentales y matrices de decisión, por ejemplo. En el **Capítulo 11** encontrarás referencias a estas herramientas.

Organizar

La actividad tecnológica es una actividad organizada. La tecnología es una manera cultural de organizar el mundo material. Toda iniciativa tecnológica con fines ministeriales implica tiempo de organización.

El orden es un tema recurrente en La Biblia (1 Corintios 14:40). La organización es tarea de los líderes. Moisés organizó el servicio en el santuario (Números 3-4). Saúl organizó a los soldados (1 Samuel 11:11). David organizó a los levitas (1 Crónicas 24:3) y a los porteros (1 Crónicas 26:12), y Josías organizó la gran celebración de la pascua (2 Crónicas 35:16).

El modelo de tecnologías ministeriales propone organizar la tecnología de forma práctica alrededor de las cinco funciones esenciales de la misión de la iglesia. Veremos las implicaciones de esto más adelante. Hay muchas cosas que requieren de organización: la gente y sus capacidades en la obra del ministerio, los sistemas que utilizan, los aparatos que usan, el tiempo y el dinero, para mencionar algunas.

Planificar

La actividad tecnológica es una actividad planificada. Hay muchas áreas de la tecnología que requieren planificación. La primera de ellas tiene que ver con definir el rol de la tecnología en la estrategia ministerial, o, dicho de otra manera, cómo el plan estratégico consigue soporte tecnológico, como vimos en el capítulo anterior. Luego tenemos la planificación de proyectos, la cual permite idear de principio a fin la implantación y el uso de la tecnología.

Hay muchísima planificación en la Biblia, tanta que sería objeto de una obra completa. En ocasiones, vemos grandes planes para crear obras monumentales. El arca de Noé fue un proyecto magno. De la misma manera el tabernáculo del desierto y el templo de Salomón. La toma de la tierra prometida a cargo de Josué requirió un movimiento militar muy bien coordinado. El evangelio mismo es la consumación del milenario plan de salvación.

El modelo de tecnologías ministeriales reconoce que toda iniciativa tecnológica con fines ministeriales supone tiempo de planificación. Familiarízate con los conceptos y la práctica de la gerencia de proyectos en general, y de tecnología en particular; esto añadirá valor a tus iniciativas tecnológicas.

Administrar

La actividad tecnológica es una actividad administrada. Además, la administración es una actividad altamente teológica. Administrar es el primer mandamiento cronológico. Antes de que Dios le entregara los Diez Mandamientos a Moisés, "Dios el SEÑOR tomó al hombre y lo puso en el jardín del Edén para que lo cultivara y lo cuidara" (Génesis 2:15). Es importante notar que Dios, el Creador de todas las cosas, no creó el huerto de Edén, sino que lo plantó (Génesis 2:8). La idea es que Dios es el primer agricultor y administrador. Luego delegó esas funciones a Adán en un proceso de transferencia de conocimiento.

La palabra administrar viene del latín, combinando *ad* (que significa añadir o sumar) y *ministrare* (que significa servir o ejercer una vocación), la misma raíz de la palabra ministerio. La palabra ministerio contiene también la palabra latina *minus*, o menor, fortaleciendo la idea de servicio con humildad.

En cierta ocasión los apóstoles se disputaban quién sería el mayor y el Señor les respondió: "Pero ustedes no deberán ser como ellos. El más importante entre ustedes debe ser como el menos importante de todos; y el jefe de todos debe servir a los demás" (Lucas 22:26). Jesús reveló esta verdad escondida en la escritura: la mayordomía comienza con la *menordomía* (Génesis 25:23, 39:4; 1 Crónicas 5:2; Mateo 24:47; Marcos 9:33-37; Romanos 9:12; Filipenses 2:5-11; 1 Corintios 15:9-10). El mayordomo es el siervo de la casa, de manera que administrar es el servicio que la iglesia le da a los de la familia de la fe.

> *La mayordomía comienza con la menordomía.*

Todo pastor o líder ha visto en el ejercicio de su ministerio la importancia de ser un buen administrador, ya sea por sus propios talentos o rodeándose de las personas con ese don. Esto no se hace desde la altanería, el orgullo o el engreimiento. Tampoco mirando a los demás por encima del hombro. El rol del pastor es el de cuidar en vez de cuidarse, escudar en vez de escudarse, elevar en vez de elevarse y promover en vez de promoverse. El pastor o líder así se convierte en el facilitador de la gente encargada de la tecnología en el ministerio.

De hecho, la administración aparece como uno de los dones del Espíritu Santo. Esto lo leemos en 1 Corintios 12:28:

> En la iglesia Dios ha puesto, en primer lugar, apóstoles; en segundo lugar, profetas; en tercer lugar, maestros; luego los que hacen milagros; después los que tienen dones para sanar enfermos, los que ayudan a otros, los que **administran** y los que hablan en diversas lenguas (énfasis añadido).

En este pasaje, la palabra 'administran' es traducida del griego *kybérnesis*, de la cual se deriva nuestra palabra moderna cibernética [53] y apunta al hecho de que la administración va ligada al uso eficiente de todos los recursos: humanos, intelectuales, financieros y materiales, los cuales son todos necesarios para el éxito de la iglesia y de soluciones tecnológicas.

Los administradores (*kybernétes*) son puestos por Dios en la iglesia para pensar, organizar, planificar y obvio, administrar.

Nota aparte, es triste ver que la mayoría de los seminarios e institutos bíblicos que entrenan a nuestros pastores y líderes no les proveen de las herramientas claves para la gerencia de sus respectivas organizaciones ministeriales. No entrenan a administradores con el mismo empeño y dedicación que entrenan a predicadores y pastores.

El modelo de tecnologías ministeriales implica la administración aplicada a la tecnología como función integrada de recursos de personal, sistémicos, procesales, políticos y materiales.

Como puedes apreciar, navegar los mares de la tecnología es arduo trabajo. No podemos dejar el barco a la deriva. La tecnología es una actividad que requiere compromiso y esfuerzo. Toda iniciativa tecnológica con fines ministeriales demanda de tiempo administrativo. Lo que nos anima a utilizarla en el ministerio es el impacto que puede tener sobre los resultados.

El pensar, organizar, planificar y administrar son el viento en POPA que llevará tu barco a su destino midiendo los resultados para saber si estás alcanzando el fin deseado. El modelo de tecnologías ministeriales te ayudará a comenzar, crecer y contabilizar el uso que hagas de la tecnología.

Preserva estos conceptos en perspectiva mientras dedicamos unas líneas a revisar la misión de la iglesia.

Misión

La iglesia existe por su misión. A diferencia con otras organizaciones que nacieron de alguna actividad o de algún oficio y que crearon una misión a posteriori, la iglesia nació por su misión. La misión le dio su primer origen y su primera naturaleza, y debería seguir proveyendo a la iglesia de su razón de ser y de su identidad continua.

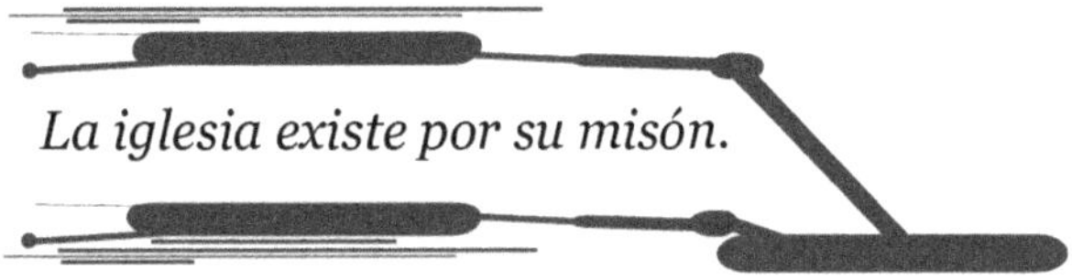

Para la iglesia, la misión no es una declaración sino un imperativo. Los primeros seguidores de Jesucristo recibieron de primera mano esa misión como un mandato en La Gran Comisión.

La manifestación más temprana de esta declaración de misión la encontramos en Marcos 16:15, cuando Jesús "Les dijo: Vayan por todo el mundo y anuncien las buenas nuevas a toda criatura". Y luego expresada en Mateo 28:19-20a: "Por tanto, vayan y hagan discípulos de todas las naciones, bautizándolos en el nombre del Padre y del Hijo y del Espíritu Santo, enseñándoles a obedecer todo lo que les he mandado a ustedes".

El imperativo de Jesús es a la movilización para la predicación y el discipulado mediante el bautismo y la instrucción. De modo que la labor no concluye con la evangelización sino continúa con la incorporación del evangelizado a la familia de la fe y su entrenamiento de por vida.

Como veremos a continuación, varios autores coinciden en que la misión de la iglesia consiste en cinco propósitos o funciones esenciales.

El misiólogo Carlos Van Engen ha dedicado su vida al estudio de la misión de la iglesia. En un libro que considero fundamental para entender el rol de la iglesia local como receptora de la encomienda de Cristo, titulado *El Pueblo Misionero de Dios*, [54] Van Engen comienza por mostrar cómo el concepto de iglesia de la epístola a los efesios se convirtió en una declaración de fe que definió a la iglesia como "una, santa y católica" (entiéndase que católica en este contexto se refiere a la universalidad de la iglesia, la iglesia en los confines de la tierra). Este modelo fue luego expandido durante el Concilio de Constantinopla, incluyendo la palabra "apostólica" para mostrar el apego a la enseñanza de los apóstoles.

Por siglos, la iglesia se definió a sí misma como *una, santa, católica y apostólica.* Van Engen afirma que estas características de la iglesia deberían también definir la misión de toda congregación local, lo cual es posible si las convertimos en verbos en lugar de adjetivos: unificar, santificar, crecer, y proclamar. Al hacer esto, la iglesia comienza a definir su misión mediante:

- La comunión y acompañamiento o *koinonía* para unificar.
- El testimonio y aprendizaje o *marturía* para santificar
- El servicio y ayuda a los demás o *diaconía* para crecer y
- La predicación y alcance o *kerygma* para evangelizar.

De este análisis resulta que estas cuatro palabras griegas son claves para definir a la iglesia en misión.

Pocos años después, el pastor Rick Warren, en su influyente libro *Una Iglesia con Propósito*, [55] añadió una dimensión nueva (y necesaria) a la misión, al juntar La Gran Comisión con El Gran Mandamiento. Warren dice: "Un gran compromiso al gran mandamiento y a la gran comisión hará una gran iglesia".

El gran mandamiento, por supuesto lo encontramos en Mateo 22:37-40, donde lee: "Ama al Señor tu Dios con todo tu corazón, con todo tu ser y con toda tu mente… [y] Ama a tu prójimo como a ti mismo. De estos dos mandamientos dependen toda la ley y los profetas". La gran comisión, como cité antes, en Mateo 28:19-20a.

Cuando se juntan ambos se definen lo que Warren llama los cinco propósitos de la iglesia, que serían: evangelismo (ir y predicar), discipulado (hacer discípulos), compañerismo (bautizar), adoración (amar a Dios) y ministerio (amar al prójimo). Warren coincide con Van Engen en sus cuatro propósitos, pero añade un quinto.

En una conversación personal con Van Engen, él reconoció que a su modelo le faltaba ese quinto componente: la adoración o *liturgia* para que la iglesia exprese su amor a Dios. Este tema, dicho sea de paso, también resuena en el libro de Efesios, ya que fuimos creados "para alabanza de su gloria" (Efesios 1:6, 12, 14).

El consultor de iglesias Aubrey Malphurs, en su libro *Una Nueva Clase de Iglesia*, [56] prefiere no llamar a estos cinco componentes propósitos, sino funciones, escribiendo: "Yo prefiero no utilizar el término propósito porque creo que el único propósito de la iglesia bíblica y teológicamente es el de glorificar a Dios" (recordemos Efesios 1). Sin embargo, coincide con que la misión de la iglesia tiene cinco funciones esenciales, "Estas son, enseñanza, compañerismo, adoración, evangelismo, y servicio".

Otro autor que coincide con Malphurs en que son cinco las funciones esenciales de la misión de la iglesia es Alan Hirsh. En su libro *5Q* se refiere a estas funciones como la inteligencia (de allí el título) y la capacidad original del cuerpo de Cristo.

Hirsh llega a una conclusión similar utilizando el capítulo 4 del libro a los Efesios, en particular los versos 11-13, que leen:

> Él mismo constituyó a unos, apóstoles; a otros, profetas; a otros, evangelistas; y a otros, pastores y maestros, a fin de capacitar al pueblo de Dios para la obra de servicio, para edificar el cuerpo de Cristo. De este modo, todos llegaremos a la unidad de la fe y del conocimiento del Hijo de Dios, a una humanidad perfecta que se conforme a la plena estatura de Cristo.

De allí las cinco inteligencias (5Q) de la iglesia: ser enviada como agente primario de la misión en el mundo (apóstoles), atender las cosas que son importantes para Dios (profetas), compartir la historia del evangelio para invitar a la gente a una relación con Dios (evangelistas), mantener y desarrollar una relación saludable con la comunidad de fe (pastores), y enriquecer con conocimiento, sabiduría y entendimiento a sus discípulos (maestros). [57]

Cuando solo algunas de estas funciones se realizan, o se les da prioridad a algunas mientras se trata con negligencia a otras, la iglesia queda desbalanceada y no crece a la madurez a la cual está llamada. En las propias palabras de Hirsh:

> Nos convertimos en [una iglesia] incoherente… disfuncional. No podemos ser el Cuerpo de Cristo de acuerdo con la intención de Jesús sin que la quíntupla esté presente y activa durante la vida del movimiento. Dicho de otra manera, la capacidad de la iglesia de obtener la plena estatura de Cristo se pone en riesgo. [58]

La tabla de la **Figura 16** a continuación muestra el comparativo de los distintos autores acerca de la misión; he reordenado la lista de cada autor para hacerla coincidir con la que yo ofrezco.

Prefiero la idea de Van Engen de utilizar verbos en lugar de sustantivos ya que la misión es lo que la iglesia necesita mantenerse haciendo para alcanzar su visión – para entender la relación entre misión y visión desde el punto de vista estratégico, no dejes de leer el capítulo anterior sobre la trilogía de la tecnología.

Van Engen	Van Engen (corregido)	Warren	Malphurs	Hirsh	Lugo
	(liturgia)	Adoración	Adoración	Profecía	Adorar
santificar	*marturía*	Discipulado	Enseñanza	Instrucción	Aprender
proclamar	*kerygma*	Evangelismo	Evangelismo	Invitación	Alcanzar
crecer	*diakonía*	Ministerio	Servicio	Pastoreo	Ayudar
unificar	*koinonía*	Compañerismo	Compañerismo	Apostolado	Acompañar

Figura 16: En qué consiste la misión

En resumen, podemos mirar a la misión de la iglesia como la integración de estas cinco funciones esenciales: Adorar, Aprender, Alcanzar, Ayudar y Acompañar.

Una iglesia saludable balancea estas cinco acciones (5 aes) de la misión (**Figura 16**). Una iglesia saludable no es negligente con ninguna de las cinco funciones, sino que todo lo hace – todos sus programas y eventos, todas sus interacciones con la comunidad y el mundo – bajo estas cinco acciones. Una iglesia balanceada refleja en sus finanzas que atiende las cinco acciones. Una iglesia saludable alinea toda su tecnología con estas cinco acciones.

Desglosemos este modelo con cierto detalle para entender algunos de sus aspectos prácticos.

Adorar

El primer mandamiento en prioridad. Derivado del gran mandamiento, amar a Dios (el primer amor), encuentra su expresión corporativa mediante la liturgia. Antes de que me juzgue por usar esta palabra, déjeme explicar que la palabra liturgia proviene del verbo griego *leiturgéo*, el cual significa servir públicamente, y se refiere al orden y la forma que adquieren las ceremonias de la celebración pública del culto a Dios.

Aunque la adoración es una responsabilidad personal, no podemos menospreciar la adoración como la acción corporativa del cuerpo de Cristo. De hecho, lo mismo se podría decir de cada una de las funciones esenciales; cada función esencial tiene un componente personal y uno corporativo.

Aprender

La comisión de Jesús no fue tan solo la de predicar el evangelio sino la de hacer discípulos. El discipulado implica una relación continuada por el resto de la vida del creyente. El aprender incluye todas las actividades relacionadas al ser discípulo y discipular.

El entrenamiento para vivir la vida cristiana en santidad, la instrucción y la enseñanza de los apóstoles en las escrituras y la reproducción de la misión, son todos elementos del discipulado.

La responsabilidad de la iglesia es la de asegurar el crecimiento de los y las creyentes hacia su madurez, acompañando a todos con programas de instrucción, predicación, instituciones educativas y todo lo necesario para ayudarles a desarrollar el carácter de Cristo en fidelidad y amor y a convertirse en discipuladores y de otros.

Alcanzar

Jesús les dijo a los discípulos antes de su ascensión, "serán mis testigos tanto en Jerusalén como en toda Judea y Samaria, y hasta los confines de la tierra" (Hechos 1:8), lo cual hace eco a Marcos 16:15 en el mandato a la evangelización. La proclamación del evangelio es una acción dinámica, siempre en movimiento, siempre conquistando nuevas fronteras, nuevos mundos presenciales y digitales.

En el mundo cristiano occidental a veces tenemos la falsa impresión de que ya hemos alcanzado a todos los pueblos de la tierra, pero nada dista más de la realidad. Un poco de investigación puede revelarte que existen grupos no alcanzados incluso dentro de las fronteras de países considerados tradicionalmente cristianos.

Esta es una realidad también en la virtualidad. Cada una de las redes sociales pueden entenderse como naciones digitales. Los videojuegos han creado mundos digitales, por ejemplo, que no han sido alcanzadas por el evangelio. El metaverso debe retarnos a ser no solo iglesia universal sino iglesia metaversal. [59] El imperativo aún está vigente.

Ser no solo iglesia universal sino iglesia metaversal.

Ayudar

El segundo mandamiento en prioridad. El ejercicio de amar al prójimo como a nosotros mismos (Marcos 12:31). Nota que me refiero a amar como un ejercicio, o sea, una acción. En nuestra cultura, se habla mucho del amor como una relación romántica, pero en la Biblia, el amor se actúa.

Jesús nunca le dijo "te amo" a nadie, pero mostró su amor entregando su vida para rescatarnos. El amor al prójimo debe hallar expresión en el servicio a los demás, el ministerio, el cuidado pastoral y múltiples expresiones de ayuda al prójimo que van desde el impacto comunitario y la salud pública hasta programas de justicia social.

Acompañar

Todas las funciones anteriores dependen de esta. No adoramos de manera individualista y aislada, como expresé antes. Tampoco podemos aprender de otros ni ayudar a otros si no estamos en relación mutua. Y por supuesto, ¿para qué alcanzar a otros si no es para que caminemos en la fe, adorando, aprendiendo, ayudando, en fin, acompañándonos los unos a los otros?

En el Nuevo Testamento, la expresión "unos a los otros" (*allos prós allon*) aparece sesenta y dos veces. Algunos versos nos invitan a amarnos, atendernos, soportarnos, esperarnos, edificarnos e incluso a lavarnos los pies unos a otros. Otros nos confrontan a no odiarnos, traicionarnos, mentirnos, atacarnos ni mordernos unos a otros.

Esto implica que la misión de la iglesia se ejerce y se ejecuta, halla expresión, se maximiza y se potencializa hasta su realización, en la comunidad de los creyentes. En un mundo donde premia el individualismo y se vive fascinado con el yo, la función de acompañar es contracultural pero indispensable.

Acompañarnos en la fe implica caminar juntos en unidad o *koinonía*. Si deseamos acompañarnos, debemos responder a la pregunta de Amós 3:3: "¿Pueden dos caminar juntos sin antes ponerse de acuerdo?" La respuesta a esta pregunta retórica es obvia, debemos caminar juntos en acuerdo. El reconocer las funciones elementales de la misión y tener un plan estratégico claro nos ayuda a ponernos de acuerdo para caminar juntos.

Antes de continuar repasemos nuestra premisa: el modelo para pensar, organizar, planificar y administrar el uso de las tecnologías ministeriales la encontramos en las cinco aes de la misión de la iglesia (**Figura 17**). Podemos visionar y crear estrategias, pero la misión de la iglesia es la misma desde su nacimiento.

Figura 17: 5 aes de la misión

Ahora necesitamos pasar a amarrar la definición de la tecnología que trabajamos en el **Capítulo 3** para llegar a un concepto nuevo de lo que constituyen las tecnologías ministeriales.

Tecnología en misión

Como has podido apreciar, me inclino por una definición práctica de la tecnología y también me inclino por una definición práctica de la misión. Las tecnologías ministeriales son la tecnología en misión de forma práctica. La idea es que halle expresión no solo en lo que la iglesia es y hace – o debería estar haciendo, sino en el día a día del usar la tecnología en el ministerio.

Nota que la tecnología, al igual que la misión, se conforman de cinco componentes que forman una red interconectada dependiente de la cultura, la cual establece su contexto y su rango de influencia. Esto significa que cualquier implementación de tecnología ministerial debe considerar los patrones de comunicación, las relaciones intergeneracionales y lo que se ha denominado "la brecha digital", las capacidades económicas, las implicaciones éticas y la desigualdad social y el impacto de las futuras innovaciones.

Las tecnologías ministeriales son la tecnología en misión.

Tomando entonces mi definición de la tecnología, propongo la siguiente definición de las tecnologías ministeriales:

> Las tecnologías ministeriales son una red cultural interconectada de personas, sistemas, procesos, políticas y aparatos que le permite a la iglesia realizar las cinco funciones esenciales de su misión en el mundo que le rodea.

Cada uno de los cinco componentes de la tecnología se pone al servicio de cada una de las cinco funciones esenciales de la misión para pensar, organizar, planificar y administrar la tecnología ministerial. Esto queda representado por la matriz de la **Figura 18**.

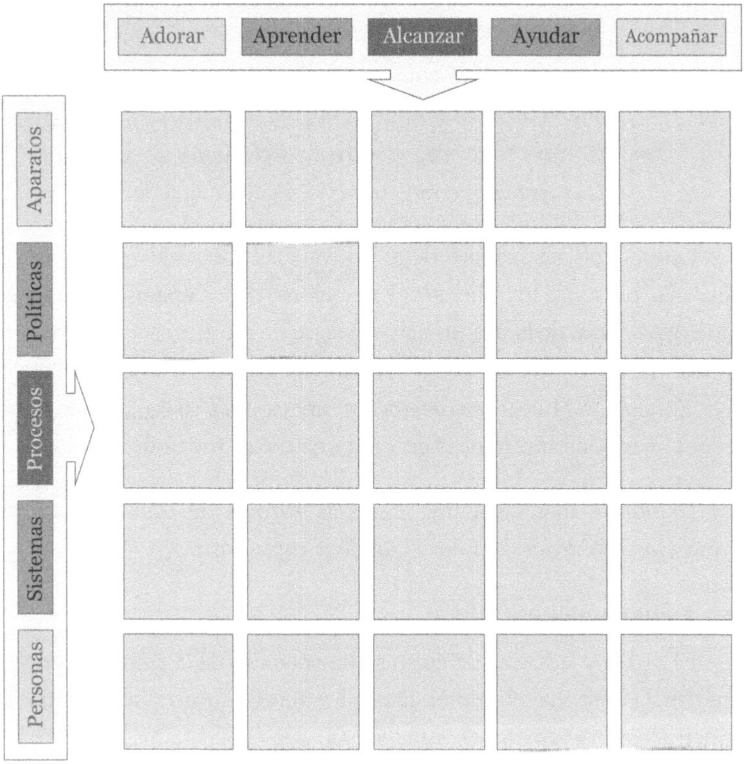

Figura 18: Matriz de Tecnologías Ministeriales®

La matriz es un instrumento práctico. Sirve para determinar el rol que cada uno de los cinco componentes de la tecnología tendrá en cada una de las funciones esenciales de tu ministerio. Visita la página de *Ciberministerio* para obtener una copia que puedas imprimir y usarla como guía de discusión con tu equipo de trabajo.

Le puedes dar varios usos a la matriz, por ejemplo:

- Como plantilla de trabajo con el modelo POPA en cada uno de los recuadros cruzados.
- Como documentación de las tecnologías que están en uso en este momento.
- Como guía de planificación de las tecnologías que están en vías de implementación.
- Como herramienta de evaluación para saber el estado actual de la tecnología en uso y las carencias que tienes.
- Como ruta de desarrollo técnico si combinas la *Cibermadurez*, con la matriz en cada etapa de madurez.

Las tecnologías ministeriales apoyan las funciones de la misión, desde las personas involucradas hasta el uso de los aparatos. Para cada función esencial de la misión hay una serie de estrategias que se pueden apoyar, facilitar y mediar por la tecnología. Veamos esto con brevedad a continuación. Luego dedicaremos un capítulo para revisar varias tecnologías contemporáneas en cada una de las funciones.

Exploraré más cada una de estas formas de usar la *Matriz de Tecnologías Ministeriales®* en los siguientes capítulos.

Tecnología para adorar

El orden y la forma de culto se ha apoyado de la tecnología desde que Abel construyó el primer altar y le prendió fuego a su ofrenda. La construcción y el fuego son de las tecnologías más antiguas y transformadoras del curso de la historia que se conocen. Los altares han soportado de forma literal las ofrendas de adoración a través de todas las edades.

La adoración bíblica es multisensorial y multimedia gracias al respaldo de varias tecnologías. Los sacerdotes del Antiguo Testamento, por ejemplo, mantuvieron el sistema de sacrificios, con sus procesos y sus regulaciones, y con todos los utensilios del altar para presentar a Dios ofrendas de olor grato.

Lo mismo podríamos decir de los levitas cantores, con sus escuelas de formación, su sistema de rotación y el uso de toda clase de instrumentos musicales. Incluso la escritura para preservar sus poemas y canciones fueron mediadas por la tecnología que les era familiar.

La adoración bíblica es multisensorial y multimedia.

De igual manera, muchas tecnologías soportan o respaldan la experiencia de la adoración en la iglesia contemporánea. La iluminación de los santuarios, el sonido, los instrumentos musicales acústicos y electrónicos, los devocionales personales y familiares, varios formatos de las Escrituras, las ayudas visuales de diversa índole y otras ayudas multisensoriales, como inciensos y ungüentos. Incluso la comunión o cena del Señor permite que nuestra experiencia de adoración use todos nuestros sentidos (el pan y el vino son productos de las técnicas para producirlos).

Todos estos aparatos necesitan una combinación de políticas, procesos, sistemas y personas para funcionar a cabalidad y efectivamente.

Tecnología para aprender

Entre otras cosas, la Biblia es un manual para la vida. Sus páginas están llenas de enseñanza e instrucción y toda iniciativa de la iglesia para el aprendizaje debe fundamentarse en ella. La pieza primordial de tecnología para el aprendizaje es entonces la Escritura.

Patriarcas, profetas, escribas, fariseos, reyes, pastores y maestros han creado sistemas completos de preservación, reproducción e instrucción para resguardar la memoria de las Escrituras. Para ello crearon tradiciones orales y escritos sobre piedras, pieles y papiros, filacterias [60] y representaciones gráficas en murales, vitrales y libros ilustrados.

La reforma de la iglesia en gran parte fue posible por la rápida reproducción y diseminación de La Biblia en los idiomas del pueblo gracias a la implementación de una tecnología nueva para su época, la imprenta de tipos móviles. Con las nuevas técnicas de traducción y la reproducción masiva de las escrituras se llevó el discipulado a otro nivel.

De la misma manera, la explosión tecnológica del siglo veinte ha dado como resultado el acceso a nuevas formas de preservar, comunicar y enseñar las escrituras y modelar el vivir de acuerdo con ellas. El aprendizaje a distancia por medios electrónicos, la telefonía móvil celular, las videoconferencias, las muchas versiones de software y bibliotecas bíblicas y los medios múltiples audiovisuales son algunos ejemplos.

La tecnología ha puesto en manos de las personas comunes la posibilidad de convertirse en autores y creadores de contenido fresco mediante la autopublicación, como parte de lo que se ha denominado la "democratización de los medios". Creo que en general, la iglesia aún está en pañales al tratarse de explorar las posibilidades para el discipulado de las nuevas tecnologías.

Tecnología para alcanzar

Los primeros cristianos obedecieron a cabalidad el imperativo de Jesucristo de ir por todo el mundo. La promesa del Espíritu Santo antes de la ascensión les capacitaría para ser testigos desde Jerusalén hasta lo último de la tierra (Hechos 1:8). Luego de la experiencia de pentecostés (Hechos 2:2) se pusieron en marcha.

En menos de un siglo, el mensaje del evangelio alcanzó todos los rincones del imperio romano gracias a la tecnología de la época. La *Pax Romana* les permitió a los primeros cristianos movilizarse libremente para cumplir con el mandato de Jesús utilizando la transportación terrestre por un sistema sofisticado de caminos que se unían con la capital del imperio y la transportación marítima que permitía viajar más rápido y seguro que por tierra.

El mensaje se propagó entre los tecnólogos de la época: los artesanos o *tecnítes* que trabajaban produciendo bienes materiales para financiar la obra del evangelio, el apóstol Pablo siendo uno de ellos.

La red de sinagogas existente en los mayores centros urbanos facilitó la penetración del evangelio. La iglesia utilizó además un sistema de copiado manual y de rotación de los evangelios y de las cartas apostólicas para hacerlos circular entre varias congregaciones con prontitud. En los siglos subsecuentes, proliferaron los escritos cristianos de diversa índole, tanto instrucciones para el discipulado como apologías para alcanzar o tratar de convencer a los antagonistas.

Mucho más se pudiese decir de cómo varias tecnologías se han utilizado a través de la historia para llegar a pueblos no alcanzados con el evangelio. Ya mencioné, por ejemplo, el rol de la imprenta en la reforma protestante con su contraparte en la contrarreforma católica. El mismo llamado descubrimiento de América extendió el rango del mensaje de Cristo a otros pueblos del planeta.

El siglo veinte experimentó saltos gigantescos en la capacidad de alcance con la introducción de muchas tecnologías de las comunicaciones que se fueron construyendo una sobre la otra. Comenzando con el telégrafo y el teléfono, pasando por la radio y la televisión satelital y por cable, hasta la Internet y las redes sociales, las fronteras de lo último de la tierra de pronto se achicaron.

De la misma manera en la transportación con la llegada de los trasatlánticos, los trenes, los autos y los aviones. Inmensas oportunidades se han abierto para alcanzar al mundo necesitado de oír el evangelio.

El problema actual de muchos ministerios cristianos no es el acceso a los medios de alcance, sino la falta de estrategia que se refleja en la pobreza y mediocridad de sus programas. Si queremos alcanzar a las nuevas generaciones debemos revisar cómo usamos estos medios para llevar un mensaje relevante y que le haga mérito al medio que se use. Es hora de que saquemos la mentalidad de púlpito [61] de los medios.

Saquemos la mentalidad de púlpito de los medios.

Tecnología para ayudar

La Biblia está llena de previsiones para ayudar al prójimo, particularmente a aquellos bajo condiciones de extrema necesidad. Con frecuencia se habla de atender al levita, al huérfano y a la viuda, al perseguido y al forastero (Deuteronomio 10:18, 16:11-14, 24:17-21; Salmos 146:9; o Jeremías 22:3).

El sistema agrícola debía ser generoso en dejar suficiente en el campo para los necesitados. El Salmo 68:5, declara: "Padre de huérfanos y defensor de viudas es Dios en su santa morada". Es decir, la casa de Dios o el templo debía funcionar también como lugar de refugio y de asistencia pública. La aplicación de la justicia no debía favorecer al rico y al pudiente.

Tal vez te estés preguntando ¿qué tiene que ver esto con la tecnología? Pues mucho, cuando consideramos que la agricultura es tecnología al máximo, que el templo es cultura material para la adoración y que la justicia es un sistema. Todas estas cosas son tecnologías, aunque algunas de ellas no tengan un aparato particular. Jueces, ancianos y consejeros se valían del sistema legal con sus procedimientos para ejecutar las leyes escritas y documentar sus veredictos.

Hay tecnologías de asistencia que permiten ayudar a personas discapacitadas o con problemas de aprendizaje. Con tecnologías de accesibilidad, los recursos digitales se ponen a la disposición de mayor número de personas. La movilidad del dinero digital permite que las remesas lleguen a personas de escasos recursos, iglesias en situaciones de crisis, o incluso misioneros foráneos.

Debemos explorar el papel que la Internet de las Cosas, o IoT (por sus siglas en ingles de *Internet of Things*) puede jugar en proveer servicios al necesitado, incluyendo artículos de primera necesidad, servicios de salud y de refugio, hasta formas creativas de ayudar a las personas con sus finanzas, sus adicciones y sus relaciones interpersonales. Transportar las provisiones de un banco de alimentos para atender las necesidades de la comunidad también es tecnología.

Ayudar a través de la educación es otra manera, proveyendo cursos y talleres de orientación vocacional y profesional en laboratorios de computadoras, y dando entrenamiento para que las personas de la tercera edad puedan beneficiarse de los más recientes avances en las comunicaciones personales.

Tecnología para acompañar

Acompañar engloba todas las labores del ministerio, incluyendo la gerencia y la coordinación de dichas labores. El acompañar tiene que ver con el manejo de la organización para estimular la pertenencia, la identidad y el compañerismo mediante el servicio mutuo y la contabilización de los recursos materiales al servicio de quienes constituyen el ministerio y de a quienes alcanza.

La Biblia está llena de ejemplos relacionados al acompañamiento. Las labores de fabricación del tabernáculo en el desierto, la repartición de las tierras durante la conquista de Canaán o el proyecto de reconstrucción de Jerusalén bajo Nehemías fueron actividades comunitarias que el pueblo no hubiese podido realizar sin que estuvieran y caminaran juntos.

Muchas tecnologías soportan el acompañarnos en el ministerio de la iglesia al facilitar el manejo de sus recursos humanos, intelectuales, financieros y materiales. Estas incluyen los sistemas de información empresarial, que aplicados a la iglesia se conocen como sistemas de gestión eclesiástica o de membresía. Con software de este tipo se pueden manejar las finanzas, el personal, la nómina, la participación, la asistencia y el voluntariado desde un mismo software central.

Las tecnologías en la Internet, tales como el correo electrónico, las redes sociales, y los sitios web usados con efectividad para diseminar información y facilitar las comunicaciones internas son cruciales en el proceso de acompañamiento, porque no hay comunión sin comunicación.

La iglesia es una empresa de conocimiento y una máquina de contenido. Las predicaciones y enseñanzas grabadas en audio y vídeo, o por escrito son herramientas útiles para acompañar a otros en su peregrinar de fe. Los sistemas de control bibliográfico y de contenido para proteger la propiedad intelectual pudiesen hallar expresión en la iglesia por las muchas formas de contenido que se producen cada semana. En fin, la informática en general ofrece modos de almacenamiento y preservación de todos estos recursos.

Todo lo relacionado con la movilidad, el transporte y su logística entra en esta categoría también. Por ejemplo, proveer transporte a personas de la tercera edad para que participen de las actividades presenciales o acudan a sus citas médicas.

Como puedes notar, varias tecnologías ministeriales pueden superponerse entre sí para que una misma estrategia cubra más de un área de misión.

No hay comunión sin comunicación.

Así completamos esta vista previa de las tecnologías ministeriales. El propósito de esta revisión a vuelo de pájaro es el de sentar las bases para los siguientes capítulos. Te invito a que te abras a pensar en el impacto que ciertas tecnologías pudiesen tener en tu ministerio y a experimentarlas en el camino, en la medida en que las emplees.

En los siguientes cinco capítulos revisaremos cada función de las tecnologías ministeriales en detalle, con referencias a tecnologías específicas y su utilización en el ejercicio de la misión.

TECNOLOGÍA PARA ADORAR

Háganme un altar.

— DIOS, ÉXODO 20:24.

Los presupuestos de las iglesias son más grandes y la tecnología de adoración está a la vanguardia.

MICHAEL FABAREZ – PASTOR ESTADOUNIDENSE.

Estaba cansado e irritable. Había pasado dos noches enteras sin dormir y era la noche del tercer día. Pero al verlo todo en su lugar, supe que había valido la pena. Al día siguiente comenzaría el segundo Simposio de Adoración de la iglesia y me había hecho responsable por la decoración del templo.

Inspirados en la descripción del tabernáculo del desierto (Éxodo 25-31), recreamos el lugar santísimo con columnas y cortinas y representaciones del cofre del pacto y el altar del incienso. Hicimos varios elementos procesionales, cintas, banderas, estandartes, y hasta unos pañuelos con los cuales toda la congregación podría participar en la celebración.

El evento fue una experiencia inolvidable y transformadora para mí y para muchos otros. Parecía un niño cuando le regala su último dibujo a su padre. Por primera vez había creado algo con mis manos para hacer sonreír mi Padre Celestial. Había hecho un altar.

En el capítulo anterior expliqué que las tecnologías ministeriales son aquellas que le permiten a la iglesia realizar sus cinco funciones esenciales: adorar, alcanzar, aprender, ayudar y acompañar. De lo que se deriva que hay tecnología para cada una de estas 5 aes. En este capítulo vamos a revisar con más detalle la tecnología para adorar.

Adoración mediática

Mantenía una conversación por correo electrónico con un amigo discutiendo un artículo sobre el tema de la adoración y me escribió: "Nadie sabe en realidad cómo será la alabanza del futuro, lo más seguro es que sea más tecnológica".

Tiene razón porque, en realidad, la experiencia de la adoración ha sido siempre mediada por la tecnología. Puede que te parezca extraño pensar en estos términos, pero tiene mucho sentido. El medio material es parte de nuestra expresión de adoración a Dios.

La pieza más antigua de adoración es el altar. La adoración se ha apoyado en el altar desde que Abel construyó el primero y le prendió fuego a su ofrenda y así los altares soportaron en lo sucesivo las ofrendas de adoración a través de los tiempos bíblicos.

El capítulo 4 del libro de Génesis narra la historia de los hermanos Caín y Abel. Cada uno preparó una ofrenda para adorar a Dios. Caín trajo una ofrenda de los frutos que cultivaba mientras Abel escogió las primeras crías más gordas de sus ovejas. Fíjate cómo la narración califica la ofrenda de Abel como las primeras y las más gordas, mientras que no califica la ofrenda de Caín.

A Dios le gustó mucho más la ofrenda de Abel que la de Caín. Cuando Caín se enteró de eso se llenó de un enojo tal que le llevó a quitarle la vida a su hermano.

Aunque se nos cuenta la historia a grandes rasgos, puedes inferir todos los elementos de la tecnología. Las ofrendas sobre un altar son parte de la red cultural bíblica. Hay una interacción entre las personas

– Caín y Abel; en un sistema de partes interconectadas – la agricultura de Caín y la ganadería ovina de Abel; un proceso de preparación – pareciera que Abel puso más atención al proceso; un criterio o política de selección – lo primero y lo mejor; y unos elementos materiales - lo que ofrendaron y sobre qué lo ofrendaron.

Estos mismos elementos van a estar presentes en otras narraciones, en otros altares. Los vas a identificar en los altares de piedra de los patriarcas, en el altar de bronce del tabernáculo del desierto, y en el altar del templo de Salomón que se quedó pequeño el día de la dedicación porque las ofrendas de primicias gordas eran además tan abundantes que no cabían (1 Reyes 8:64).

Adoración bíblica

Los sacerdotes levitas del Antiguo Testamento eran los responsables de mantener el sistema constante de sacrificios, con sus procesos y sus regulaciones, y con todos los utensilios del altar para presentar ofrendas de perdón, de paz y de olor grato. Esta dinámica fue instituida por Dios mismo cuando el pueblo de Israel transitaba el desierto.

La primera tecnología móvil de adoración aparece en el libro de Éxodo, capítulos 25 al 40. Te invito a que leas de corrido todo el pasaje. Los pormenores de la fabricación de la tienda de adoración son extraordinarios y hasta abrumadores. Tenía que construirse de forma minuciosa y por las personas adecuadas. Dios le dijo a Moisés:

> Después me harán un santuario, para que yo habite entre ustedes. El santuario y todo su mobiliario deberán ser una réplica exacta del modelo que yo te mostraré (Éxodo 25:8-9).

La réplica exacta del modelo celestial detallado refiere:

- Las dimensiones y la arquitectura del templo con sus alas y divisiones.
- Las decoraciones internas con sus cortinas bordadas y todo el recubrimiento externo, de cierta forma haciendo eco del jardín del Edén.
- Los muebles del patio: el altar para los sacrificios y la fuente de bronce para el aseo de los sacerdotes oficiantes.
- Los muebles del lugar santo: la mesa de los panes de la comunión, el candelabro de siete lámparas y el incensario.
- El cofre para guardar en el lugar más sagrado las tabletas de piedra con la ley inscrita, una vara de almendro florecida y un recipiente con maná, a la vez cubierto por el propiciatorio, labrado de oro en una pieza, con las alas de dos querubines cubriéndolo.
- Las vestiduras del sacerdote principal y de los sacerdotes auxiliares, incluyendo el efod con doce piedras preciosas engastadas en representación de las doce tribus de Israel.
- Todos los vasos, vasijas, cubiertos, cuchillos, tenazas y demás utensilios para manejar los sacrificios.
- Las cajas y las maletas para empacarlo todo y movilizarlo al siguiente destino.

Debo confesar que me recrea mucho leer estos pasajes del Éxodo. Pensaron en todo o, mejor dicho, Dios pensó en todo. He estado en iglesias donde tienen equipos muy costosos para la adoración en el templo (proyectores, cámaras y micrófonos, por ejemplo), pero se les olvida comprar los estuches para protegerlos, transportarlos y resguardarlos con seguridad. La tienda de adoración vino con instrucciones para guardarlo todo y moverlo de un lado para otro.

Para toda esta grandiosa obra se necesitaron tecnólogos altamente calificados; con experiencia y pericia en una variedad de tecnologías. Éxodo 31:2-6 lee:

> Toma en cuenta que he escogido a Bezalel, hijo de Uri y nieto de Jur, de la tribu de Judá, y lo he llenado del Espíritu de Dios, de sabiduría, inteligencia y capacidad creativa para hacer trabajos artísticos en oro, plata y bronce, para cortar y engastar piedras preciosas, para hacer tallados en madera y para realizar toda clase de artesanías. Además, he designado como su ayudante a Aholiab hijo de Ajisamac, de la tribu de Dan, y he dotado de habilidad a todos los artesanos para que hagan todo lo que te he mandado hacer.

Mucho se puede decir de este pasaje. Lo primero es que Moisés contrató a un gerente de proyectos que además era un perito en todas las tecnologías que se iban a emplear, como director de toda la obra, Bezalel, y a su auxiliar, Aholiab. Recuerda que la tecnología comienza por las personas y no por los aparatos.

Por cierto, también Salomón tuvo a un técnico a cargo de las labores del templo. Hiram de Tiro, quien era "sumamente hábil e inteligente, experto en toda clase de trabajo en bronce" (1 Reyes 7:14). El resto del capítulo 7 de 1 Reyes describe todo lo que fabricó.

Además, era un trabajo en equipo. Moisés se encargaría de recopilar todas las materias primas mediante una ofrenda masiva, mientras que Bezalel y Aholiab se encargarían de reclutar a "todos los artesanos" que realizarían las labores de fabricación. Cabe mencionar que Salomón tenía "doscientos cincuenta capataces que supervisaban a todos los obreros" (2 Crónicas 8:10).

Las personas correctas para el trabajo están mejor capacitadas para definir los sistemas apropiados, los procesos productivos y las políticas acertadas para crear y usar los aparatos adecuados.

Segundo, la tecnología requiere recursos materiales para crear nuevos recursos materiales. Estos procesos de transformación material son parte de la tecnología misma. En otras palabras, necesitas tecnología para crear tecnología. Para engastar una piedra preciosa en una pieza de oro, necesitas minería para extraer el oro de la tierra y pedrería para quitarle lo común a la piedra y hacer que luzca preciosa.

Necesitas tecnología para crear tecnología.

Tercero, la capacidad creativa, inteligencia y sabiduría de estos hombres operaron en la llenura del Espíritu Santo. El Espíritu Santo puede hacer lo mismo hoy con los hombres y mujeres a cargo de la tecnología para adorar en tu iglesia o ministerio. Esa de paso es mi oración. Que tu capacidad tecnológica se ungida por el Espíritu de Dios para que puedas hacer todo lo que tu estrategia te guíe a hacer.

Por último, varias tecnologías se conjugan entre sí para originar algo nuevo. En la creación de la tienda de adoración y su paralelo en el templo de Salomón hay muchas habilidades técnicas entrelazadas. En la tabla de la **Figura 19** ofrezco una lista con las más obvias derivadas de los pasajes en Éxodo.

Tecnologías de la tienda del desierto		
Metalurgia	Ebanistería	Costura
Metalistería	Tenería	Instrumentación
Orfebrería	Talabartería	Incensaria
Joyería	Marroquinería	Perfumería
Lapidaria	Utilería	Iluminación
Bisutería	Tejeduría	Pirotecnia
Carpintería	Hilandería	Carnicería

Figura 19: Tecnologías de adorar

Cuando organices la tecnología para adorar en tu iglesia, prepárate para que varias tecnologías interactúen entre sí en tus servicios y cultos de adoración. Ya no necesitamos que la carnicería sea parte del culto – gracias a Dios por el sacrificio de Jesucristo, pero sí otras tecnologías contemporáneas.

La tecnología bíblica de adoración se extiende para incluir a los levitas cantores, con sus escuelas de formación, su sistema de rotación, sus requisitos y el uso de toda clase de instrumentos musicales, como se expresa en la Biblia en muchas ocasiones.

Dato curioso, el nieto de Caín el fratricida fue el primer inventor registrado en la historia bíblica de instrumentos musicales. Su nombre fue Jubal, e ideó el arpa y la flauta (Génesis 4:21). Desde entonces, los instrumentos musicales han sido parte de la experiencia de adoración del pueblo de Dios por las edades. ¡Vaya historia de redención familiar!

Otro que inventó y fabricó instrumentos musicales fue el rey David (Amós 6:5), quien además tocaba el arpa (1 Samuel 16:23) y cantaba (2 Samuel 23:1). Para el momento en el cual Salomón estaba por suceder a David, había cuatro mil músicos que tocaban los instrumentos que David ordenó fabricar (1 Crónicas 23:5).

Años más tarde, durante la dedicación del templo de Salomón,

> Los sacerdotes estaban de pie en sus puestos. Los levitas tocaban los instrumentos musicales que el rey David había hecho para alabar al Señor, y con los cuales cantaba: "Su gran amor perdura para siempre". Los sacerdotes tocaban las trompetas frente a los levitas, y todo Israel permanecía de pie (2 Crónicas 7:6).

David tuvo mucho que ver en la organización del grupo de adoración real, de paso encargado de todas las labores de la tienda de reunión que luego transferirían sus labores al templo. Kenneth Mathews nos dice que:

> David estableció tres gremios musicales bajo su supervisión. Asaf, Hemán y Jedutún (Etán) eran levitas designados por David para el acompañamiento musical de la adoración en el templo (véase [1 Crónicas] 15:16-22). Los gremios procedían de todos los grupos de edad y de personas con diferentes habilidades musicales. Estaban divididos en veinticuatro turnos como los sacerdotes. [62]

El libro de los Salmos son una recopilación musical de estas experiencias de adoración antiguas. No se puede comparar la música de entonces con los avances musicales modernos y contemporáneos. No existía en los tiempos bíblicos la notación musical ni los teclados electrónicos. Sin embargo, los salmistas se dieron a la tarea de incluir anotaciones musicales para indicar cómo sus canciones debían interpretarse. Este sistema de escritura y comentarios musicales son también tecnología.

> Muchos de los términos musicales aparecen en los sobrescritos, agregados por escribas o recopiladores posteriores que buscaban indicar la naturaleza, la autoridad y el uso de los salmos. Estos encabezados de salmos enumeran categorías antiguas de salmos, ofrecen instrucciones para la interpretación musical, se refieren a melodías e identifican ocasiones para el uso de un salmo en la adoración. Gran parte de la información de estos títulos consiste en términos musicales especializados que los lectores ya no entienden. [63]

No voy a hacer aquí un estudio de tales notaciones musicales, pero estas incluyen *Selah*, que aparece 71 veces en los salmos, y se interpreta como un interludio musical, aunque no sabemos a ciencia cierta qué significa. Otras palabras son *mizmor* (cantar con acompañamiento), *shir* (cancion), *sakal* (instrucción) y referencias a melodías perdidas en el tiempo como *shiggayon* (lamentación), *tehilla* (alabanza) y *tephilla* (oración). Hay muchas más, pero creo que estas te dan una idea.

Los cristianos continuaron las prácticas de adoración judías. En el Nuevo Testamento no hay textos tan extensos sobre la adoración. Sin embargo, es bien sabido que los discípulos seguían asistiendo al templo – el segundo templo de Jerusalén, reconstruido por Herodes el Grande, con todos los objetos de la adoración nacidos en el tabernáculo que construyera Moisés. Jesús mismo tenía por costumbre ir al templo a celebrar las fiestas anuales (Lucas 2:46; Mateo 21:12-23; Juan 8:2; 10:23). El templo se convertiría en plataforma para enseñar y predicar a Jesucristo (Hechos 5:42).

No solo se nos anima a cantar alabando a Dios (Efesios 5:18-19; Colosenses 3:16), sino que el Nuevo Testamento también tiene sus propios "salmos" ya que hay himnos registrados que se creen eran cantados en las primeras congregaciones, tales como el *magnificat* (Lucas 1:46-55), el *benedictus* (Lucas 1:68-79) y el *nunc dimitis* (Lucas 2:29-32), y los que aparecen en las cartas paulinas en Filipenses 2:6-11, Colosenses 1:15-20 y Efesios 1:3-14. En el libro de Apocalipsis aparecen siete himnos de adoración que en sí mismos nos permiten crear una teología y una praxis de la adoración cristiana (4:8, 11; 5:9-13; 7:10-12; 11:15-18; 12:10-12; 15:3-4; y 19:1-2, 6-8).

Por la práctica en el templo y en las congregaciones de los primeros cristianos sabemos que la tecnología de la adoración fue elemento integral de la experiencia de la adoración. Esto se fue reflejando en la arquitectura y el arte a lo largo de la historia de la iglesia en todas las regiones y culturas donde fue abriendo espacios y expresiones locales.

Cada congregación local debe desarrollar su propio sistema de señas y notaciones para planificar su participación y comunicarse con facilidad durante el servicio en vivo. Es importante que puedan curar, recopilar, grabar y almacenar sus creaciones musicales con un sistema de archivo eficiente y fácil de consultar para ser usado cuando sea apropiado. La grabación y la reproducción musical son tecnología para adorar.

Estamos claros que la adoración es mucho más que tecnología. Es la forma exuberante de expresar nuestro amor a Dios. Es un estilo de vida que exalta la gloria y la belleza de Dios en todo lo que hacemos. Sin embargo, con este repaso no exhaustivo que he hecho queda de manifiesto que la adoración bíblica es mediática y tecnológica.

Entender el fundamento bíblico de la tecnología de la adoración te beneficia de varias maneras:

1. Te genera fe y te da permiso con unos lentes nuevos para estudiar la Palabra.
2. Te provee justificación para tus programas tecnológicos y los gastos presupuestarios que implican.
3. Te ayuda a planificar los elementos de tu culto corporativo con intencionalidad.
4. Te permite definir los sistemas y procesos que necesitan coordinación y mejoramiento.
5. Te deja inventariar y evaluar los aparatos que usas para adorar y cómo se puede mejorar la experiencia congregacional.

Conociendo estos beneficios puedes en plena confianza crear algo con tus manos que pondrá una sonrisa en el rostro de Dios.

La adoración bíblica es mediática y tecnológica.

Adorando con tecnología

Consciente o no, la iglesia de hoy también sustenta y aumenta la experiencia de adoración con diversas tecnologías.

La iglesia se vale de la arquitectura de sus templos con todos sus requisitos funcionales y estándares urbanísticos; de la iluminación de sus santuarios; del sistema sonido y los nuevos instrumentos musicales acústicos y electrónicos; de los devocionales y leccionarios personales y familiares junto a los muchos formatos de la Escritura; y de las ayudas audiovisuales de diversa índole, entre otras cosas.

Todas estas tecnologías crean una experiencia de adoración completa y comunitaria única para cada iglesia local. En otras palabras, cada iglesia local debe darle forma e intención a la tecnología que estará usando para cumplir sus propósitos.

Me atrevo a pensar que esto aplica a cualquier ministerio o misión, organización paraeclesiástica, o institución educativa. La función de adorar debe estar incrustada en su estrategia y la tecnología para adorar en su plan.

La tarea es la de diseñar un modelo que funcione bien para tu iglesia, contando con el talento que tienes, para la realidad de gente que forma parte de tu congregación, en su contexto y cultura particulares. Recuerda la "red cultural interconectada" de nuestra definición.

Cuando comenzó la pandemia del COVID-19, muchas iglesias iniciaron transmisiones en vivo como respuesta a los cierres de las reuniones presenciales. El pastor Antonio, al enterarse que esta era una forma rápida de compartir la experiencia de adoración a distancia, anunció a sus congregantes que el siguiente domingo comenzarían a transmitir por una conocida plataforma de redes sociales.

Así llegó el domingo con altas expectativas, pero, para su sorpresa, solo dos personas se conectaron, su esposa y el joven encargado de la transmisión. Y así el siguiente domingo. Y el siguiente. Como nadie se conectó en tres semanas, se dio a la tarea de llamar por teléfono a cada miembro de su congregación para preguntarles por qué no se conectaban al servicio en línea. Para su sorpresa, la respuesta común fue: "Porque no tenemos computadoras ni teléfonos inteligentes".

Antonio tuvo que cambiar su estrategia e hizo un plan de llamadas telefónicas semanales para ministrar y llevarles la palabra a cada persona. Esto mantuvo a su congregación conectada y creciendo durante este tiempo de dificultades extremas.

Cuento esto para ilustrar el hecho de que no toda tecnología para la adoración es para todos. Repito, cada congregación local y organización ministerial debe definir esto de acuerdo con su contexto.

Viento en POPA

La iglesia intencionada entonces piensa, organiza, planifica y administra cada una de las cinco áreas de la tecnología para adorar. En esta sección voy a mencionar distintas tecnologías para que consideres más bien como ejemplos de ayuda en tu propio trabajo.

Te recomiendo que hagas esto como un ejercicio local pero que también lo hagas con tu concilio, junta de directores o grupo de líderes. Te garantizo que en la sabiduría de muchos consejeros encontrarán un plan que se adapte a sus necesidades.

En esta sección no quiero adelantarme a ofrecer una lista de proveedores y aplicaciones de tecnología. Esto lo he reservado para el **Capítulo 11**, donde encontrarás un listado de tecnologías y referencias para encontrar proveedores recomendados para cada una de las funciones de la misión.

Por ahora, apliquemos el modelo POPA a cada uno de los componentes de la tecnología para adorar.

Las personas de la adoración

La adoración es personal, familiar y corporativa. Entonces debemos pensar como ministerio en ofrecer herramientas tanto para el devocional personal en lo secreto, como para adorar en familia y como congregación, a la vez que proveemos de los sistemas apropiados para dirigir la adoración congregacional a quienes nos dirigen durante nuestras reuniones.

Piensa: ¿Quiénes son tu Bezalel y tu Aholiab? ¿Quiénes son tus levitas y tus salmistas? ¿Quiénes tus profetas? Una persona clave debe estar encargada de la adoración. Esta persona debe tener un asistente. Con ellos determina quienes son directores de culto, productores, cantantes, músicos, sonidistas, técnicos de iluminación, artistas gráficos o plásticos, gerentes de comunidad y predicadores. No dejes por fuera la ayuda que puedas necesitar de consultores expertos en ninguna de estas áreas.

Organiza: Define roles y responsabilidades y qué se va a usar como calendario de actividades. En otras palabras, quién hace qué y cuándo. Organiza la interacción física con las tecnologías existentes, por ejemplo, a quién le corresponde poner los cables y recogerlos al final o a qué hora se revisa el sonido y las luces para cada servicio. Organiza los ensayos. Organiza el material gráfico que se va a compartir. Organiza un calendario de predicadores. Hay mucho para organizar. La idea es que todas las personas estén en la misma página.

Planifica: En toda organización hay actividades ordinarias y extraordinarias. Las actividades ordinarias son recurrentes y regulares. Las extraordinarias son eventos especiales. Los cultos semanales y los cultos especiales del calendario eclesiástico (Semana Santa y Navidad, por ejemplo).

Planifica las actividades del equipo de adoración. Planifica también con vistas al futuro de la tecnología que tal vez no tengas, pero quieres implementar. Planifica cuándo vas a planificar, y cuando te reúnas a planificar, asegúrate de documentar los planes.

Administra: Lidera a todo el equipo de trabajo, comenzando por el director, dirige las actividades organizativas para revisar progreso y resultados, mantén actualizadas bases de datos con los contactos, el calendario de actividades, las confirmaciones de quiénes van a participar y las cancelaciones, el progreso de los planes y todos los recursos con los cuales cuentas.

De nada te sirve una base con datos viejos no vigentes o un calendario de actividades del año 2000, excepto con fines históricos. La data que no se mantiene al día disminuye en utilidad. Lo mismo con el calendario. Captura tus indicadores de rendimiento durante todo el tiempo. Determina quiénes estarán a cargo de mantener al día estas cosas y la regularidad con la cual lo harán.

Los sistemas de la adoración

¿Alguna vez has desarmado algo y te sobran piezas? Me ha pasado más de una vez. Peor aun cuando se te pierde alguna pieza y, aunque la cosa funcione por un tiempo, la pieza perdida termina siendo clave para que siga funcionando. Cuando consideramos todas las piezas estamos actuando de forma sistemática.

La tienda de adoración era un sistema. Las columnas se unían por unas argollas y unos garfios a las cortinas de colores y pieles exteriores. Todo se guardaba y se transportaba en baúles especiales. Te imaginas si se les perdieran algunas de esas argollas. En un sistema hasta las piezas más pequeñas son cruciales. Otro ejemplo de sistema de adoración es el calendario bíblico de siete fiestas anuales.

Repasa los conceptos sobre los sistemas de la tecnología en el **Capítulo 3** de este libro para revisar los sistemas de adoración siguiendo el modelo POPA.

Piensa: La tecnología viene en piezas grandes y pequeñas. Has un inventario de tus sistemas actuales y documenta cuáles son y cuáles son todas sus partes. Incluye, por ejemplo, el sistema de sonido y de iluminación, el sistema de rotación de adoradores, músicos y predicadores, el calendario eclesiástico, el sistema de recolección de ofrendas o la transmisión en vivo.

Cuando digo documenta, me refiero a crear un documento escrito para cada uno de los sistemas de la adoración. Es de gran ayuda documentar todos los detalles, incluyendo las marcas y los modelos de los equipos con sus manuales de fabricación y uso. Esto te ayudará en la transferencia de conocimiento cuando nuevas personas se unen a tu equipo de trabajo.

Organiza: Responde a las siguientes preguntas: 1. ¿Cuáles son las partes? 2. ¿Cuál es el ritmo? 3. ¿De qué otros sistemas dependen? Por ejemplo, usas el sistema de sonido: micrófonos, cables, consolas, monitores y bocinas; en un ciclo: lo sacas, lo armas, lo pruebas, lo usas, lo desarmas y lo guardas cada semana; y depende de las compras y la electricidad – incluyendo las baterías. Cada componente del sistema encaja en un orden que se puede alterar para que el sistema esté listo para cumplir su objetivo.

La tecnología viene en piezas grandes y pequeñas.

Tal vez se ilustre mejor con un ejemplo. Llega el sonidista al templo y la persona que tiene las llaves del almacén de los equipos y el encargado de darle electricidad al edificio no han llegado, mientras que a la secretaria que debía ordenar las baterías para los micrófonos se le olvidó. Organiza las partes del sistema para que tengas suficientes baterías, el primero en abrir el templo pase el interruptor y el que tenga las llaves llegue antes que el sonidista. Documenta el orden de cada sistema en cada documento del catálogo.

Planifica: Los componentes, el ritmo, y la dependencia de los sistemas tienen un efecto sobre la disponibilidad de las personas y su nivel de habilidades, al igual que sobre el presupuesto y los recursos de los cuales se dispone.

Planifica el dinero, crea un presupuesto ajustado del dinero que se necesita a corto, mediano, y largo plazo. No dejes de considerar los requisitos de tiempo y talento de tu sistema. Presupuesta para la implementación de lo nuevo que quieres hacer y presupuesta para los proyectos futuros. Hay herramientas de software especializadas en presupuestos, pero lo más básico es una hoja de cálculo.

Administra: Controla las partes, el ritmo y las dependencias. Asegúrate de proveer para todo lo necesario, a tiempo y con las personas correctas. Extiende el calendario y los archivos de documentos en la nube para administrar los sistemas.

Cada vez que hagas un cambio en el sistema, asegúrate de cambiar el calendario y la documentación. Asegúrate también de comunicar con claridad los cambios y ajustes. Decide cuál sistema de comunicación vas a usar, sea correo electrónico, llamadas telefónicas o mensajería de texto – de hecho, trata la comunicación como un sistema con todas sus partes, ritmos y dependencias.

Los procesos de la adoración

Al pensar en procesos piensa en movimiento y transformación. Las personas de la adoración moviendo los sistemas de la adoración para transformar la experiencia de adoración.

Los sacerdotes bíblicos estaban a cargo de varios procesos, como el proceso de machacar aceitunas para producir el aceite para el alumbrado y para los perfumes de la unción, o el proceso de moler especias para producir incienso y quemarlo con fuego del altar de los sacrificios, o el mismo proceso de sacrificar bueyes y ovejas, tajar la carne, quemar la grasa y las entrañas y reservar las porciones para los sacerdotes. Y, ¿qué me dices del proceso de movilizar toda la tienda de adoración? Quienes han trabajado en ministerio móviles saben del trabajo que implica.

Piensa: Aquí es donde tienes bastante trabajo por hacer. Si revisas la sección de los procesos del **Capítulo 3**, sabrás que recomiendo documentar estos procesos con diagramas de flujo. Algunos procesos claves para la adoración incluye la preparación de los sistemas para el culto, la selección y el ensayo de las canciones, la programación y producción del culto (como el ejemplo de la **Figura 7**) la elaboración del sermón o la coordinación de los ujieres.

Organiza: Los procesos se documentan en un diagrama de flujo, pero se organizan en un flujo de trabajo. Te preguntas, ¿Qué trabajo necesito para terminar esta tarea? ¿Quién o quiénes lo harán? Y ¿qué decisiones deben tomar? Además, piensa en cuáles procesos puedes automatizar y cuáles puedes delegar para ganar eficiencias que pudieran estar escondidas cuando no se documentan y organizan. Determina cuáles procesos requieren de integración con otros procesos y nota los puntos de contacto entre ellos.

Planifica: Planea flujos de trabajo en forma escalonada. Puedes usar preguntas como ¿qué pasaría si tal persona no completa esta tarea para tal fecha? ¿Cuáles son las consecuencias de la inacción? ¿Qué otras cosas se afectarían? Al pensar así, podrás revisar las áreas donde debes planificar con detalle estas tareas. Algunas aplicaciones de software que sirven para manejar proyectos ofrecen módulos para manejar no solo las tareas del proyecto sino el flujo de trabajo.

Piensa en cuáles procesos puedes automatizar y cuáles puedes delegar.

Administra: Mientras mantienes procesos saludables y bien coordinados, busca oportunidades para el mejoramiento de los procesos de la adoración. El proceso de mejoras continuas te ayuda a encontrar ineficiencias para aplicar mejoras incrementales o innovadoras.

Junto con tu equipo de trabajo, decide cuáles son los procesos de adoración más críticos, como producir la liturgia o el culto semanal, por ejemplo. Asegúrate de crear un manual de procedimientos claros para estos procesos. Mantén un repositorio de documentos con los diagramas de flujo y los roles que las personas encargadas deben cumplir.

Las políticas de la adoración

No pensamos con frecuencia en las políticas que rodean la tecnología. Mucho menos pensamos en las políticas de la adoración y de la tecnología para adorar. Pero sí las hay, o en su defecto, debería haberlas. Las políticas son las reglas, las normas e incluso las leyes que arropan a la tecnología y sus estándares de uso.

El cuerpo de leyes más amplio del Antiguo Testamento lo encontramos en el libro de Levítico. Como su nombre lo indica, este cuerpo consistía no en las leyes morales, sino en las leyes ceremoniales a cargo de los sacerdotes levitas. Su propósito era el de normalizar todas las actividades alrededor de la adoración en el tabernáculo del desierto.

Las leyes levíticas ceremoniales incluyen:

- Leyes acerca de los sacrificios de animales como el ganado y las aves y de productos de la tierra como la harina y el aceite.
- Leyes acerca de la consagración de los sacerdotes, sus rituales de purificación, sus vestiduras y sus actividades de adoración.
- Leyes acerca de las celebraciones y las ofrendas especiales que el pueblo debía ofrecer sin falta cada año.
- Leyes acerca de la relación con Dios y con los demás, incluyendo a los más necesitados de entre el pueblo.

Para los cristianos, muchas de estas leyes quedaron cumplidas y por lo tanto las consideran abolidas en el ministerio de Jesucristo. Pero no significa que debamos ignorar sus implicaciones para la vida cristiana. Las exigencias de las tecnologías contemporáneas requieren nuevas políticas que debemos adoptar, buenas prácticas que debemos seguir y hasta leyes que debemos cumplir.

Piensa: ¿Cuáles son las políticas que rigen a los adoradores y a los tecnólogos de la adoración en tu iglesia? ¿Cuáles son las mejores prácticas? El término de "mejores prácticas" es bastante común en el mundo de la informática y la ingeniería de hoy. Apunta a políticas de praxis, las cuáles nos son legisladas por las autoridades, pero que se espera se sigan para armonizar con la forma en la cual otros, en este caso, otros ministerios, las emplean con éxito.

Escribe las políticas de uso de la tecnología para adorar y mantén estos documentos en un lugar de fácil acceso a todo el equipo de trabajo. Conviértelos en documentos oficiales. Abarca las reglas para ser parte de los adoradores, músicos, y cantores; los requisitos del trabajo de cada uno; el manejo apropiado de los aparatos que se emplean y las mejores prácticas de participación y de uso.

Organiza: Organiza las políticas por categorías. Algunas políticas son para uso interno, otras para uso congregacional y otras para información pública. Coloca las políticas de la tecnología de adorar para el consumo público en un lugar visible para todos. Por ejemplo, en los Estados Unidos, los bomberos verifican que los templos y salones de reunión sigan los códigos establecidos para la capacidad del lugar. Hace poco vi entrando a una iglesia un letrero que leía:

> Al entrar a este edificio nos das tu consentimiento para ser fotografiado, filmado y grabado, y tu permiso para que usemos este material en cualquier medio de comunicación que consideremos pertinente. Por favor, no entres con comida y bebidas destapadas al santuario.

Familiarízate con las leyes locales. El pastor no debe ser un experto, pero debe trabajar con un abogado que se mantenga informado del acontecer legal del país y la ciudad.

Planifica: Planifica las sesiones de revisión anual de tus políticas y las actividades de reclutamiento y selección del equipo de trabajo contratado y voluntario. Planea los trabajos de remodelación o ajustes que sean necesarios para que tu planta física siga los códigos locales de construcción y para que proteger tus equipos de accidentes y eventualidades.

Revisa todos los documentos relacionados a las garantías y la protección de tus equipos. Registra tus equipos para que estén amparados por tales garantías. Usa el calendario para establecer las fechas de revisión de políticas y procedimientos.

Administra: Las políticas no son leyes inamovibles. Sé flexible en ajustarlas en la medida en que 1. Tu ministerio cambia, 2. Tu congregación rota y crece, 3. Tus habilidades se fortalecen, 4. Tu comunidad trae nuevas necesidades, y 5. Tu contexto cultural evoluciona.

Ten tus pólizas de seguro al día. Algunas pólizas son obligatorias en algunos lugares. Seguro contra incendios o en caso de accidentes ocurridos en las inmediaciones del templo son siempre una buena idea. Administra los fondos legales necesarios para que cubras todas tus bases.

Los aparatos de la adoración

Lo más obvio de la tecnología. La punta del iceberg. Lo visible y tocable. Entre los aparatos que usamos en nuestros templos y santuarios podemos ver cables y micrófonos, baterías, instrumentos musicales de diversa índole, luces y consolas, cámaras y mezcladoras, pantallas y retroproyectores. Las biblias en el respaldar de los asientos y el boletín informativo también son tecnología para adorar.

Me gusta la versión que hace la Traducción en Lenguaje Actual de Proverbios 14:4, que lee:

> Sin las herramientas apropiadas, el trabajo no da fruto; con buenas herramientas se saca mejor provecho. [64]

Asegúrate de tener las herramientas apropiadas para que tu adoración dé mucho fruto, exalte el nombre de Dios y transforme a los adoradores a Su imagen.

Piensa: Las herramientas vienen en dos formas, herramientas duras y blandas. Las herramientas duras son los aparatos que puedes tocar. Las blandas son programáticos intangibles. De allí que tenemos la expresión en inglés de *hardware* y *software*. Entonces, ¿qué aparatos y qué software estás usando en estos momentos? ¿Cuáles son las necesidades de la iglesia? ¿Cómo se alinean estas herramientas a esas necesidades y al plan estratégico de la iglesia o ministerio?

Debes estar claro en lo que quieres lograr, con qué cuentas, y qué te hace falta. Cada contexto de ministerio es distinto. Investiga qué aplica en tu contexto y cómo puedes adaptar las herramientas para que funcionen bien y cumplan su propósito.

> ***Las herramientas vienen en dos formas, herramientas duras y blandas.***

Organiza: Hay mucho para organizar. Los aparatos tienen unas recomendaciones de uso que debes seguir. Tal vez te has fijado que hasta las temperaturas de operación y el ambiente para almacenarlos está sugerido en los manuales. Organiza la seguridad de los equipos y el acceso seguro al software.

Dedica un espacio para guardar las cosas y no las cambies de puesto de forma irregular. Asigna personas encargadas de los aparatos y sus cuidados. Lo mismo con las aplicaciones que uses. Organiza los manuales del fabricante y las garantías y tus propios manuales de uso y procedimientos. Incluye instrucciones ilustradas para las personas que los estarán utilizando.

Planifica: Los aparatos o aplicaciones dictarán sus propias necesidades. Funciones adicionales, accesorios, y otros aparatos auxiliares tendrán que ser parte de tu propuesta. Por ejemplo, si compras cámaras para transmisión en vivo, vas a necesitar trípodes y parales para ubicarlas, pero también software para la mezcla, edición, producción, y retransmisión. ¡Y no quieres dejar una maraña de cables regados por todas partes! No es estético y es peligroso.

Planea bien alrededor de cada iniciativa. Trabaja con lo que tienes, pero para cada categoría de aparatos, crea un mapa considerando las necesidades que tienes y las oportunidades para mejorar. La **Figura 20** te ofrece un ejemplo de este mapa.

Figura 20: Categorías de los aparatos para adorar

Administra: ¿Alguna vez has comprado un libro en la biblioteca solo para darte cuenta al llegar a casa que tienes tres copias del mismo libro que no has leído aun? La mejor manera de evitar situaciones parecidas es la de mantener un inventario accesible. Crea un inventario organizado por categorías y revísalo con regularidad. También ponle atención al ciclo de vida de los aparatos y las aplicaciones. Los aparatos se dañan y las licencias de software expiran. Tu presupuesto debe tener un renglón para mantenimiento y restitución de los aparatos, y renovación del soporte técnico.

En conclusión, la tecnología para adorar:

- Complementa la adoración bíblica.
- Pone una sonrisa en el rostro de nuestro Padre Celestial.
- Provee una experiencia aumentada, mediática y multisensorial.
- Sistematiza los elementos de la liturgia para proveer una experiencia congregacional consistente.
- Lleva la adoración a nuevos niveles de belleza, exuberancia y representación de la gloria de Dios.
- Instruye al individuo, las familias y las congregaciones acerca de la importancia de la adoración como fuerza estratégica de la misión.

Y así llegamos al final de este capítulo. No adores la tecnología, pero adora con tecnología. Recuerda la historia de la serpiente de bronce del **Capítulo 2**. Ahora pasemos a estudiar la tecnología para aprender.

TECNOLOGÍA PARA APRENDER

Apréndete de memoria todas las enseñanzas que hoy te he dado, y repítelas a tus hijos a todas horas y en todo lugar.

– DIOS, DEUTERONOMIO 6:6-7.

La educación es el esfuerzo deliberado, sistemático y sostenido para transmitir, evocar o adquirir conocimiento, actitudes, valores, habilidades o sensibilidades, como también cualquier resultado de ese esfuerzo. [65]

– LAWRENCE CREMIN, HISTORIADOR EDUCATIVO.

Hace unos años visité una exposición de artefactos de la colonización de los Estados Unidos en la Biblioteca del Congreso, en la ciudad de Washington. Allí conocí la cartilla y por primera vez entendí la extraña correlación que había entre el aprendizaje y el dolor.

Cuando era niño y me metía en alguna clase de problema o hacía alguna travesura, mis padres me decían "te voy a leer la cartilla". Esas no eran muy buenas noticias. El dicho popular implicaba que estaba por aprender una lección por medio del dolor de la corrección.

La cartilla original, en inglés conocida como *Hornbook*, era una tabla con mango que, por un lado, tenía el alfabeto y por el otro la oración del Padre Nuestro. Si no aprendías a leer o a orar, aprendías para qué servía la tabla. Era mejor que la chancla, porque esta última no te enseñaba ni a leer ni a orar. Puedo leer tu mente, sé que quieres rescatar esta tecnología educativa de antaño, pero te recuerdo que ahora hay leyes en contra del maltrato infantil.

Fuera de broma, la tecnología y la educación han estado siempre ligadas desde que aparecieron las primeras pinturas rupestres explicando métodos para la cacería, la vida en comunidad o la relación con la divinidad.

Nada ha tenido mayor impacto en la historia de la educación como la preservación del conocimiento mediante el lenguaje, la mayor de las tecnologías, primero por medio de las tradiciones orales, que usualmente eran acompañadas por melodías musicales o ritmos poéticos como mnemotécnicas, y luego por la escritura, cuya invención se le atribuye a los Sumerios.

La escritura misma tiene un desarrollo ligado a las técnicas de la sociedad agropecuaria. Ya sea en la forma pictórica jeroglífica, como la escritura egipcia, o en la forma fonética alfabética de muchos de los idiomas modernos, la escritura ha servido para preservar cada vez con mayor precisión la actividad económica de los pueblos en el mundo material con sus diversas tecnologías.

El lenguaje oral y escrito servían a la presente generación en cada época y aseguraban la transmisión del conocimiento a la siguiente, en un proceso que tendió a acumular cada vez más áreas de conocimiento, y que requirió cada vez mayor complejidad en el lenguaje. A tal efecto, las Comunidades Europeas, en su artículo *Lenguaje y Tecnología: De la torre de Babel a la aldea global*, escriben:

> Lo que es indudable es que la elaboración de herramientas (la tecnología) depende del lenguaje; en efecto, resulta difícil concebir alguna herramienta, desde un cincel hasta un escáner TAC, que pueda fabricarse sin comunicación, sin lengua. Lo que es menos evidente es que el desarrollo y la evolución del

> lenguaje (su eficacia para comunicar más rápidamente, con más personas y más claramente) depende cada vez más de herramientas complejas. [66]

De ahí que haya una relación mutua: el lenguaje preserva la tecnología y ayuda a su desarrollo subsecuente, y la tecnología es fuente de lenguaje con la introducción de nuevos vocablos y conceptos.

La Biblia relaciona la tecnología y el lenguaje en la historia de la Torre de Babel, en el capítulo 11 del libro de Génesis. La gente se asentó en un valle en la región de lo que ahora constituye la nación moderna de Iraq. Allí propusieron construir una ciudad con un rascacielos, acordando entre sí:

> "Construyamos una ciudad con una torre que llegue hasta el cielo. Nos haremos famosos y no acabaremos dispersándonos por todo el mundo". Y empezaron a construir. En lugar de piedras, usaron ladrillos que ellos mismos hicieron, y en lugar de mezcla usaron brea (Génesis 11:3-4).

Hablaron entre sí y se pusieron de acuerdo (lenguaje) para construir con ladrillos y brea (tecnología). Fíjate el contraste que hace el pasaje de no construir con piedras y mezcla, las cuales se podían recolectar con facilidad en el medio ambiente, sino usar formas de tecnología superior que implicaba la fabricación de materiales previos a la construcción.

La tecnología y la educación han estado siempre ligadas.

Cuando Dios vio lo que hacían, sigue el pasaje, confundió su idioma y los dispersó por toda la tierra. Por la acción de Dios las nuevas tecnologías introdujeron más idiomas y más complejidad en el lenguaje y la comunicación.

Esto continúa siendo realidad hoy en día. La era digital ha sido posible por la aparición de lenguajes especializados que nos permiten controlar el comportamiento de computadoras y demás aparatos electrónicos, desde *Machine Language* y *Assembly*, pasando por lenguajes de alto nivel como *Fortran*, *COBOL*, y *Java*, hasta llegar a los lenguajes de marcado como *XML* o *HTML* y muchos otros. Incluso podemos programar contratos inteligentes de activos digitales y criptomonedas con *Solidity*. Cada paso de progreso digital nos ha llevado a crear nuevos lenguajes de programación.

La relación entre lenguaje y tecnología ha sido y sigue siendo fundamental para los procesos educativos. De ahí que gran parte de nuestros programas educativos se dediquen a entrenarnos en el uso del idioma como ventana al conocimiento de las ciencias y la cultura con el apoyo de varias tecnologías.

Tecnología educativa

Por el lugar preeminente del lenguaje en los procesos de aprendizaje, es de esperarse que tecnología se desarrollara alrededor del lenguaje en sus múltiples formas para la educación. Este fue un proceso lento de varios siglos, pero con cada avance la educación se fue fortaleciendo.

La iglesia en este respecto ha jugado un rol fundamental. La iglesia del primer siglo se dio a la tarea de escribir las enseñanzas de Jesús en los evangelios escritos con fines didácticos. Los escritos apostólicos se compartieron de congregación en congregación. Otros escritos no incluidos en la Biblia también se comenzaron a usar para entrenar a los primeros cristianos, como, por ejemplo, la *Didaché* o enseñanza de los doce apóstoles [67] y las narraciones de los mártires.

Durante la Edad Media, la iglesia monástica desarrolló grandes avances en las técnicas de la preservación y la transmisión de las escrituras sagradas. La escritura se hizo más común con la aparición del *scriptorium*. Aunque en sus inicios se refería al estilete metálico usado para grabar en tabletas de cera, con el pasar del tiempo se le comenzó a nombrar así al salón dedicado a la lectura y la escritura. Luego adoptaron otros materiales, como los papiros, las plumas y las tintas de colores. Algunos monasterios se dedicaban a la reproducción de libros en escritorios que contaban con varias estaciones de trabajo. Lo más parecido a nuestros salones de clase de hoy en día. [68]

Otro invento popular en la iglesia de la Edad Media fue el vitral. Como la lectura y la escritura eran técnicas reservadas a las élites que podían cubrir los costos de la producción de libros de forma manual, la mayor parte del pueblo era iletrado. Los vitrales les daban a los sacerdotes medios para contar de forma visual las historias bíblicas, en particular alrededor del nacimiento, vida, pasión, muerte y resurrección de Jesucristo. Muchas iglesias incorporaron vitrales de cada escena para usarlas como estaciones procesionales educativas.

También la iglesia medieval formó las primeras escuelas catedralicias, donde se organizaba el estudio con la teología y la filosofía en el centro como fuente de todo conocimiento. Algunas de estas escuelas catedralicias se convirtieron en universidades.

La imprenta de tipos móviles, inventada en Alemania en el año 1440, llegó a revolucionar este sistema medieval y pronto se convirtió en pieza clave para la educación. Su aplicación inmediata se tradujo en la fácil fabricación y proliferación de libros en los idiomas populares que la gente hablaba. El libro se convirtió en el rey de la educación con la teología de reina.

El primer libro que se imprimió fue La Biblia, y por primera vez las escrituras podían llegar a manos de todos. La Biblia se convertiría en la bandera de la reforma protestante y sus iniciativas educativas. La iglesia tradicional eventualmente reaccionó con sus propias publicaciones de La Biblia y otros comentarios y libros de estudio.

Otras tecnologías fueron apareciendo para apoyar los procesos educativos. A grandes rasgos, en el siglo XVII apareció la cartilla que mencioné al abrir este capítulo y en el XVIII la máquina de escribir. En el año 1870 se inventó la linterna mágica, un proyector de diapositivas primitivo que reproducía imágenes pintadas en láminas de cristal. En 1890 se inventaron el pizarrón y la tiza, y en 1900 se inventó el lápiz, en 1920 el cuaderno, y en 1940 el bolígrafo. En 1910 aparecieron las primeras fotocopiadoras que permitieron reproducir materiales impresos sin la necesidad de una imprenta de tipos móviles.

La invención del telégrafo en 1843 y del teléfono en 1877 dieron origen a las telecomunicaciones. La radio aparece en 1909. La televisión y la transmisión pública en 1926. La primera computadora electrónica (ENIAC) fue construida por el ejército estadounidense en 1945 dándole paso a la era informática. En los años siguientes, las computadoras u ordenadores se fueron haciendo cada vez más rápidas, portátiles y capaces. La combinación de las telecomunicaciones y la informática mediante el módem (inventado en 1952) inauguró la era digital de la información, facilitando la confluencia de medios múltiples en la computadora personal hasta llegar al teléfono inteligente en 1992.

Ahora vivimos en un mundo de tecnología digital ubicua de menos de treinta años, que descansa sobre la infraestructura de computación en la nube, ofrece una miríada de plataformas de software como servicio para casi todo, y enfatiza la automatización de tareas con robótica e inteligencia artificial. Una nueva confluencia de tecnologías que nos acerca a lo que con certeza será una nueva era en la historia de la humanidad, la era de los *Supersónicos*, la era espacial.

La cantidad de tecnología creada o adaptada con la facultad de apoyar la educación en menos de cien años es abrumadora. Junto con esta explosión tecnológica surgieron nuevos métodos y modelos.

Durante la segunda guerra mundial, el ejército, en su afán por entrenar de manera rápida y eficiente a los nuevos reclutas, modela las bases de la tecnología educativa y la tecnología instruccional como disciplinas. La tecnología instruccional se enfocó en el uso de tecnología con fines de la enseñanza y el aprendizaje, mientras que la tecnología educacional incorporó además de la tecnología instruccional, asuntos de teoría, modelos, prácticas, diseños y procedimientos educativos.

La tecnología educativa y la tecnología instruccional son de las áreas más desarrolladas de la era moderna y abre grandes oportunidades para el ministerio de la iglesia de hoy. Estoy convencido de que una combinación adecuada de ambas tiene aplicación en la formación integral de discípulos en todos los rincones de la tierra. Aunque hay focos de desarrollo de estas áreas en universidades y seminarios cristianos, aún no se aprovechan al máximo en el ministerio de la iglesia local. Hay mucho espacio por recorrer.

Instrucción bíblica

La Biblia es un manual de instrucción y una guía para el aprendizaje. Sus páginas están llenas de consejos para amar a Dios y al prójimo y para vivir mejor, con el imperativo de pasarle estos consejos a nuestros hijos y a nuestros nietos. En esta sucesión, la Escritura sirve para constituir la comunidad de fe por medio de la enseñanza y el aprendizaje en todas las generaciones y trasciende a todas las culturas.

En el capítulo anterior vimos cómo Dios mandó al pueblo de Israel a edificar un santuario móvil para la adoración. La tienda del desierto se convertiría en la primera institución educativa oficial, puesto que, una vez en servicio, su propósito junto con sus prácticas y rutinas, debían ser comunicadas a las generaciones subsiguientes de sacerdotes. Leemos:

> De ahora en adelante, ustedes los israelitas tendrán la obligación de obedecer siempre estas instrucciones que Dios les ha dado (Éxodo 12:24 TLA).

De ahí que en la Biblia misma encontramos varias formas en las cuáles se transmiten estas instrucciones de generación a generación por medio de ritos y tradiciones. Muchos de sus relatos se leen como historias infantiles cargadas de significado teológico. Otros escritos vienen en forma de proverbios repetibles que se insertarían con facilidad en la cultura de los pueblos. Muchas de sus prácticas proveen de las ocasiones y las condiciones propicias para el aprendizaje de sus principios de vida. Incluso, el propio tabernáculo del desierto, y subsecuentemente el templo, eran maquetas didácticas para instruir al pueblo en asuntos de fe y del carácter de Dios.

La Biblia es un manual de instrucción.

La celebración de las fiestas eran ocasiones para instruir al pueblo en su historia e identidad. Eran eventos familiares multitudinarios y nacionales que daban unidad a la nación. La más importante de las fiestas, la pascua anual, que celebra la liberación de la esclavitud egipcia y la obra salvadora de Dios, vendría con un manual. Así cada una de ellas. Esto lo vemos en varios pasajes de las escrituras similares a Éxodo 12:43 (TLA): "Cuando celebren la Pascua, deberán seguir estas instrucciones". Hasta el día de hoy, los judíos celebran la Pascua para instruir a sus hijos por medio de actividades interactivas de aprendizaje.

Como mencioné antes, Levítico contiene las leyes ceremoniales para el funcionamiento del templo. Por esta razón muchos cristianos hemos entendido este libro como "la ley" y, sin embargo, el pueblo judío lo considera más bien como "la instrucción". Todo el Pentateuco (los primeros cinco libros de la Biblia) es un manual educativo para la vida y obra de los sacerdotes y del pueblo. La instrucción es en sí misma un instrumento de la gracia de Dios, quien instruye a su pueblo en amor (Salmos 25:12; 32:8; 71:17; 94:12). Por eso el profeta escribe:

> Y muchas naciones se acercarán, diciendo: "Vengan, subamos al monte del Señor, a la casa del Dios de Jacob. Dios mismo nos instruirá en sus caminos, y así andaremos en sus sendas". Porque de Sión viene la instrucción; de Jerusalén, la palabra del Señor (Miqueas 4:2, haciendo eco de Isaías 2:3).

El libro de Deuteronomio hace claro este propósito instruccional de la Biblia, en particular el capítulo 6:

> Estos son los mandamientos, preceptos y normas que el Señor tu Dios mandó que yo te enseñara, para que los pongas en práctica en la tierra de la que vas a tomar posesión, para que durante toda tu vida tú y tus hijos y tus nietos honren al Señor tu Dios cumpliendo todos los preceptos y mandamientos que te doy, y para que disfrutes de larga vida. Escucha, Israel, y esfuérzate en obedecer. Así te irá bien y serás un pueblo muy numeroso en la tierra donde abundan la leche y la miel, tal como te lo prometió el Señor, el Dios de tus antepasados (Deuteronomio 6:1-3).

Se acentúa con claridad la enseñanza con fines prácticos, cuya aplicación se hace mucho más explícita en los versos siguientes, los cuáles forman la base de la formación religiosa judía y el primer gran mandamiento para todo cristiano. De hecho, los judíos lo aprenden y lo recitan de memoria en todas sus ocasiones conmemorativas:

> Escucha, Israel: El Señor nuestro Dios es el único Señor. Ama al Señor tu Dios con todo tu corazón y con toda tu alma y con todas tus fuerzas. Grábate en el corazón estas palabras que hoy te mando. Incúlcaselas continuamente a tus hijos. Háblales de ellas cuando estés en tu casa y cuando vayas por el camino, cuando te acuestes y cuando te levantes (Deuteronomio 6:4-7).

Este mandamiento concuerda con Proverbios 22:6, que lee: "Instruye al niño en el camino correcto, y aun en su vejez no lo abandonará". Ahora, los dos versos siguientes abren el espacio para el uso de las tecnologías instruccionales y los métodos educacionales:

> Átalas a tus manos como un signo; llévalas en tu frente como una marca; escríbelas en los postes de tu casa y en los portones de tus ciudades (Deuteronomio 6:8-9).

Esto ha sido practicado de manera literal en forma de filacterias. Las filacterias son unas cajitas que guardan porciones de las Escrituras, en particular este pasaje, y se atan a la frente y al brazo. Funcionan como recordatorios de que la palabra de Dios debe conectar nuestra manera de pensar con nuestra manera de actuar (Mateo 23:3), pero nunca como un instrumento supersticioso para conectarnos con Dios.

Un dato curioso es que la palabra filacteria misma proviene del griego que significa amuleto. Los griegos las veían como amuletos, pero tanto para los judíos como para los cristianos los amuletos son considerados idolatría. El secreto nunca está en la tecnología sino en la palabra guardada en la mente y puesta por obra.

Durante el tiempo de los reyes bíblicos, cada reforma sociopolítica y religiosa se originaba con el redescubrimiento de las escrituras, la lectura pública, y la aplicación práctica de sus preceptos. Tal es el caso de David, Asá, Josafat, Jotán, Ezequías y Josías, entre otros, junto con Esdras y Nehemías durante el retorno del exilio babilónico. Nota la importancia de la educación durante estos períodos:

> En el año tercero de su reinado, Josafat envió a sus oficiales Ben Jayil, Abdías, Zacarías, Natanael y Micaías para que instruyeran a la gente en las ciudades de Judá. Con ellos fueron los levitas Semaías, Netanías, Zebadías, Asael, Semiramot, Jonatán, Adonías, Tobías y Tobadonías, y también los sacerdotes Elisama y Jorán. Llevaron consigo el libro

> de la ley del Señor para instruir a los habitantes de Judá. Así que recorrieron todas las ciudades de Judá, enseñando al pueblo (2 Crónicas 17:7-9).

Llevaban consigo el libro. No como lo conocemos hoy, sino en forma primitiva de rollos escritos en pieles guardados en un estuche. Cualquier iniciativa para llevar a cabo la transformación personal y de nuestras comunidades de fe debe comenzar con el estudio y la práctica de las escrituras. Por providencia, ahora llevamos con nosotros todo el libro en nuestros teléfonos inteligentes, en varias versiones e idiomas, con material audiovisual de estudio, y biblioteca de recursos. Solo nos falta la intención de instruir con las nuevas herramientas.

El modelo de educación de Jesús fue oral y peripatético. Es decir, instruía caminando con los discípulos y les enseñaba los principios del reino de Dios desde las Escrituras. Sus enseñanzas fueron luego capturadas por los evangelistas en forma de sermones, pero sobre todo en cortas historias aleccionadoras conocidas como parábolas. De hecho, las parábolas constituyen un tercio de las enseñanzas registradas de Jesús. Este método, aunque conocido, marcaba un contraste con los métodos convencionales de su época:

> El contraste entre las enseñanzas de Jesús y la de los escribas era asombroso para quienes le escucharon, como lo reporta Marcos. Los escribas enseñaron con exposiciones académicas sobre las Escrituras, citando las opiniones de comentaristas anteriores y enfocándose en las variaciones del sentido. Jesús con frecuencia se refirió a las Escrituras en sus enseñanzas y conversaciones, pero no a la manera de la religión convencional. Habló acerca de las experiencias comunes de la gente mientras miraban. [69]

Una forma de enseñar que tomaba ejemplos audiovisuales del mismo ambiente donde se encontraba para relacionar las verdades del reino con la cotidianidad.

Las siguientes generaciones de cristianos, utilizaron las enseñanzas de los evangelios junto con otros escritos apostólicos para instruir a los discípulos en la fe cristiana a la usanza, primero de las prácticas educativas hebreas, y luego, integrando modelos griegos de educación.

Aprendiendo con tecnología

Con ese preámbulo que muestra el desarrollo de las tecnologías educativas y el énfasis que hace la Biblia en la educación y el aprendizaje, quiero compartir cinco áreas para que desarrolles programas educativos en el ministerio implementando tecnologías del aprendizaje, en otras palabras, mis consejos para "hacer discípulos".

Imagínate que le tomas una radiografía a un discípulo. ¿Qué vas a ver? El cuerpo de cada discípulo debe estar formado por cinco huesos. Sí, adivinaste: las cinco funciones esenciales de la misión.

Robert Pazmiño propone un modelo integrado de la educación cristiana que toma en cuenta la misión de la iglesia como base curricular. [70] Este modelo lo expresa en la **Figura 21** a continuación:

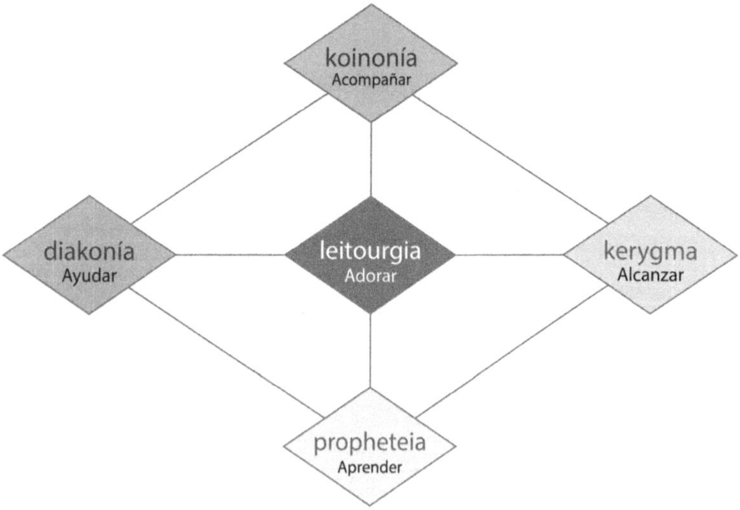

Figura 21: Las tareas educativas de la iglesia

Tus programas de aprendizaje en el ministerio deberían estar organizados de tal manera que ayuden a cada creyente a crecer en cada una de las cinco áreas de la misión. La tecnología puede ayudarte a formar discípulos completos y balanceados en cada área:

1. *Aprender a adorar*: todo lo relacionado a amar a Dios y a practicar las disciplinas espirituales.
2. *Aprender a aprender*: todo lo relacionado a la formación espiritual y cómo aprendemos, también aprender a enseñar.
3. *Aprender a alcanzar*: todo lo relacionado a la proclamación del mensaje del reino y el evangelismo personal.
4. *Aprender a ayudar*: todo lo relacionado a la misericordia y el servicio de amor a los demás.
5. *Aprender a acompañar*: todo lo relacionado con la vida en comunión con otros y la administración de la congregación.

La tecnología puede ayudarte a formar discípulos completos y balanceados.

Viento en POPA

Colaboro con una organización dedicada a la formación de plantadores de iglesia. Hacia varios años habían establecido un programa presencial para entrenar a quienes sintieran el llamado para abrir nuevas misiones o revitalizar sus iglesias y estaban interesados en llevar el programa presencial al mundo digital.

Nos reunimos en un café para esbozar cómo se vería tal programa e idear los primeros pasos. Aunque no había nada parecido, contábamos con un modelo a seguir: podíamos aplicar POPA a cada una de las cinco áreas de la tecnología para el aprendizaje; y eso hicimos paso a paso.

Las personas del aprendizaje

Recuerdo haberles dicho a los directivos del programa de plantación de iglesias la frase que tanto repito: Toda iniciativa de tecnología debe comenzar primero por las personas. Así que comenzamos por ahí.

Piensa: ¿Quiénes son tus Ben Jayiles y Natanaeles? ¿Quiénes tus maestros? Determina quiénes son tus profesores, educadores y facilitadores. En el caso de producir material digital, ¿quiénes son tus productores, camarógrafos y editores? ¿Quiénes los artistas gráficos? ¿Quiénes estarán a cargo de la plataforma de tecnología que se escoja? ¿Quiénes van a promocionar el programa por medios digitales? Una persona debe estar encargada de tu programa de formación espiritual como tal. Esta persona debe tener un asistente. Con ellos determina con qué recursos cuentas, cómo vas a extender la invitación a participar y a cuáles consultores expertos puedes contratar.

También esfuérzate por conocer a los miembros de tu grupo o ministerio, incluyendo su nivel de escolaridad, sus hábitos de estudio, sus necesidades inmediatas y su compromiso. Para ello puedes usar herramientas en línea y fuera de línea, encuestas y las redes sociales.

¿Sabías que existen especialista en diseño instruccional? Estas son personas que han dedicado su vida a estudiar la psique humana, descubrir cómo aprendemos, y aplicar las técnicas del aprendizaje a los programas de enseñanza. Tal vez tu programa se pueda beneficiar de alguien así.

Ten sesiones de lluvia de ideas con tus facultativos, creativos y administradores para refinar tus objetivos. Guarda la información de contacto de todas las personas involucradas en un sistema de contactos de acceso compartido.

Organiza: Define roles y responsabilidades. Define también el currículo de estudio dependiendo de lo que deseas enseñar. Crea un calendario de grabación. Organiza la producción de cada clase contando con la ambientación e iluminación. Organiza el material grabado para que sea fácil de acceder y utilizar por artistas gráficos, editores y tecnólogos. Define tu modelo de entrega.

El programa de plantación de iglesias definió doce sesiones para ser grabadas en vídeo, cada una dictada por una voz experta. De allí designaron un productor y un camarógrafo para encargarse de las grabaciones y un editor que separó las grabaciones en 4 segmentos cada una. Un artista gráfico creó la introducción a cada una de las clases. El encargado del contenido definió escribió la descripción de cada curso. Cuando todo el material estaba listo, contrataron a una empresa de consultorías para crear la plataforma en línea y cargar todo el material en un sistema de manejo de aprendizaje.

Ten un calendario en línea para coordinar invitaciones para las grabaciones. Ten listo alguna forma de darle seguimiento a los contactos que hagas con cada persona donde puedas llevar anotaciones. Escoge un sistema de almacenamiento en redes para guardar todos los archivos que se generan en el proceso de producción.

Planifica: Planifica las actividades de producción del material de estudio: Vídeos, audios y transcripciones – no te olvides de los subtítulos, manuales para el estudiante, guías para el maestro o facilitador. Planifica la curación de otros materiales de apoyo digital. Ten claro en tus planes la tecnología qué vas a usar para distribuir la educación. Planifica el modelo de presencia y alcance digital.

Planificamos que el lanzamiento del programa de plantación de iglesias se hiciese durante una conferencia anual, complementando el programa presencial que ya llevaba tres años funcionando con el nuevo programa en línea para la nueva cohorte de plantadores. Esto hizo que la iniciativa en línea aprovechara el impulso del trabajo que se había establecido antes.

Coordina todas tus actividades en un calendario en línea y con alguna aplicación que te ayude a llevar una lista de tareas.

Administra: Puedes darte cuenta de que hay varias áreas de tareas para administrar el proceso: Currículo (diseño y producción), Distribución (promoción y entrega), Administración (coordinación y control de estudio) y Tecnología (que incluye todas las anteriores). No te olvides de quienes administrarán tus iniciativas educativas.

Una vez que el programa de plantación de iglesias estaba corriendo, había que matricular estudiantes y dar acceso a la plataforma de aprendizaje, obtener informes de progreso estudiantil, administrar las actualizaciones de software y manejar las sesiones en videoconferencia, entre otras actividades. El programa incluye dos sesiones privadas con mentores, pues esas también requerían de coordinación y seguimiento.

Un sistema de control de estudios tiene funciones para manejar a las personas, el currículo, la entrega educativa y el progreso estudiantil. Si no tienes un sistema de control de estudio aún, te recomiendo que lo consideres. Si estás comenzando, una simple hoja de cálculo puede almacenar esta información por funciones.

Los sistemas del aprendizaje

Con frecuencia escuchamos la frase "el sistema educativo," y es que toda iniciativa educativa, primero, debe ser sistemática para que logre sus objetivos, y segundo, debe ser un sistema de partes integradas en un todo.

En la Biblia, como ya mencioné, vemos que la tienda del desierto, y luego el templo, funcionaron como centro de instrucción y formación espiritual de la comunidad de fe a través de la educación ritual. De allí que no sea extraño encontrar a un Jesús adolescente aprendiendo en el templo con los doctores de la ley (Lucas 2:41-51). Los nuevos sacerdotes debían aprender las prácticas del templo para ministrar a Dios y a la nueva generación de adoradores de Dios. La educación ritual aprovecha la tecnología como sistema.

También hay referencias durante la época de los reyes de Israel y Judá a grupos de profetas. Es probable que Samuel, durante su ministerio nacional (1 Samuel 10:10-13; 7:15-17; 19:19-24), formara estos grupos que luego florecieron durante los tiempos de Elías y Eliseo. La Biblia les refiere como "hijos de los profetas" (2 Reyes 2:3, 15; 4:1; 6:1-4; 9:1-3), siendo que a los maestros se les llamaba con frecuencia "padres". Esto ha hecho inferir la existencia de un sistema de escuelas de profetas constituidas en las ciudades principales. [71]

La educación ritual aprovecha la tecnología como sistema.

Los sistemas de aprendizaje de la Biblia se centran alrededor de la transmisión y práctica de las escrituras, como vimos, comenzando en la niñez y acompañando hasta la vida adulta. Esto vino a ser común en la iglesia moderna, desde que el periodista británico Robert Railes en el año 1,780 introdujera la escuela dominical, pero no podemos perder de vista que tanto el pueblo judío como los primeros cristianos le daban un énfasis primordial a la educación de los niños y jóvenes. El mismo apóstol Pablo confirma esto cuando le escribió a Timoteo:

> Pero tú permanece firme en lo que has aprendido y de lo cual estás convencido, pues sabes de quiénes lo aprendiste. Desde tu niñez conoces las Sagradas Escrituras, que pueden darte la sabiduría necesaria para la salvación mediante la fe en Cristo Jesús. Toda la Escritura es inspirada por Dios y útil para enseñar, para reprender, para corregir y para instruir en la justicia, a fin de que el siervo de Dios esté enteramente capacitado para toda buena obra (2 Timoteo 3:14-17).

Revisemos los sistemas de aprendizaje con el modelo POPA.

Piensa: ¿Cuáles son todas las partes de tu sistema de discipulado, educación cristiana o formación espiritual? Debes pensar en los sistemas para desarrollar el currículo de estudio, la producción de materiales educativo, la entrega de las clases por los profesores y facilitadores, el software que vas a emplear, el calendario académico y, si es un programa formal con matrícula, el sistema de recolección de colegiatura.

Crea un documento escrito para cada uno de los sistemas del aprendizaje. Es de gran ayuda documentar cómo cada uno de estos sistemas interactúan entre sí.

Para crear tu programa básico de discipulado, puedes predicar, por ejemplo, una serie sobre las cinco funciones esenciales y usarlo como base para reposicionar el contenido de la predicación en varios formatos y canales, como vídeos de 3 minutos para las redes, de 10 minutos para un sistema de aprendizaje, audio para un podcast, y el texto para crear guías de estudio.

También podrías incorporar contenido creado por otras instituciones, como los cursos masivos abiertos en línea (o MOOC, por sus siglas en inglés, de *Massive Open Online Courses*), o el material creado por *RightNow Media* o *Instituto625*, en constante expansión.

Organiza: Documenta las partes, el ritmo y la interdependencia de los sistemas. Por ejemplo, para la escuela dominical: lugar de reunión, matrículas, programa de clases, profesores, actividades educativas; en un ciclo: entrega cada semana con asignaciones y actividades; depende de acceso a la planta física, preparación, guías y manuales.

En software tenemos algo que se llama plan de recuperación en caso de desastre. Ten un plan de contingencia en caso de que alguna de las piezas del sistema falle. Organiza las partes del sistema para que tengas redundancia de asistentes, profesores, materiales y hasta varios encargados de abrir el lugar o espacio digital.

Planifica: Asegura la disponibilidad de las personas involucradas por sus roles y habilidades, el presupuesto para la formación espiritual, y las necesidades para el crecimiento futuro.

Considera el impacto presupuestario a corto, mediano, y largo plazo para crear un proceso autosostenible. Deja espacio para implementar los proyectos futuros, que pudiesen ser nuevos cursos, programas, o niveles de profundización. Hay herramientas de software para la planificación de proyectos y presupuestos que puedes usar.

Administra: Controla los sistemas, sus interdependencias y su ritmo. Asegúrate de proveer para todo lo necesario, con las personas idóneas, los sistemas adecuados, la entrega a tiempo y todos los recursos disponibles. El calendario educativo es clave y un lugar centralizado para almacenar los documentos en la nube tanto de cada sistema como los materiales de apoyo educativo.

Implementa un sistema de manejo de cambios, o sea, si hay cambios en cualquiera de los sistemas, ajusta la documentación y la práctica coordinada. Asegúrate también de comunicar con claridad los cambios y ajustes, para ello necesitas identificar una vía común de comunicación, sea correo electrónico, llamadas telefónicas, mensajería de texto o grupos de redes sociales.

Los procesos del aprendizaje

Hace poco mi esposa tomó una clase de fundamentos de la fe en línea por diez semanas. La clase dominical matutina se reunía de forma asincrónica vía grupo de redes sociales. Por allí los facilitadores compartían las clases por audio mensajes y respondían a las preguntas y comentarios de los participantes. Los participantes debían leer el material de apoyo para llegar preparado y hacer sus asignaciones para cada clase. El progreso de la clase, el material asignado, la entrega de tareas y las calificaciones se hacían por un salón virtual.

Aunque todos los sistemas eran gratuitos el modelo nunca comprometió la calidad de la educación ni el nivel de exigencia a los estudiantes. La clase culminó con un debate exhaustivo con los estudiantes organizados en dos grupos en sana competencia, que por cierto quedaron empatados en el conteo final.

En el ejemplo anterior puedes ver el proceso educativo en acción. A pesar de que la clase fue en línea, promovió elementos de participación, compromiso, disciplina y hasta compañerismo. Las personas conectadas a la clase por este medio mantuvieron el contacto personal y crecieron juntas en la fe.

El discipulado no es la mera transmisión de información. El discipulado es un proceso de acompañamiento en la fe que modela los valores del reino de Dios y cuyo objetivo es desarrollar el carácter de Cristo en el creyente. Tu proceso educativo debe llevar al crecimiento y a la transformación usando los sistemas de formación espiritual para influir en el estilo de vida y el carácter de los discípulos.

El diseño instruccional mencionado antes, por cierto, ve la educación como proceso sistémico con actividades planeadas, recursos materiales y ambientes propicios que se interrelacionan para facilitar la transmisión de conocimiento. No estaría de más tomar los conceptos de esta disciplina para aplicarlos a nuestros programas de formación de discípulos, pero eso sería material para otro libro.

El discipulado no es la mera transmisión de información.

Piensa: Documenta los procesos de aprendizaje con diagramas de flujo. Algunos procesos claves para el aprendizaje incluyen la producción de material educativo, el mantenimiento de contenido en la plataforma en línea, el registro del progreso estudiantil, la entrega de clases y el ciclo de vida del estudiante.

Asegúrate de hacer notar la diferencia entre entrenamiento (para aprender a ejecutar tareas repetitivas), instrucción (para formar el carácter y los valores para responder a las circunstancias del diario vivir) y nutrición (para acompañamiento con modelaje de conducta).

Organiza: Ordena el flujo de trabajo definiendo las tareas, los actores y las decisiones que deben tomar a cada paso del proceso. Este es un buen momento para integrar con otros procesos, automatizar tareas repetitivas y optimizar los sistemas. Documenta el flujo de trabajo con aplicaciones apropiadas.

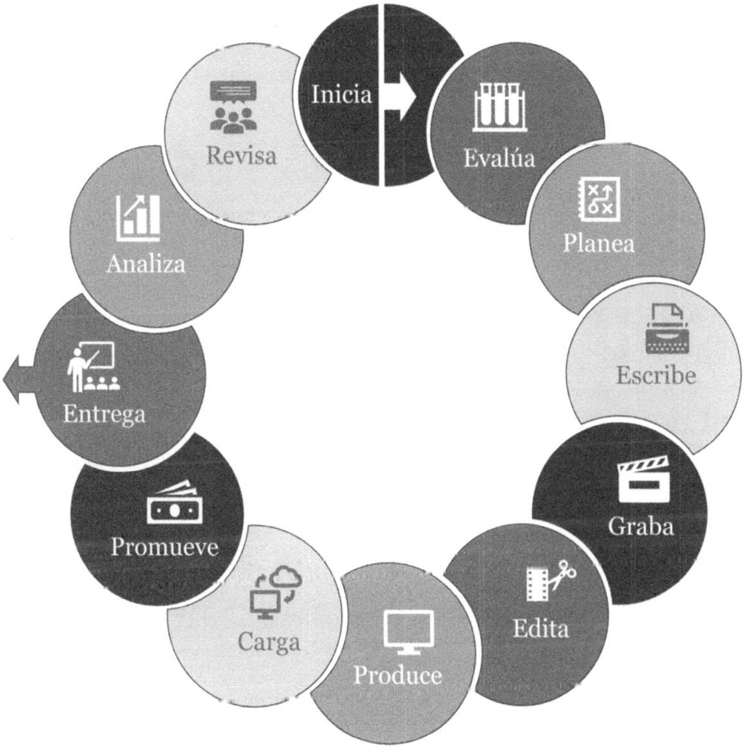

Figura 22: La máquina de contenido

Si tu modelo de educación incluye el desarrollo del contenido audiovisual, asegúrate de modelar todo el proceso de producción, desde la evaluación del contenido hasta la enseñanza y revisión de su impacto. Me gusta utilizar para este fin lo que denomino la máquina de contenido, la cual se ilustra en la imagen anterior.

En cuanto a la entrega, explora múltiples canales para la enseñanza y piensa que nada está fuera del alcance. Puedes implementar un sistema de manejo de aprendizaje o LMS (por sus siglas en inglés, de *Learning Management System*), o crear un sitio web de subscripción con gestión de contenido o CMS (por sus siglas en inglés, de *Content Management System*); para ambos hay sistemas gratuitos de código abierto y pueden beneficiar tus programas presenciales y en línea.

Planifica: Siempre tendrás el flujo perfecto si todo sale bien sin las posibles desviaciones. Pero ¿si no? Planea las contingencias de los flujos de trabajo para considerar esas excepciones.

Planea y monitorea el flujo de trabajo. Guarda la sencillez de proceso. No hagas de estas actividades algo tan complicado que nos las puedas seguir. Menos, es más.

Administra: Busca oportunidades para el mejoramiento de los procesos del aprendizaje. Identifica las ineficiencias y aplica la innovación para mejorar los procesos existentes.

Maneja todo bien. Junto con tu equipo de trabajo, decide cuáles son los procesos de aprendizaje más críticos, como la escuela dominical, el centro de capacitación ministerial o el discipulado, por ejemplo. Crea el manual de procedimientos y mantén la documentación actualizada con los diagramas de tareas.

Las políticas del aprendizaje

Piensa por un momento: la educación depende tanto de la política que hay un departamento o ministerio de educación en los gabinetes del gobierno nacional. Esto nos debe decir algo respecto a las políticas de la educación y de la tecnología para aprender en el ministerio. Las instituciones más formales de formación deben regirse por muchas de estas políticas gubernamentales.

Las políticas educativas en el ministerio afectan varias áreas del proceso educativo, de maestros a estudiantes, y desde el contenido a la administración de la educación. Cuán formal o informal sea la educación en la iglesia, en el instituto bíblico o en la universidad o seminario depende en gran medida de las consideraciones políticas.

La siguiente lista breve te puede dar una idea del tipo de consideraciones que debes tomar en cuenta a la hora de establecer un programa de formación espiritual y ministerial:

- Los requisitos para ser profesor, maestro o facilitador.
- Las exigencias de educación continuada de los educadores.
- Los modelos de administración educativa.
- El currículo o pensum de estudios.
- Los requerimientos para admisión de nuevos estudiantes.
- El esfuerzo mínimo para la permanencia de los estudiantes.
- La privacidad de la data estudiantil.
- La preservación del historial académico.
- Las leyes gubernamentales respecto a la educación.
- La elegibilidad para acreditaciones y certificaciones oficiales.

En los Estados Unidos hay varias agencias gubernamentales y asociaciones teológicas acreditadoras de la educación, cada una con sus propios requerimientos para obtener la membresía. No está de más que los programas de tu iglesia local, de tu instituto ministerial o de tu iniciativa en línea opten por afiliarse a estas agencias y organizaciones. [72]

En el mismo pasaje que ya revisamos para los diáconos, el apóstol Pablo le da a su discípulo Timoteo una lista de las cualidades de los obispos que bien se pudieran aplicar a maestros y administradores de la educación cristiana.

> Así que el obispo debe ser intachable, esposo de una sola mujer, moderado, sensato, respetable, hospitalario, capaz de enseñar; no debe ser borracho

> ni pendenciero, ni amigo del dinero, sino amable y apacible. Debe gobernar bien su casa y hacer que sus hijos le obedezcan con el debido respeto (1 Timoteo 3:2-4).

Este pasaje es un buen punto de partida para establecer tus políticas educativas, ya que puedes usarlo para esbozar los requisitos de tus profesores y personal administrativo.

Piensa: ¿Cuáles son las políticas que rigen a los maestros y a los tecnólogos del aprendizaje en tu iglesia? ¿Cuáles son las mejores prácticas que puedes emular en materia educativa? Cada decisión que haces en el marco de la tecnología del aprendizaje tiene implicaciones políticas que debes considerar.

Escribe las políticas de uso de la tecnología para aprender y compártelas en lugares visibles para todos. Conviértelas en prácticas oficiales. Sé los suficientemente flexible para ajustar estas políticas de acuerdo con los cambios que se van presentando con el uso o por las nuevas legislaciones.

Organiza: Familiarízate con las leyes locales y los requisitos de agencias acreditadoras. Incluye a expertos legales de ser necesario, dependiendo del alcance de tu programa de formación espiritual y ministerial. Piensa en la protección legal y la reserva de derechos de autor del contenido que crees para tus programas, en especial, si van a estar expuestos al público en general.

Organiza las políticas por categorías. Educa a los participantes acerca de tales políticas. El publicar algunas políticas en tu sitio web pudiera ser obligatorio en tu contexto. No dejes pasar esto por alto.

Planifica: Planifica sesiones de revisión de tus políticas. Planifica también el proceso para acreditar tus programas educativos. Estos procesos toman tiempo y, dependiendo del nivel que quieras lograr, requiere de personas capaces de guiarte. Prevé el impacto que los cambios en tecnología pudieran causar en tus políticas y viceversa.

Usa un calendario para comunicar las fechas de revisión de políticas y procedimientos. Establece afiliaciones educativas y mantente informado. Participa de conferencias y convenciones sobre política educativa para que hagas los ajustes pertinentes y a tiempo.

Administra: Mantente preparado para el cambio. Dosifica y controla los ajustes de políticas y prácticas. Asegura que se sigan; sé policía de tus políticas.

No se trata de convertirte en un experto legal, pero sigue las leyes del lugar, como la Ley de Educación Primaria y Secundaria, la Ley de Derechos Educativos y de Privacidad de la Familia (FERPA, por sus siglas en inglés, de *Family Educational Rights and Privacy*), la Ley de Educación Superior y las leyes de Educación de Individuos con Discapacidades y de Rehabilitación.

También sé guarda de los fundamentos del evangelio para predicar con integridad la sana doctrina (Tito 2:1).

Los aparatos del aprendizaje

Como hemos visto, la educación y formación cristiana se centran alrededor de la lectura, el estudio y la práctica de las escrituras. La Biblia es medular en la instrucción espiritual y alrededor de ella se crean recursos de estudio y métodos de enseñanza.

Aunado a esto, las actividades de aprendizaje se conducen en el templo y en recintos dedicados a la educación ministerial mediante la educación ritual y varias clases de discipulado. El advenimiento de las tecnologías digitales abrió la posibilidad de nuevos modelos de educación multimedia, en línea, a distancia e híbridos. Nuevas realidades que invitan a la aplicación de nuevos métodos y herramientas.

Para todos estos modelos o combinaciones, hay herramientas duras y blandas que puedes emplear en la construcción del conocimiento y la transmisión del carácter cristiano. Las posibilidades son enormes. Revisemos algunas ideas.

Piensa: ¿Qué herramientas educativas estás usando en estos momentos? ¿Cómo atiendes las necesidades educativas de la iglesia o ministerio? ¿Las tienes alineadas a tu plan estratégico?

Reúne a educadores y administradores para pensar en los aparatos y el software necesario para complementar tus iniciativas educativas y de formación. No olvides los recursos que necesitas para atender a cada generación en su etapa de vida, o sea, no descuides la instrucción de los niños y jóvenes. Toma en cuenta que ellos están más familiarizados con las tecnologías digitales; algunos discípulos son inmigrantes digitales, mientras que otros son nativos digitales.

Organiza: Organiza la educación en el templo con las prácticas de adoración y predicación, y con la instrucción en salones de clases. Cada ambiente tiene sus propias necesidades de aparatos educativos. Organiza las herramientas necesarias para la administración de tus programas educativos. Organiza la seguridad de los equipos y el acceso seguro al software. Un software de productividad te puede ayudar mucho en el proceso de organización.

Organiza también todos los aparatos que vayas a necesitar en la implementación de tu programa educativo. Cuando dirigía el programa de discipulado de la iglesia, implementamos televisores inteligentes de pantallas planas en los salones de clase. Luego instalamos dispositivos inalámbricos de reflejo de pantallas con cables HDMI a los televisores y estos dispositivos a la red inalámbrica de la iglesia. Con todo instalado, entrenamos a los maestros y facilitadores a compartir las presentaciones de la clase desde sus teléfonos celulares o tabletas sin necesidad de computadoras. Más detalles en el **Capítulo 11**.

Planifica: Las necesidades y los objetivos de tu programa van a ir dictaminando el uso de tecnologías auxiliares de la educación. Aunque no tengas todas las piezas en su lugar, planifica con vistas a futuro.

Planea para cada categoría de aparatos educativos considerando las oportunidades para formar discípulos de carácter conocedores de las escrituras. La **Figura 23** no es exhaustiva, pero la puedes usar como guía para organizar los aparatos del aprendizaje que tú vas a emplear.

Figura 23: Categorías de los aparatos para aprender

Administra: Controla y coordina cada una de las áreas para asegurarte una operación sin contratiempos. Practica con frecuencia para depurar los detalles. Puede que parezca sobrecogedor, pero recuerda, se llega lejos un paso a la vez. Por lo tanto, prioriza cada área y planifica en etapas.

Tienes la opción de administrar tus programas con software especializado para el manejo del aprendizaje o *LMS*, que se puede adaptar para manejar el progreso estudiantil, o puedes implementar un sistema de control de estudios especializado para administrar la información estudiantil (o *SIS*, por sus siglas en inglés, de *Student Information System*). Revisa el **Capítulo 11** como referencia al respecto.

Por veinte años he sido especialista en esta clase de software que requiere de habilidades avanzadas para el manejo de bases de datos comerciales, servidores de aplicaciones, servidores web y una combinación de lenguajes de programación y plataformas técnicas. He podido prestar servicios de consultoría a varias universidades, seminarios e instituciones educativas en la selección y la administración de estos sistemas. Algunos programas de acreditación requieren que tales sistemas estén en uso antes de otorgar su sello de aprobación.

La tecnología para el aprendizaje te beneficia de grandes maneras:

- Provee herramientas para el crecimiento espiritual.
- Coordina recursos para atender las necesidades educativas.
- Organiza y distribuye el material educativo.
- Reproduce discípulos saludables y entendidos en la fe.
- Entrena a los santos para la obra del ministerio.
- Trabaja por ti incluso cuando no estás enseñando.
- Lleva la educación a lugares que tal vez nunca irás en persona.

No tenemos que "leerle la cartilla" a nadie, pero es nuestro deber exponer a los miembros de nuestros ministerios a programas educativos que se valgan de estos y otros avances tecnológicos. Es mi oración que nuevos modelos de formación de discípulos nazcan de este nuevo entendimiento para formar discípulos balanceados.

En nuestro desglose de las tecnologías ministeriales ahora le toca el turno a la tecnología para alcanzar.

TECNOLOGÍA PARA ALCANZAR

Vayan por todo el mundo y anuncien las buenas nuevas a toda criatura.

– JESUCRISTO, MARCOS 16:15.

La forma más elevada de alabanza es el sonido de unos pies consagrados yendo a alcanzar al perdido y al necesitado.

– BILLY GRAHAM, EVANGELISTA ESTADOUNIDENSE.

Bajábamos las escalinatas del estadio de béisbol Hiram Bithorn en San Juan, Puerto Rico, hacia el campo, cerca de la lomita de picheo. En frente, sobre una tarima armada en el campo central, apenas detrás de la segunda base, una coral de más de dos mil quinientas voces entonaba himnos de adoración al compás de una orquesta completa.

El ambiente era vibrante, cargado de oración y de gran expectativa en aquella noche cálida de marzo. Nos preparábamos para una gran fiesta. Nos fueron dirigiendo a los asientos del verde campo mientras más de veintitrés mil personas íbamos ocupando cada rincón del estadio.

Se trataba de la última gran cruzada de Billy Graham en Puerto Rico. El año era 1995. Graham había visitado la isla en 1958 y luego en 1967, pero esta vez era muy diferente. El despliegue tecnológico era ubicuo y sin precedentes en la historia de la evangelización mundial.

Por donde quiera que miraras había tecnología a tal nivel que superaba las transmisiones de las olimpiadas. Se utilizaron 160 cámaras Beta Cam D2 para cubrir la campaña desde cada ángulo. A estas se unieron varios querubines modernos aleteando sus hélices desde los aires. La transmisión en vivo se entregaría por circuito cerrado de televisión de 30 satélites a más de 175 países alrededor del mundo, a varias cadenas locales de televisión y en varias pantallas de 40 pies ubicadas en punto estratégicos.

Al mismo tiempo, la transmisión sería recibida en simultáneo en el aledaño estadio Roberto Clemente por medio de un control de televisión móvil con 61 monitores y 8 cámaras de televisión. Esto permitió que el centro de controles con 25 cabinas editara la transmisión en 4 idiomas a la vez y se tradujera a 102 idiomas desde las 48 cabinas de traducción, cada una con un traductor y un suplente.

Otros avances modernos desarrollados para la ocasión hicieron que el mensaje del evangelio alcanzara a más de 170,000 personas de forma presencial y a más 8 millones de personas en todo el mundo. Algo insólito para la época. Cerca de 2,500 iglesias colaboraron con el esfuerzo, de entre las cuáles, medio millón de voluntarios fueron entrenados para recibir a los nuevos conversos, que sumaron la cifra de 3,149 personas en su mayoría jóvenes solo en Puerto Rico. [73]

Billy Graham dijo entonces:

> La revolución tecnológica ha convertido al mundo en un pequeño poblado mundial... Ha llegado la hora de que la Iglesia utilice esta tecnología para decirle al mundo que, en medio del caos, del vacío y la desesperación, hay esperanza en Jesucristo.

Este gran esfuerzo tecnológico para la evangelización mundial masiva llamó la atención de Tecnología, Entretenimiento y Diseño (TED), quienes invitaran a Graham a dar una conferencia magistral en febrero de 1998.

Han pasado veinticinco años y Billy Graham ya no está entre nosotros, pero sus palabras acerca de la tecnología para comunicar el poderoso mensaje del evangelio de Jesucristo siguen aún vigentes.

La tecnología para alcanzar es aquella dedicada a la proclamación del evangelio. En el caso de la cruzada se podrían mencionar los doce camiones de producción de televisión, el enlace satelital, el circuito cerrado de televisión para la transmisión global y la radiodifusión, entre muchas otras cosas.

Tal vez no tengas acceso directo a algunas de estas tecnologías que suelen ser costosas y de alto mantenimiento y nivel técnico. Sin embargo, hoy tienes acceso económico a tecnologías de alcance que no estaban disponibles hace veinte años. Con tantas tecnologías de avanzada que tienes en la palma de tu mano, ¿qué no puedes hacer hoy para alcanzar a aquellos en tu entorno? ¿Estás listo para alcanzar a tu "pequeño poblado mundial"?

¡Vayan!

En el **Capítulo 5** definimos con claridad la misión de la iglesia. En el corazón de la misión se encuentran los dos mandatos de Jesucristo que ya mencioné en Marcos 16:15: ¡vayan a anunciar! y Mateo 28:19: ¡vayan a discipular! En ambos casos el imperativo es el de ir. Es lamentable que muchas de las iglesias que he conocido en mi peregrinar de fe han invertido este mandato activo y lo han convertido en un llamado pasivo: ¡vengan!

La iglesia que Jesús soñó no fue la iglesia del vengan sino la iglesia del vayan. Este cambio de enfoque debe reflejarse en todo lo que la iglesia hace con la tecnología al anunciar el mensaje del evangelio. Explico esto con un ejemplo.

Recuerdo haber estado a cargo de la cartelera de anuncios del grupo de jóvenes de la iglesia en mis años mozos. Estamos hablando de los años 80 cuando las computadoras y las impresoras portátiles no estaban disponibles para todos. Heredé plantillas para escribir con marcadores sobre el papel *bond* y pega *Elefante* para adherir algunos recortes de revistas y organizar los anuncios de las actividades venideras. Pero pocos se enteraban porque pocos se acercaban a leer la cartelera. La tecnología era primitiva, tal vez por esa razón tenía un efecto muy pobre.

Entonces puse toda mi creatividad en funcionamiento para representar pasajes bíblicos en relieve, utilizando técnicas mixtas de collage y materiales y pinturas poco convencionales. O sea, mejoré la tecnología. Esto mejoró el tránsito a la cartelera porque generaba interés por la novedad. Pero el interés duraba poco hasta que publicaba la siguiente cartelera. Me esforcé mucho. Incluso recluté a otros jóvenes con cualidades artísticas. Pero a pesar de todo nuestro esfuerzo, el grupo de jóvenes no crecía.

Algunos ministerios tratan sus medios digitales como la cartelera del pasillo. Se esfuerzan mucho por anunciar sus actividades, a veces con una apariencia muy pobre de plantillas trilladas y otras veces con medios mixtos que sorprenden a quienes los ven. Es más, pueda que estén usando las nuevas carteleras de anuncios digitales en los pasillos de la iglesia. El problema es que pocos ven.

Si te sientes de la misma manera, la solución está en ir. Fuimos a las calles, a las plazas, al vecindario, a los centros comerciales, a las escuelas y a las cárceles, y mientras más íbamos, más venían a la reunión de jóvenes – excepto los de las cárceles por supuesto.

Cambia tu perspectiva. Piensa que tu sitio web, tus redes sociales, tu sistema de correo electrónico, tus gráficas y tus vídeos, entre otras cosas, son formas de que vayas y no solo de que vengan.

Evangelizar la cibercultura

Otro reto está presente en la evangelización de hoy. La incidencia de la tecnología en la cultura y la medida en que nuevas generaciones de nativos digitales entran en el discurso público, han ido creando una cultura del ciberespacio, o cibercultura. Es un nuevo ambiente digital de interacción social mediado por las tecnologías de la información y las comunicaciones que va desarrollando sus propios valores, sus nuevos símbolos y lenguaje, su nueva economía y por lo tanto sus nuevas metáforas existenciales y epistemológicas.

Si bien la iglesia tecnológica tiene un anuncio como el de los sitios web de antes que dice: En construcción, la cibercultura no espera a que la iglesia metaversal esté lista. El poderoso mensaje del evangelio demanda que los nuevos ministros digitales entendamos la vida en la virtualidad e interpretemos dicho mensaje en los nuevos mundos.

No se trata solo de usar la tecnología de hoy en los mundos de ayer. Debemos desarrollar estrategias distintas para cada país digital, muchos de los cuales cuentan con miles de millones de ciudadanos reales y virtuales y cientos de miles de grupos diversos; todos con una cibercultura dominante pero muchas cibersubculturas.

La cibercultura no espera a que la iglesia metaversal esté lista.

Trato este tema a mayor profundidad en el tercer libro de esta serie titulado *Ciberteología*, pero estoy seguro de que algunos de los consejos en este capítulo nos ayudarán a descifrar lo que más nos conviene hacer en nuestros contextos particulares respecto a alcanzar con tecnología.

Alcanzando con tecnología

La tecnología para alcanzar tiene el potencial de hacer que la evangelización sea más accesible, conveniente y atractiva. Proporciona una oportunidad para que compartamos el amor de Cristo con una audiencia más amplia y tengamos un impacto positivo en las vidas de las personas. A continuación, enumero alguna de sus ventajas:

- *Mayor compromiso*: La tecnología puede elevar el sentido de nuestra misión común, ayudándonos a aumentar el compromiso de la gente para compartir el mensaje del Evangelio. A través de eventos virtuales, seminarios web y transmisiones en vivo, las personas pueden ser activos participantes en los esfuerzos de evangelización.

- *Amplitud*: La tecnología nos permite conectarnos con personas de diferentes partes del mundo. A través de la Internet, podemos llegar a personas que no hayan tenido la oportunidad de escuchar el Evangelio antes y mantenerse conectadas a nuestra comunidad en la distancia. Además, una buena búsqueda pondrá a nuestra disposición muchos recursos que podríamos emplear para atender sus necesidades.

- *Costo-efectividad*: La tecnología de hoy se puede utilizar para evangelizar a un costo más bajo que los métodos tradicionales. Por ejemplo, el uso de plataformas de redes sociales para compartir el mensaje del Evangelio es mucho más económico que imprimir y distribuir materiales físicos o pagar por televisión satelital.

- *Conveniencia*: Con la tecnología, las personas pueden acceder al mensaje del Evangelio en cualquier momento y desde cualquier lugar. Los recursos en línea, como podcasts, vídeos y libros electrónicos, facilitan el aprendizaje acerca de Jesucristo y el crecimiento en la fe. Las aplicaciones móviles te pueden ayudar a compartir el evangelio de forma personal sin que tengas que ser un experto, convirtiendo a toda persona en un evangelista móvil itinerante.

- *Interactividad*: La tecnología brinda la oportunidad de una evangelización interactiva que se asemeja a la fe en el camino. Por ejemplo, se pueden crear foros de discusión en línea, donde las personas pueden hacer preguntas y recibir respuestas de otros creyentes. Acá lo importante es que uses esta capacidad interactiva para establecer conversaciones verdaderas y relaciones duraderas.

Viento en POPA

He tenido el privilegio de servir a varias iglesias en asuntos de tecnología por varios años, pero nada se compara al año 2020. De repente, comencé a recibir llamadas de pastores amigos y referidos solicitando ayuda en distintas áreas. Algunos queriendo iniciar grupos de acompañamiento en línea, dada la efervescente subida a la conciencia pública de las reuniones virtuales; otros, tratando de implementar portales de pagos para recibir los diezmos y las ofrendas por Internet; mientras otros, queriendo fortalecer sus presencias digitales creando o revisando sus sitios web y sus redes sociales. Pero ninguna de estas áreas fue tan popular como la necesidad de transmitir los servicios de la iglesia en vivo. Muchos no estaban preparados para hacer el salto cibernético y ni siquiera se habían planteado la posibilidad, mucho menos cumplían con los requisitos técnicos y tácticos, pero las circunstancias ameritaban una respuesta inmediata.

Por experiencia personal, la transmisión en vivo de la iglesia trajo la adoración y la palabra de claridad a la sala de mi casa durante tiempos de mucha confusión. Por varios meses esa fue nuestra conexión a la iglesia local. Un evento, y la iglesia se vio forzada a regresar a sus raíces históricas: la iglesia en casa.

En la premura, ideé un plan para ayudar a las iglesias a responder. Pero la respuesta vendría en términos de la matriz de tecnologías ministeriales y el modelo POPA. Ya conoces estos modelos.

Las personas del alcance

Pregunta número uno: ¿quiénes estaban o estarían a cargo de la transmisión en vivo? Esta es la pregunta fundamental, ya que, por la misma naturaleza de la tecnología, el mismo pastor no podría estar frente a las cámaras y detrás de las cámaras al mismo tiempo. Suena hasta jocoso. Es bien sabido de los pastores como hombres orquesta de algunas de nuestras iglesias, pero en este caso, era muy difícil transmitir en vivo sin delegar funciones.

Piensa: ¿Quiénes son tus evangelistas de hoy? ¿Quiénes son tus testigos?¿Con quiénes más cuentas para enviar? ¿Cómo vas a ir tú? Jesús pasó un tiempo al principio de su ministerio terrenal identificando a doce hombres. Caminó con ellos para mostrarles lo que habrían de hacer y después les envió en pares a hacer lo mismo.

> Reunió a los doce, y comenzó a enviarlos de dos en dos, dándoles autoridad sobre los espíritus malignos… Los doce salieron y exhortaban a la gente a que se arrepintiera (Marcos 6:7, 12).

Después escogió a 72, diciendo incluso que no eran suficientes:

> Después de esto, el Señor escogió a otros setenta y dos para enviarlos de dos en dos delante de él a todo pueblo y lugar adonde él pensaba ir. "Es abundante la cosecha —les dijo—, pero son pocos los obreros. Pídanle, por tanto, al Señor de la cosecha que mande obreros a su campo…" (Lucas 10:1-2).

Si Jesús delegó la evangelización, nosotros deberíamos hacer lo mismo. Delegar aplica a toda iniciativa de evangelización, inclusive la evangelización digital. Dios nos está llamando a dar un brinco tecnológico en la evangelización y en esto también somos guiados por el Espíritu Santo, quien fue dado a nosotros sin restricciones:

> El enviado de Dios comunica el mensaje divino, pues Dios mismo le da su Espíritu sin restricción (Juan 3:36).

Haz lo mismo que hizo Jesús. Identifica a las personas de alcance, evangelistas, predicadores y misioneros comunitarios. Forma tu equipo de evangelismo presencial y de evangelismo digital para que trabajen de la mano y mantén un ritmo regular de trabajo regular, pero sobre todo ¡deja que vayan!

Define cuál es tu comunidad, cuál es su composición demográfica, qué tipo de instituciones tiene. Recorre las calles con encuestas en tabletas para conocerla y como excusa para conectar con la gente y sus necesidades inmediatas. Para conocer a tu comunidad objetivo también puedes usar recursos en la Internet.

No dejes de lado las comunidades de la cibercultura sobre las cuales puedes ejercer tu influencia. Para alcanzar al mundo digital, asigna a alguien encargado de un calendario editorial que considere medios múltiples y mantenga un grupo de gestores de comunidad para mantener el interés y el compromiso en el mensaje de tu ministerio, e incluso, si no cuentas con alguien en tu equipo de trabajo, contrata a posibles consultores expertos que te ayuden a definir las estrategias.

Organiza: Define las responsabilidades y funciones de cada uno. Debes documentarlo todo. Aprovecha herramientas como las ya mencionadas para organizarte. Ten una rutina de reuniones para dar cuentas de tu progreso y de tus retos en el camino.

Por ejemplo, para transmitir servicios en vivo de alta calidad, necesitarás de personas con habilidades y conocimientos en por lo menos las siguientes áreas:

1. *Productores de vídeo*: Una persona que pueda dirigir y coordinar la producción del vídeo, estableciendo las tomas, los ángulos y la iluminación adecuada.

2. *Escenógrafos*: Una o más personas que tengan un ojo creativo espacial para imaginarse la puesta en escena y preparar el ambiente de la transmisión. Explora los espacios de interior y exterior para sacar a la iglesia de las cuatro paredes y de los

formatos tradicionales. Conozco algunas iglesias que han creado un espacio exclusivo para dirigirse a las personas en línea durante el servicio, con la señal de vídeo conectada a una consola que alterna con la señal del servicio general.

3. *Camarógrafos*: Una o más personas que puedan manejar las cámaras y asegurarse de que se estén capturando las tomas correctas siguiendo las directrices de los productores.

4. *Sonidistas*: Una persona que pueda monitorear y ajustar el sonido durante la transmisión para garantizar una buena calidad de audio. Asegúrate de el audio de tu *streaming* sea de la más alta calidad. La mayoría de las personas ven las transmisiones en diferido mientras realizan otras actividades, como manejar o hacer ejercicio. En este caso, el audio es mucho más importante que el vídeo. Un audio pobre hará que la gente se aburra y se desconecte.

5. *Editores de vídeo*: Una persona que pueda editar el vídeo para producir un excelente producto final. Los editores pueden estar a cargo de las tapas iniciales y finales, o añadir un contador con membrete de la iglesia o vídeo de los anuncios.

6. *Coordinadores de transmisión en vivo*: Una persona que pueda configurar y administrar la transmisión en vivo en una plataforma de transmisión en vivo, por las redes sociales o por canales múltiples.

7. *Gestores de redes sociales*: Una persona que pueda administrar las cuentas de redes sociales de la iglesia para promover la transmisión en vivo y responder a los comentarios y preguntas de los espectadores durante y después de la transmisión.

Es importante que estas personas tengan la experiencia y las habilidades necesarias para garantizar que la transmisión en vivo sea de alta calidad y que la experiencia visual y sonora sean atractivas y agradables para los espectadores.

Planifica: Considera los siguientes aspectos para que los miembros del equipo presencial y digital estén bien entrenados para compartir el evangelio:

1. *Preparación espiritual*: Es importante que las personas que participan en la evangelización estén en una relación cercana con Dios y tengan un conocimiento sólido de las Escrituras. Así compartirán la Palabra de Dios de manera clara y efectiva.

2. *Conocimiento del público a alcanzar*: Antes de comenzar cualquier tipo de evangelización, es necesario conocer al público objetivo. Esto incluye su cultura, su lenguaje, sus creencias y sus necesidades. De esta manera, se puede presentar el evangelio de una manera relevante y significativa.

3. *Estrategias de evangelización*: Existen diferentes formas de llevar el mensaje de salvación a las personas. Al planear la participación de las personas en la evangelización, se deben considerar las diferentes estrategias que se pueden utilizar, como evangelismo personal, evangelismo en grupo y eventos evangelísticos, entre otros. Aplica estas opciones al mundo digital y toma decisiones al respecto.

4. *Trabajo en equipo*: La evangelización es una tarea que requiere el trabajo en equipo. Es importante que las personas que participan en la evangelización trabajen juntas en armonía y unidad, compartiendo ideas y apoyándose mutuamente.

5. *Evaluación y seguimiento*: Después de cada actividad de evangelización, es importante evaluar los resultados y hacer un seguimiento con las personas que se han interesado en el evangelio. Esto te permitirá medir el impacto de la evangelización y continuar apoyando a las personas en su caminar espiritual.

Toma en cuenta el calendario religioso y festivo para coordinar a las personas del ministerio de alcance. Algunas fechas representan mejores oportunidades para que la gente escuche un mensaje de esperanza y amor, por ejemplo, el día de San Valentín o el día de las madres. Estas fechas deben ser parte de tu coordinación anual, junto con reuniones que traten con los aspectos anteriores. La unidad en el equipo y una buena coordinación hará que tus acciones creen el mayor impacto posible.

Administra: Preside sobre el equipo de evangelismo y alcance. Usa las reuniones regulares para entender las dificultades de las personas que sirven en el equipo, ya sean personales o en el ejercicio de sus funciones, para ayudarles y orar con ellos. Recuerda que hacemos ministerio juntos.

La comunicación es la clave. Decide cuáles canales de comunicación vas a utilizar con tu equipo de trabajo y para proclamar el evangelio pensando en quienes estarán a cargo, así sea la hermana Juanita llamando por teléfono. Sé claro al comunicarlo.

Los sistemas del alcance

Algunas iglesias debían actuar rápido y sin o con muy poco presupuesto. La buena noticia era que ya no se necesitaban las 160 cámaras Beta Cam D2, ni los 61 monitores, ni los 30 satélites, ni las 25 cabinas de edición, como en la campaña de Billy Graham. Algunas aprovecharon las capacidades de sus teléfonos inteligentes para irse en vivo directo a sus redes sociales.

Sin darle mucho pensamiento a la calidad de la transmisión y mucho menos la relevancia del contenido a transmitirse, las iglesias se pusieron en línea en un instante, alcanzando a la aldea global en minutos, y creando comunidades remotas “hasta los confines de la tierra”. Esta agilidad se convirtió también en desventaja, con transmisiones pobres de imágenes oscuras y borrosas por falta de iluminación, sonido muy deficiente con ruidos y ecos ambientales, escenas inadecuadas por el intento de reproducir el púlpito en la sala de la casa y temas monótonos sin impacto en la cibercultura. Estas cosas permitieron que abriéramos los ojos a las nuevas realidades.

Considera las ventajas y las desventajas de tus sistemas de alcance y compleméntalos entre sí. Revisa cuáles son las debilidades que puedes observar y ponlas en la mesa de discusión para corregirlos.

Fortalece tu presencia digital para que las personas encuentren tu sitio web y que este sea atractivo. Afina tu mensaje en las redes sociales para que sea consistente con tu identidad ministerial. Piensa también en la penetración de los aparatos móviles y de cómo puedes hacer presencia mediante ellos. Por ejemplo, puedes convertir tus sermones en un podcast – un sistema de transmisión de audio mediante un modelo de subscripción sindicada (o RSS por sus siglas en inglés, de *Real Simple Syndication*), o en un blog – que publica contenido escrito usando la misma tecnología RSS. O tal vez te convenga crear una emisora de radio por Internet. De ser este el caso, sé creativo en el contenido y el formato de tu programación.

Piensa: Revisa los sistemas críticos de alcance que tienes y determina cuáles necesitas iniciar o fortalecer. Esto se hace mucho más fácil si lo destilas de tu propia planificación estratégica. Todos tus sistemas deben alinearse con tus objetivos estratégicos e impacto potencial.

Establece qué método de evangelismo van a utilizar y entrena a tu equipo en su uso. El método es un sistema. Si es necesario crea tu propio programa adaptado a las necesidades de tu contexto.

Investiga qué necesitas y qué está disponible dentro del presupuesto y las capacidades técnicas de tu equipo. No te preocupes si hay una brecha de conocimiento porque esa se puede llenar con entrenamiento, muchas veces provisto por el mismo proveedor. Escoge de dos a tres opciones en cada categoría y pruébalas todas para seleccionar la mejor. Uno de esos sistemas clave pudiera ser el de las transmisiones en vivo que uso en esta sección como ejemplo, pero los mismos principios puedes aplicar a tus otros métodos. Es más, hay métodos tradicionales que ahora ofrecen herramientas digitales (**Capítulo 11** bajo "Evangelismo"). Explora, investiga, revisa y decide.

Todos tus sistemas deben alinearse a tus objetivos estratégicos.

Organiza: Repasa la sección sobre los sistemas en el **Capítulo 3**. Nota cuáles son los objetos, el orden y los objetivos de cada uno de los sistemas que pensaste. Documenta cómo estos se relacionan entre sí, con especial cuidado en anotar los sistemas interdependientes.

Repasa las maneras como cada sistema podría fallar y minimiza el riesgo. Ya hemos hablado de mantener un cuerpo de documentación completo y accesible para que todos puedan tomar las acciones del sistema cuando alguien falte.

Planifica: Atrévete a probar varios sistemas en cada categoría antes de comprometerte con alguno. No pasa nada si lo haces. Cuando comenzamos, probamos varias plataformas de transmisión en línea, de seminarios web y de reuniones en vivo, algunas gratuitas y otras de pago. Planea los costos; cada plataforma tiene su propia plata y su propia forma.

Explora tus opciones, prueba y selecciona los sistemas que mejor se ajusten a tus necesidades y presupuesto, y que sean fácil de usar para los integrantes de tu equipo ministerial.

Administra: La administración de los sistemas del alcance es fundamental para garantizar la efectividad y la maximización de su utilización. Establece con claridad el mantenimiento de los sistemas y controla la dosificación de tus contenidos a través de ellos.

Siempre debes definir cuál es el hilo conductor de tus campañas de evangelismo y alcance. Una vez definido, decide cómo tus sistemas encajan y se coordinan en ese hilo conductor. Por ejemplo, el culto semanal provee un buen ritmo y sirve como hilo conductor para tus transmisiones en línea. Asegúrate de tener a una persona encargada de cada sistema y a un segundo que sirva de respaldo en caso de que el encargado no esté disponible.

> *Cada plataforma tiene su propia plata y su propia forma.*

Observa tus propias transmisiones en vivo con ojo crítico, ya que siempre hay espacio para mejorar. Cuando evalúas tus sistemas, puedes utilizar el modelo FODA. FODA es un acrónimo para ayudarte a pensar de forma esquemática en tus Fortalezas, Oportunidades, Debilidades, y Amenazas. También se conoce como SWOT (por sus siglas en inglés, de *Strengths*, *Weaknesses*, *Opportunities*, y *Threats*).

Tanto factores internos como los factores externos afectarán el ejercicio de tu ministerio. Nota que las Fortalezas y las Debilidades son aspectos internos de tu ministerio sobre los que puedes ejercer cierto control, mientras que las Oportunidades y las Amenazas son aspectos externos, sobre los que muy probablemente no tendrás influencia directa. Conviértete en buen gestor de las cosas que puedes cambiar.

La **Figura 24** de la siguiente página muestra el análisis FODA que le hicimos al programa de transmisión en vivo de una iglesia. Espero te sirva de guía. Una vez que completes tu análisis, enfócate en tus fortalezas y oportunidades, y no en tus debilidades ni amenazas. Cuando fortaleces tus fortalezas aminoran tus debilidades.

Los procesos del alcance

Recuerda: movimiento y transformación. Por definición, el evangelismo es un proceso de movimiento: ¡vayan y anuncien!, y de transformación: ¡vayan y hagan discípulos! Muchos programas que conozco se detienen en el anuncio – la cartelera del pasillo, sin discipulado. No se hacen discípulos sin una intención transformadora y un acompañamiento comprometido.

Figura 24: FODA de la transmisión en vivo

Debes preguntarte: ¿Cómo deseo movilizar a la gente que alcance y qué tipo de transformación quiero ver en sus vidas? Dibuja un mapa de la conversión al discipulado maduro. Usa imágenes familiares. Rick Warren usa las bases en un campo de beisbol, [74] por ejemplo.

Piensa: ¿Qué procesos puedes emplear para hacer que el mensaje llegue a más personas? Por lo general, estos procesos requieren una combinación de estrategias y herramientas trabajando juntas en un modelo sistemático.

El evangelismo es un proceso de movimiento: ¡vayan y anuncien! y tranformación: ¡vayan y hagan discípulos!

La siguiente lista no es exhaustiva, pero puede darte ideas para comenzar:

1. *Recibe donativos en línea*: De joven aprendí la fórmula tripartita del misionero: orando, dando, yendo. Estimula las ofrendas misioneras con aplicaciones móviles que incluso te permiten recibir donativos por mensajes de texto.

2. *Colabora con otras personas*: Una forma efectiva de ampliar tu alcance es colaborar con otras personas o empresas que tengan objetivos similares. Puedes trabajar en conjunto para crear contenido, organizar eventos o hacer cruzadas con otras iglesias, escuelas u oficinas de terapia familiar.

3. *Crea contenido de calidad*: Para que tu mensaje tenga un mayor alcance, comparte contenido de la más alta calidad. Puedes crear contenido en formato de vídeos, imágenes, infografías o artículos, entre otros. Este contenido debe ser informativo, útil y relevante para tu audiencia. Piensa fuera de la caja y no solo promuevas las actividades de la iglesia. Por ejemplo, ofrece ideas para una noche de calidad en familia o cómo ahorrar en las navidades dando buenos regalos.

4. *Utiliza las redes sociales*: Las redes sociales son una excelente herramienta para difundir tu mensaje a un gran número de personas. Puedes utilizar plataformas de redes relacionales, especializadas o profesionales para compartir tu mensaje y llegar a un público más amplio.

5. *Utiliza el mercadeo por correo electrónico*: o, en inglés, *email marketing*. El correo y el número de teléfono son los datos más importantes que puedes recolectar de la gente para luego compartir tus boletines informativos o enviar mensajes personalizados a tus seguidores vía texto.

6. *Paga publicidad*: Está bien hacerle publicidad pagada al evangelio. La publicidad en línea promocionará tu mensaje mientras duermes. Las plataformas publicitarias de los motores de búsqueda y redes sociales te permiten definir tu público objetivo y mostrar tus anuncios solo a las personas que cumplan con ciertos criterios demográficos, psicográficos o geográficos. Las posibilidades no tienen fin.

7. *Conéctate con medios tradicionales*: No te parece increíble que la televisión y la radio ahora se consideren tradicionales. Sin embargo, siguen siendo útiles para proclamar el evangelio.

Organiza: Si tomas la lista anterior, o creas la tuya propia adaptada a tu contexto, debes organizar todo lo pertinente a cada área. Organiza la entrega de contenido de calidad en los formatos que hayas decido usar, desde la ideación hasta la producción y publicación. Usa a tu grupo de drama o danza para crear vídeos creativos de alta calidad, por ejemplo.

Cuadra tu presupuesto para crear una campaña de publicidad pagada en los motores de búsqueda. Algunos ofrecen programas de subvención donde puedes obtener una buena suma de dinero para la publicidad de forma gratuita por ser una organización sin fines de lucro. Abre los canales de colaboración ministerial y alimenta las relaciones con otros para alcanzar a la ciudad con mentalidad de reino.

Planifica: Haz planes siguiendo los procesos pensados y organizados con tu enfoque de misión para movilizar y transformar. El movilizar es el primer paso de alcance, pero el transformar hace crítico el proceso de seguimiento.

Por ejemplo, si tienes la intención de que todos en tu ministerio participen en la evangelización por las redes sociales, planifica:

1. La creación del contenido que cada persona puede compartir en sus redes y en sus grupos – o sea, crea el contenido y diles dónde lo pueden descargar y reproducirlo,
2. Las fechas en las cuáles todos van a bombardear las redes compartiendo el mismo contenido,
3. Las rutas de contacto que vas a capturar ya sean por mensaje directo en las redes, correo electrónico o teléfono, y
4. La estrategia de seguimiento que le van a dar a las personas.

Administra: Cuando tus procesos de alcance estén corriendo vas a descubrir muchas cosas sobre la marcha que se deben manejar. Hay detalles que se pueden escapar y fallas en los sistemas que se deben atender. Incluso problemas buenos que suceden cuando tu trabajo es exitoso en extremo y tus seguidores crecen de forma exponencial.

Viene a mi memoria la ocasión cuando ya no cabíamos en nuestro templo digital. Es decir, cuando superamos el número de suscriptores en el software gratuito de mercadeo por correo electrónico y pasamos en seis semanas de menos de quinientos a dos mil. Tuvimos que movernos a un modelo de pago para poder servir a tantas personas. Administra el crecimiento y crece en tu administración.

Las políticas del alcance

¿Qué hace que en algunos lugares del mundo los cristianos sean perseguidos, torturados y hasta asesinados por proclamar su fe? Las políticas del lugar. Yo sé que suena drástico, pero esto muestra con claridad que hay políticas del alcance ministerial que no podemos pasar por alto. En países donde esto es una realidad, algunas agencias misioneras transmiten el evangelio desde estaciones de radio fronterizas, contrabandean Biblias, a veces páginas de la Biblia o se reúnen de manera clandestina. En estas condiciones extremas, la tecnología ofrece alternativas para la continuación de la predicación y el ejercicio del ministerio.

Dale gracias a Dios si vives en una nación con libertades de expresión y religiosas que abren un mundo de posibilidades para compartir el evangelio, pero que la multiplicidad de opciones no te paralice de tomar acciones. Usa las políticas a tu favor, o más bien, a favor de la proclamación del evangelio.

Piensa: Escribe las políticas de uso de la tecnología para alcanzar y habla acerca de ellas en tus reuniones de oración, de reclutamiento y de planeación. Registra los requisitos para ser parte de los equipos de evangelización, el entrenamiento requerido y la participación en las reuniones y en las actividades de avanzada. Define la sana doctrina en la predicación. No olvides escribir los valores del trato con los demás ni el adherirse a los lineamientos de tu identidad corporativa.

Por cierto, crea el manual de identidad corporativa o, en inglés, *branding.* Tu identidad corporativa es una política de alcance ya que será la manera en la cual las personas que se acerquen a tu ministerio te percibirán. Apégate a tu identidad corporativa de manera estricta.

Tu identidad corporativa es una política de alcance.

Tu manual de identidad corporativa es un documento que establece las pautas para el uso adecuado de los elementos de identidad con el objetivo de mantener una imagen coherente y consistente en todos los medios por los cuales tu ministerio se comunica. Los componentes de un documento de identidad corporativa pueden variar dependiendo de tu organización, pero siempre contiene elementos visuales y verbales que representan la marca de tu ministerio. Por lo general incluye:

1. *Logotipo con sus variantes aprobadas*: Es la imagen representativa del ministerio que te identifica visualmente.

2. *Colores corporativos oficiales*: Son los colores que se han definido para representar la marca y que se utilizan de manera consistente en todos los materiales publicados.

3. *Tipografía*: Es el conjunto de letras y caracteres en la escritura. La tipografía debe ser coherente con la imagen de tu marca.

4. *Eslogan*: Es una frase corta y memorable que se utiliza para reforzar tu mensaje e incorporar tus valores.

5. *Versículo bíblico lema*: con el cual tu ministerio se identifica plenamente siguiendo tu plan estratégico.

6. *Papelería corporativa*: Incluye la tarjeta de presentación, hojas membretadas, sobres, carpetas, entre otros elementos que se utilizan para comunicarte de forma oficial.

7. *Diseño web*: El diseño del sitio web debe ser coherente con la identidad corporativa de tu ministerio, utilizando los mismos colores, tipografía, logotipo y tono comunicacional.

8. *Plantillas gráficas*: que a la vez que facilitan el trabajo creativo le dan consistencia al mensaje que se comunica.

9. *Publicidad*: La publicidad de la cual hablábamos debe reflejar la identidad corporativa, utilizando los mismos elementos visuales y mensajes que se utilizan en los demás materiales de la empresa.

10. *Tono comunicacional*: Un documento que define el tono del lenguaje y los recursos audiovisuales que se van a utilizar. Esto incluye la descripción de tu audiencia, tus objetivos comunicacionales, la personalidad de tu identidad, el tono emocional y el estilo del lenguaje, entre otras cosas.

En esta lista puedes ver la relación entre tu manual de identidad como política de alcance e instrumento de tecnología al mismo tiempo. Para más información revisa las referencias en el **Capítulo 11**.

Organiza: Todas tus políticas deben estar presentes, visibles, accesibles, categorizadas y actualizadas para que no haya sorpresas. Para las transmisiones en línea dirigí a replantear el contenido. Algunas iglesias pasaron de la retransmisión simple del servicio dominical a ser más como una revista audiovisual rica, con adoración en vivo y de archivo, participación de personas alrededor del mundo orando o predicando, y con mensajes cortos apropiados para la época.

Planifica: Piensa en todo lo que puede salir mal y prepara tus políticas para protegerte. El evangelio es contenido que comunica el Verbo. Por eso el alcance por tecnología depende de la creación de contenido, ya sea escrito o audiovisual, que está sujeto a normativas de derecho de autor.

La mayoría de las plataformas de redes sociales tienen guardas contra el uso de contenido que no te pertenece o no tienes permiso de usar. Si lo haces, tienen la opción de cerrarte el canal o incluso la cuenta.

El evangelio es contenido que comunica el Verbo.

No caigas en la piratería ni el plagio. No uses contenido de otros sin permiso. No descargues cualquier foto de la Internet y no pongas música de otros en tus vídeos, a menos que tengas las licencias por escrito que te dan el derecho al uso. Tal vez no sepas, pero hasta citar los versos de tu versión preferida de la Biblia en material comercial puede ser considerado una infracción de los derechos de autor. Revisa las páginas de las editoriales para asegurarte de que estás a salvo.

También protégete en contra de los usurpadores de tu contenido. Escribe políticas claras que establezcan que todo el contenido que tus gestores, artistas gráficos, escritores o *copywriters*, y actores generen es propiedad del ministerio o de la organización y no propia de los participantes. Esto te dará el derecho a modificar cuando sea necesario sin que tenga repercusiones en los miembros creativos de tu equipo.

Tu sitio web debe expresar sus políticas de uso. Si ofreces productos en venta o por donación, debes proteger la información que colectas. También debes proteger los datos personales de quienes te comparten sus correos electrónicos y teléfonos. Hay leyes en Europa (RGPD) y en California (CCPA) [75] que son súper delicadas en cuanto al manejo de esta información; si estás en estas áreas, debes asegurarte de recibir aprobación explícita para usar *cookies* [76] y colectar datos personales.

Administra: Trabaja en retrospectiva para ir actualizando tus políticas de la tecnología de alcance y exponlas en los medios pertinentes. Luego asegúrate de que estas políticas se sigan con la consistencia que merecen y actualízalas con regularidad.

Paga las licencias de uso de la música. Las licencias anuales para usar la música cristiana no son tan caras como piensas y dependen de la cantidad de miembros de tu iglesia o ministerio, del tipo de uso, si es presencial en el culto o en ensayos, si es en las transmisiones en vivo o *streaming* o si se incluyen en material grabado o impreso. Los costos van a ir variando con los cambios en tu ministerio. En los Estados Unidos, se pueden adquirir por *Church Copyright License International* o CCLI, incluso por ASCAP o BMI.

Paga las licencias de uso de los recursos audiovisuales. Hay páginas especializadas para para usar fotos, gráficas, íconos, y vídeos respetando los derechos de autor. Revisa el **Capítulo 11** bajo "Licencias" para más información. También puedes usar recursos de distribución libre gratuita a través de *Creative Commons* siempre que sigas las normativas de atribución que ellos tienen.

Si no quieres gastar, produce tus propios materiales o te invito a que revises mi artículo *7 fuentes de fotos gratuitas para tu presencia virtual* [77] para recibir otras ideas para conseguir imágenes gratuitas que puedes usar con libertad.

Los aparatos del alcance

La Biblia narra que durante el tiempo del rey Saúl, el pueblo de Israel se encontraba en una gran desventaja tecnológica con respecto a los filisteos. La capacidad militar de los filisteos era arrolladora. Contaban con tres mil carros de guerra, seis mil jinetes en su caballeriza y tantos soldados en el ejército como la arena a la orilla del mar. Es curioso que se refiera al número de soldados con la misma expresión de la promesa que le diera Dios a Abraham acerca de su descendencia; casi como forma de expresar que Dios estuviese bendiciendo más al enemigo que a Su pueblo. La historia la consigues en 1 Samuel 13.

Los versos 19 al 22 leen:

> En todo el territorio de Israel no había un solo herrero, pues los filisteos no permitían que los hebreos se forjaran espadas y lanzas. Por tanto, todo Israel dependía de los filisteos para que les afilaran los arados, los azadones, las hachas y las hoces. Por un arado o un azadón cobraban ocho gramos de plata, y cuatro gramos por una horqueta o un hacha, o por arreglar las aguijadas. Así que ninguno de los soldados israelitas tenía espada o lanza, excepto Saúl y Jonatán.

Los filisteos tenían el monopolio de la herrería y por eso controlaban a sus vecinos. Israel dependía de los filisteos para su supervivencia, puesto que los arados, los azadones, las hachas y las hoces eran los instrumentos que necesitaban para preparar y arar la tierra para sembrar, para cosechar el grano para hacer pan, y para cortar la leña para cocinar y calentarse.

Cuando Goliat el gigante retaba al pueblo (1 Samuel 17), el pueblo estaba atemorizado e intimidado con razón. Era un representante fidedigno del dominio filisteo. La Biblia lo describe en términos de su superioridad, no solo en estatura sino también por la tecnología bélica que lo caracterizaba:

> Un famoso guerrero, oriundo de Gat, salió del campamento filisteo. Su nombre era Goliat, y tenía una estatura de casi tres metros. Llevaba en la cabeza un casco de bronce, y su coraza, que pesaba cincuenta y cinco kilos, también era de bronce, como lo eran las polainas que le protegían las piernas y la jabalina que llevaba al hombro. El asta de su lanza se parecía al rodillo de un telar, y tenía una punta de hierro que pesaba casi siete kilos. Delante de él marchaba un escudero (1 Samuel 17:4-7).

David era apenas un jovencito sin experiencia militar cuando llegó al campamento a llevarle los tacos a sus hermanos. Ni siquiera estaba ahí para pelear, pero en un acto de valor se enfrenta al gigante. Ya sabes la historia. David tumba al gigante de una pedrada que le incrusta en la cabeza. Cuando el gigante cae de bruces, no dio su victoria por sentado, sino que:

> Luego corrió adonde estaba el filisteo, le quitó la espada y, desenvainándola, lo remató con ella y le cortó la cabeza (1 Samuel 17:51).

Ahora tres personas en Israel tenían espada y la más grande era la de David. Este no solo fue un acto subversivo y una gran conquista sino una metáfora de transformación.

En los siguientes años David sucedería a Saúl en el reinado y "robaría" la tecnología de los filisteos de tal manera que en el curso de su generación Israel se convertiría en una potencia en la región. David democratizó la tecnología de la Edad de Hierro para que su pueblo gozara de gran prosperidad.

Ya hacia el final de su reinado, antes de pasarle el cetro a su hijo, había creado grandes depósitos de oro, plata, bronce y hierro asegurando la construcción del templo en Jerusalén y salvaguardando el futuro de la nación:

> Mira, con mucho esfuerzo he logrado conseguir para el templo del Señor tres mil trescientas toneladas de oro, treinta y tres mil toneladas de plata y una incontable cantidad de bronce y de hierro (1 Crónicas 22:14).

Piensa: La tecnología moderna ha estado por mucho tiempo en las manos de los filisteos de hoy y ha llegado la hora para que la iglesia le quite la espada al gigante y la use para alcanzar a quienes necesitan oír el evangelio y para bendecir al pueblo de Dios. Define con claridad las espadas que necesitas sacar para cumplir con la gigante comisión. Aquí te dejo algunas preguntas para ayudarte a pensar con tu equipo:

¿Qué cambios debemos hacer en nuestro sitio web? ¿Cómo podemos utilizar la búsqueda orgánica y la búsqueda pagada para alcanzar a la gente?

¿Cómo vamos a usar qué redes sociales? ¿Qué plan de contenido vamos a implementar y en cuánto tiempo? ¿Cómo vamos a interactuar con los mensajes privados y por chat?

¿Cuáles contenidos son los más apropiados para la audiencia que queremos conquistar? ¿Qué necesitamos para producir esos contenidos? ¿Qué aparatos vamos a utilizar: computadoras, cámaras, software?

¿En qué va a consistir nuestra transmisión en vivo? ¿Cómo podemos mejorar la calidad de la imagen y el sonido? ¿Qué micrófonos, iluminación y ambientación vamos a usar?

¿Cuáles medios tradicionales emplearemos y qué se necesita para cada uno de ellos: radio, televisión, cine o impresos? ¿En línea? ¿Y qué de otros menos tradicionales como el televisor inteligente, el asistente personal activado con voz o las plataformas musicales?

¿Qué modelo o método de evangelismo personal vamos a emplear para movilizar a los creyentes a la evangelización?

Vivimos en tiempos nuevos. Es tiempo de movilizar al móvil izar, o sea, izar los aparatos móviles para presentar el mensaje de salvación de manera personal. Adopta una aplicación sencilla para que cada persona comparta el evangelio con material audiovisual. Prepara a tu congregación, guíales a instalar la aplicación y salgan juntos a las calles. Es más, puedes crear grupos en las redes sociales o tener un formulario en tu sitio web para recopilar historias de salvación y testimonios.

Es tiempo de movilizar al móvil izar.

Organiza: Cuando tengas con claridad los medios y las herramientas a utilizar, ponte el sombrero del productor. Un productor es quien supervisa y gestiona la creación y producción de un proyecto, cualquiera que sea. El productor es responsable de asegurarse de que el proyecto se complete a tiempo, dentro del presupuesto y de la calidad deseada. También es responsable de la contratación del equipo creativo y técnico, pagado o voluntario, así como de negociar acuerdos con patrocinadores y distribuidores.

Planifica: Tal como lo he hecho para los dos objetivos de misión anteriores, es buena idea que uses un mapa de aparatos que emplearás en tu tecnología de alcanzar. La **Figura 25** de la siguiente página te ofrece una guía. Usa esta guía para planificar el presupuesto, la seguridad y el mantenimiento a mediano y largo plazo de tus aparatos.

Administra: Sigue el ejemplo de David. Aunque sabía que no iba a poder construir el templo de Jerusalén, hizo provisión para que su sucesor completara todas las labores en un futuro cercano. Administrar los aparatos para alcanzar implica pensar en la continuidad de su uso y los ajustes que sean necesarios en el camino para que no se detenga la obra y se adopten las tecnologías que mejor cumplan con la misión.

Figura 25: Categorías de los aparatos para alcanzar

Dos cosas más quiero compartir acerca de la historia de David. La primera es que cuando David se disponía a pelear contra Goliat, lo único que llevaba consigo era su vara de pastor y su honda. Saúl le vio con esa deficiente indumentaria de guerrero y decidió que debía estar mejor preparado para la batalla:

> Luego Saúl vistió a David con su uniforme de campaña. Le entregó también un casco de bronce y le puso una coraza. David se ciñó la espada sobre la armadura e intentó caminar, pero no pudo porque no estaba acostumbrado (1 Samuel 17:38-39).

David "no estaba acostumbrado" a esa tecnología, así que decidió ir con la tecnología que sí conocía, con la que sí estaba acostumbrado. Toda nueva tecnología se va a sentir incómoda al principio y hasta es probable que debas usar tecnología con la que no estes familiarizado. Esa tecnología inicial te va a dejar ganar tus primeras batallas y te va a permitir alcanzar a las primeras personas, pero puede que deje de ser suficiente en algún futuro cercano.

Lo segundo es que David no se quedó sin dominar la nueva tecnología. Todo lo contrario. Descubriendo su deficiencia tecnológica, se atrevió a reentrenarse y a convertirse en un experto. Esto lo puedes apreciar a través del resto de su historia como rey, pero para ilustrarte el punto, quiero saltar al tiempo en que huía de Saúl quien procuraba matarle (1 Samuel 21:8-9):

> Más tarde, David le preguntó a Ajimélec:
>
> —¿No tienes a la mano una lanza o una espada? Tan urgente era el encargo del rey que no alcancé a tomar mi espada ni mis otras armas. El sacerdote respondió:
> —Aquí tengo la espada del filisteo Goliat, a quien mataste en el valle de Elá. Está detrás del efod, envuelta en un paño. Puedes llevártela, si quieres. Otras armas no tengo.
> —Dámela —dijo David—. ¡Es la mejor que podrías ofrecerme!

En la premura de su huida, David había dejado su espada y sus otras armas, pero se reencuentra con la espada de Goliat, "la mejor" que Ajimélec había podido ofrecerle. David se había convertido con el paso del tiempo en un experto espadachín; había descubierto su deficiencia en aquel primer encuentro con el gigante, pero había madurado en el uso de la tecnología.

En mi libro *Cibermadurez* te presento un mapa de madurez tecnológica en siete pasos que va desde la iniciación hasta la innovación, y que sirve como un modelo de administración para crecer con las tecnologías ministeriales. [78]

Resumiendo, la tecnología para alcanzar:

- Provee de medios de comunicación poderosos para realizar la misión a todo nivel.
- Permite expandir el rango de alcance y de influencia de nuestros ministerios.
- Elimina las fronteras y nos facilita ir a los confines de la tierra.
- Amplifica nuestro mensaje con complementos de medios múltiples y canales tradicionales.
- Atrae a voluntarios y pone herramientas para compartir el evangelio en la palma de sus manos.
- Ayuda a recaudar recursos financieros para llevar a cabo actividades misioneras y evangelísticas.
- Prepara a la iglesia metaversal para evangelizar a las cibersubculturas.

Y así llegamos al final del **Capítulo 8**. Puedes hacer de la tecnología una aliada para alcanzar al mundo y cumplir con La Gran Comisión de ir, anunciar y discipular. Puedes hacer lo mismo con la tecnología para ayudar, como veremos en el siguiente capítulo.

TECNOLOGÍA PARA AYUDAR

Ama a tu prójimo como a ti mismo.

– DIOS, LEVÍTICO 19:18.

Nunca digas a tu prójimo:
"Vuelve más tarde; te ayudaré mañana",
si hoy tienes con qué ayudarlo.

– REY SALOMÓN, PROVERBIOS 3:28.

Míster Tom contaba con más de ochenta años cuando decidió que quería aprender a usar la computadora. Valiéndose de un programa estatal de rehabilitación vocacional se unió a la escuela de computación donde yo entrenaba a personas con dificultades en las herramientas más básicas.

Cada día era un reto con míster Tom. Él entendía muy bien todos los conceptos y los podía aplicar con facilidad, pero le costaba mucho interactuar con la computadora a través del ratón. Hacer clic nunca le hizo clic. No vio la correlación entre el movimiento del ratón y el movimiento del cursor en la pantalla; le era en extremo difícil detener el movimiento del ratón cuando el cursor estaba sobre un área en particular, y ni hablar de hacerle clic a un ícono. ¿Doble-clic? ¡Olvídalo!

Terminaba por hacerle clic a todo menos a lo que quería, abriendo pantallas que no eran las que debía abrir o cerrando documentos sin salvarlos por error.

Trabajaba muy duro para aprender a usar el ratón. Cada clase era muy frustrante para él ya que no avanzaba.

Quisiera poder reportar que después de seis meses míster Tom aprendió a usar el ratón, pero con tristeza debo decir que nunca lo hizo. Aun así, se mantuvo asistiendo a la clase y trató con perseverancia cada día porque, decía: "Por lo menos aquí todos los días me están ayudando".

Ayudar a quienes están en necesidad es labor de hoy y de todos los días. Ayudar a otros se concreta en actos de amor para los cuales la tecnología te ayuda a ayudar.

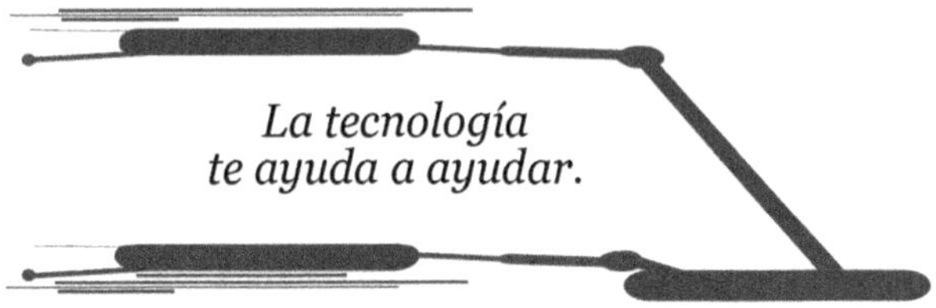

La iglesia puede asistir al prójimo y obtener mayores resultados de sus ministerios de misericordia apoyándose en la tecnología de hoy de múltiples formas. Esta es la premisa de este capítulo.

Compasivos unos con otros

La Biblia está llena de referencias instando a cuidar y proteger al huérfano, a la viuda, al pobre, al forastero y al oprimido. Estas eran identificadas en la época como las personas de mayor necesidad de asistencia y más dignas de misericordia.

Dios mismo expresa su compromiso de tomar acciones para cuidar del pobre, del oprimido y del necesitado:

> Dice el Señor: "Voy ahora a levantarme, y pondré a salvo a los oprimidos, pues al pobre se le oprime, y el necesitado se queja" (Salmos 12:5).

Como una expresión de Su carácter y amor:

> Él defiende la causa del huérfano y de la viuda, y muestra su amor por el extranjero, proveyéndole ropa y alimentos (Deuteronomio 10:18).

Y como una extensión de Su amor nos manda de igual manera a cuidar de los desamparados:

> Defiendan la causa del huérfano y del desvalido; al pobre y al oprimido háganles justicia (Salmos 82:3).

No es una opción sino una dimensión de nuestra misión y espiritualidad que se nos recuerda con frecuencia para que no dejemos de tenerla presente.

Al pueblo de Israel se le había olvidado, y habiendo abandonado el mandato del Señor, recibe la reprensión en la pluma del profeta:

> El ayuno que he escogido, ¿no es más bien romper las cadenas de injusticia y desatar las correas del yugo, poner en libertad a los oprimidos y romper toda atadura? ¿No es acaso el ayuno compartir tu pan con el hambriento y dar refugio a los pobres sin techo, vestir al desnudo y no dejar de lado a tus semejantes? Si así procedes, tu luz despuntará como la aurora, y al instante llegará tu sanidad; tu justicia te abrirá el camino, y la gloria del Señor te seguirá. Llamarás, y el Señor responderá; pedirás ayuda, y él dirá: "¡Aquí estoy!" (Isaías 58:6-9).

Nota los términos negativos en que se usa la tecnología en este pasaje: Cadenas y correas de yugo que representan esclavitud. Ayudar al prójimo incluye liberar a quienes han sido sometidos a los efectos negativos de la tecnología, rescatar a los adictos a los vídeo juegos, las redes sociales, las apuestas, la pornografía o las compras compulsivas en línea. Pero si la tecnología ata, la tecnología también rescata.

Nota ahora la promesa. Cuando atendamos al necesitado con tecnología, pan, techo y ropa, recibiremos claridad de propósito y seremos sanados. Cuando procuremos la justicia de los demás, se nos tratará con justicia. Cuando levantemos al "desagradable" de la sociedad, la gloria de Dios nos levantará. Y cuando oremos, Dios nos responderá.

El Nuevo Testamento hace eco de estos pasajes cuando el apóstol nos escribe el sentido de la verdadera religión:

> La religión pura y sin mancha delante de Dios nuestro Padre es esta: atender a los huérfanos y a las viudas en sus aflicciones, y conservarse limpio de la corrupción del mundo (Santiago 1:27).

Dios está interesado en las personas de bajos recursos o estatus en la sociedad y nos manda a albergar ese mismo sentir.

> Sean bondadosos y compasivos unos con otros (Efesios 4:32a).

Comenzando por nuestra propia familia:

> El que no provee para los suyos, y sobre todo para los de su propia casa, ha negado la fe y es peor que un incrédulo (1 Timoteo 5:8).

Esta mutualidad de la compasión y la bondad son una expresión de la naturaleza de Dios y un llamado para que actuemos en amor. Son la base para el bien común. Aunque la tecnología pueda usarse con fines negativos y perjudiciales, la tecnología para ayudar tiene la intención de practicar la compasión y traer libertad en varios aspectos fundamentales aun en el seno familiar, entre otros:

1. Provee herramientas tecnológicas al día para conectar al necesitado con los recursos que carece. Nos convertimos en puentes de bendición.

2. Ayuda a coordinar recursos de asistencia en la comunidad mediante la comunicación, el seguimiento y el análisis del impacto de tu ministerio.

3. Estimula el servicio y la participación del cuerpo de voluntarios, afirmando el sacerdocio de todos los creyentes.

4. Establece una presencia fuerte y visible en tu zona de influencia. Responde la pregunta: Si este ministerio no estuviese en esta comunidad, ¿nos extrañarían?

El buen samaritano

En cierta ocasión se acercó un experto en las escrituras judías a Jesucristo para ponerlo a prueba con una petición capciosa o malintencionada:

– "Dame el paso a paso para heredar la vida eterna."

Como Jesús tenía una facultad extraordinaria para percibir las intenciones de las personas, le devolvió la pregunta:

– "Bueno, tú eres el experto, ¿qué dicen las escrituras?"

En una demostración de pericia, el hombre procedió a juntar dos de los pasajes más importantes de los escritos de Moisés, el *Shemá*, en Deuteronomio 6:5, y la *Regla de oro* en Levítico 19:18, y respondió:

– "Ama al Señor tu Dios con todo tu corazón, con todo tu ser, con todas tus fuerzas y con toda tu mente", y: "Ama a tu prójimo como a ti mismo".

– "¡Bien contestado! —le dijo Jesús—. Haz eso y vivirás."

La historia la puedes leer y comparar por ti mismo en Lucas 10:25-28, Marcos 12:28-32, y Mateo 22:35-40. Los tres evangelistas coinciden en el suceso, sin embargo, Lucas expande el significado con una narración que ha venido a conocerse como la parábola del buen samaritano.

En la parábola, cierto hombre descendía por el llamado camino de sangre, el peligroso sendero que conectaba Jerusalén a Jericó, cuando una pandilla de ladrones de los muchos que plagaban la región arremetió contra él robándole todo lo que tenía hasta desnudarlo y golpeándole hasta dejarlo medio muerto.

Tres hombres diferentes vieron al moribundo a la orilla del camino. Dos de ellos eran de estirpe religiosa, un sacerdote y un levita, quienes, llegado su turno al verlo, se pasaron a la otra acera y no lo atendieron. El tercero era un hombre común. No era religioso. Ni siquiera era judío. Era un samaritano; un despreciable morador de Siquén, a quienes los judíos de la época ni siquiera consideraban gente:

> Hay dos naciones (*ethnesi*) que mi alma detesta, y la tercera ni siquiera es gente (*ethne*): los habitantes de la montaña de Seír (*samaréias*), los filisteos y el pueblo necio que mora en Siquén. [79]

Pues ese samaritano necio y detestable fue quien sintió compasión por el judío asaltado y le ayudó. Se acercó, le curó las heridas con vino y aceite, las vendó, lo montó en su cabalgadura, lo llevó a un hostal y hasta le pagó al hostalero por adelantado para que lo cuidara en su ausencia.

¿Qué tiene que ver esta historia con nuestra discusión? Pues que no creo que el samaritano haya sido enfermero ni cargaba consigo un botiquín de primeros auxilios, sino que, con un conocimiento básico de salud, usó las tres tecnologías que tenía a la mano para ayudar al necesitado: tanto el vino como el aceite son productos de procesos tecnológicos de manufactura y con certeza rasgó alguna prenda de ropa para utilizarla como vendas, y la ropa también es tecnología.

Nota que dos de las tecnologías las usó tal cual se fabricaron, el vino y el aceite, pero a una de ellas tuvo que hacerle modificaciones y adaptarla a la situación particular, las vendas.

Tu ministerio de compasión de hoy puede hacer lo mismo. Valerse de las tecnologías disponibles para ayudar al necesitado, al ignorado, al abandonado, al maltratado, al marginado, al inmigrante, al olvidado y al moribundo. Algunas tecnologías podrás usar de fábrica, mientras otras tendrás que modificar para ajustarlas a la necesidad. Los procesos de adaptación de la tecnología también son tecnología.

> *Algunas tecnologías podrás usar de fábrica, mientras otras tendrás que modificar.*

La tecnología en misión no deja de lado el amor al prójimo como una opción sino lo integra como parte de la misión misma.

Al terminar la parábola, Jesús le preguntó al experto en las escrituras quién era el prójimo y este respondió que el samaritano. Con frecuencia pensamos que el prójimo es el que está en necesidad; pensamos que ayudar al prójimo significa ayudar al necesitado. Pero el samaritano fue el ayudador y no el ayudado. El prójimo es quien muestra misericordia con tecnología. O sea, el prójimo eres tú. En las propias palabras de Jesús (Lucas 10:37):

—Anda entonces y haz tú lo mismo.

A esto también debemos ir. Si somos buenos samaritanos vamos como imitadores de Dios porque Dios es nuestro ayudador:

> Así que podemos decir con toda confianza: "El Señor es quien me ayuda; no temeré" (Hebreos 13:6).

Ayudando con tecnología

Hay un paralelo poderoso entre el buen samaritano y Jesucristo, quien, aunque no era de nuestra 'especie' se hizo como uno de nosotros para acercarse a nuestra condición medio muerta. No era de este mundo, pero vino a este mundo. Era extranjero. Extraño. Indeseable. El profeta Isaías nos dice que: "no había en él belleza ni majestad alguna; su aspecto no era atractivo y nada en su apariencia lo hacía deseable" (Isaías 53:2). Recibió la maldición y los insultos que nos correspondían. Tuvo compasión de nosotros; dispuso su talento, tiempo y tesoro. Prometió regresar y asignó a otro (al Espíritu Santo) a cuidarnos entretanto regresa. Y prometió pagar por todos nuestros cuidados hasta nuestra restauración plena. Jesucristo es el mejor samaritano de todos.

Por lo tanto, amar al prójimo representa a Jesucristo. Amar responde al mandato: "haz tú lo mismo". Amar es acción. Vivimos en una cultura en la cual el amor se ha rebajado a un sentimiento, una emoción bonita deseable, un pensamiento romántico. Pero el amor en la Biblia no es un sentimiento, es un quehacer intencionado y participativo. Te dedicas a ayudar y lo podemos hacer con tecnología.

Cuando cumplimos con este pilar de la misión cristiana, seguimos el ejemplo del buen samaritano y amamos al prójimo:

1. *Nos ponemos en el lugar del afligido*: El samaritano sintió compasión. Utiliza el sentimiento de empatía, la compasión, para ponerte en el zapato del otro y ser movido a misericordia. Misericordia viene del latín y significa poner el corazón (*cordis*) en la miseria del otro (*miser*). La tecnología te puede ayudar a

descubrir tal miseria, es decir, a investigar y entender cuáles son los males que aquejan a quienes debes ayudar. En la era de la Internet todos pasamos al lado del camino de alguien abandonado en la acera de la desesperación, de manera que no tenemos excusa.

2. *Damos de lo que tenemos*: El samaritano compartió su talento, tiempo y tesoro. Utiliza tus conocimientos y tus habilidades para actuar con denuedo y efectividad. Detente en el camino y dedica tiempo a la necesidad que ves. Usa la tecnología que tienes a la mano (vino, aceite, burro, hotel), modifica la que no atiende la necesidad de manera perfecta (vendas), o crea tecnología nueva de ser necesario. Usa la tecnología para manejar las finanzas de tu iniciativa, desde la recaudación de fondos hasta la adjudicación de las ayudas.

3. *Involucramos a otros*: El samaritano reclutó al hostelero para que cuidara al abatido mientras regresaba. Compara los versos de Lucas 10:34 y 10:35. En el verso 34 dice que "lo cuidó" y en el verso 35 transfiere la responsabilidad al dueño del alojamiento: "cuídamelo". Recluta. La tecnología sirve para enrolar voluntarios en tu causa, gestionar su servicio, educarles y mantener una comunicación continua durante su participación. También te sirve para rastrear los recursos de tu ayuda, por ejemplo, alimentos de un banco de comida, alojamiento en un refugio o la salud integral de un dispensario médico. Toda logística se sostiene sobre la tecnología.

4. *Aseguramos la recuperación*: El samaritano se aseguró de que el hombre se recuperara. Esta es un área en la cual algunos ministerios de compasión fallan: Dan pescado, pero no enseñan a pescar. Es muy importante utilizar la tecnología para darle seguimiento a las personas matriculadas en nuestros programas de ayuda, un seguimiento que vaya más allá de la resolución temporal de la imperante necesidad y que facilite el

proceso de integración social y reinstauración a la vida autosostenida. Emplea tecnología para redescubrir, reconectar, refugiar, reabastecer y reeducar. Además, ¿cómo sabrás si estás logrando el progreso esperado? Puedes apoyarte de tecnologías de seguimiento y análisis de datos para evaluar el impacto del ministerio.

Emplea tecnología para redescubrir, reconectar, reabastecer, refugiar y reeducar.

Viento en POPA

Con regularidad servimos como familia en el banco de alimentos de la iglesia. Es una experiencia formidable. Las personas deben hacer citas previas para asistir, llegar a tiempo, registrar su llegada para obtener su cupón de compra, tomar un carrito y pasear por los pasillos organizados como un supermercado de alta gama.

Ver el rostro de las familias mientras hacen compra sin dinero de vegetales, carnes y pescado frescos, alimentos congelados, cereales, lácteos, huevos y hasta postres de pastelería, no tiene precio. El ambiente es eléctrico. No damos comida, damos salvación y esperanza. Muchos se han quedado en la iglesia a causa de la compasión y del trato que les dignifica. Varios se unen al banco de alimentos para servir a otros en necesidad.

Es imposible atender un banco de alimentos sin toda la tecnología logística que impulsa como viento en popa las operaciones. Desde el transporte, clasificación e inventario de provisiones, hasta el software para la gestión de casos, hay tecnología a cada paso.

Las personas de la ayuda

Cuando las personas terminan la compra, un grupo de voluntarios empaca los alimentos mientras les preguntan si necesitan oración. Si dicen que sí, el equipo de oración ora por ellos a un lado y luego testifican de milagros de sanidad y provisión que ocurren allí mismo. Antes de salir, otro equipo pregunta si quisieran aprender a hablar un segundo idioma o unirse a una clase para aprender a escribir su currículo o buscar empleo; clases que se reúnen en simultáneo en salones anexos. Ya completada la visita, otro grupo les lleva las bolsas al carro y les bendice en su regreso a casa.

Piensa: ¿Quiénes son tus pastores? Tal vez no te activas porque estás esperando que los levitas y sacerdotes sean quienes lleven el ministerio, y debas repensar quiénes son los buenos samaritanos. ¿Qué grupos de trabajo necesitas conformar? ¿Cuáles son los roles de cada posición? ¿Cómo vas a manejar la comunicación y asignarles a sus respectivos puestos para que cada uno sepa dónde le corresponde estar? Piensa con papel y lápiz, o mejor aún, con pantalla y teclado

Organiza: Dada mi experiencia en software, siempre me ubican en el registro de llegada para darles ingreso al sistema y asignarles el cupón de supermercado. Pero, así como yo, cada persona del programa sabe su estación y qué se espera de ellos. Para que todo funcione a la perfección hay mucha organización. No puedo darte una lista detallada de cada área de servicio que exista. Eso lo debes hacer tú en tu ministerio particular, pero a manera de ejemplo te puedo decir que un banco de alimentos como este necesita organizar:

1. Relaciones con proveedores.
2. Transporte de provisiones.
3. Control de inventario.
4. Personal de limpieza.
5. Abastecimiento en los pasillos.
6. Gestión de voluntarios.
7. Relaciones con la ciudad.
8. Mercadeo y promoción.

9. Transporte para discapacitados.
10. Grupo de oración.
11. Grupo de evangelismo.
12. Facilitadores de las clases.

Eso te da una idea. Puedes llegar a tu propia lista si piensas de forma sistemática.

Organiza a tus voluntarios. Es importante ofrecer claras, variadas y suficientes oportunidades para que le gente sirva. Para ello, promueve las oportunidades de servicio, recluta y dales seguimiento a tus voluntarios. Las herramientas de software para la colaboración y el manejo de proyectos te pueden ayudar a coordinar las actividades y el trabajo de los voluntarios de manera eficiente y efectiva.

Planifica: Las asignaciones, las localidades, las confirmaciones y toda la comunicación se maneja con una herramienta creada para ello. Al llegar, vas a una estación de ingreso para voluntarios, buscas tus datos en una tableta e imprimes una etiqueta con tu nombre que te dice dónde vas a servir ese día. Planifica cada posible cosa que las personas necesitan hacer de acuerdo con el calendario de actividades.

Coordina con las demás áreas de misión actividades de alcance comunitario para promover tu ministerio, por ejemplo, una feria en el parque puede integrar adoración, alcance y ayuda para servir a otros.

Administra: Guía a todos con el mismo estándar de calidad, tanto al personal pagado como a los voluntarios. Me refiero a que a veces tratamos a los voluntarios con exigencias y rigores distintos, pero el compromiso para tener programas de éxito debe ser el mismo para todos. Sin un contrato de compromiso tendrás fugas de eficiencia. La palabra a este fin nos recuerda en Colosenses 3:23-24:

> Hagan lo que hagan, trabajen de buena gana, como para el Señor y no como para nadie en este mundo, conscientes de que el Señor los recompensará con la herencia. Ustedes sirven a Cristo el Señor.

Para ello, toma en cuenta los procesos y sistema de manejo de personal. Hay mucho que aprender de los modelos profesionales en esta área. Como especialista de implementación de software de recursos humanos, he creado el diagrama de gestión de la **Figura 26** para guiarte en la gerencia del personal de tus programas de alcance.

Figura 26: Diagrama de gestión de personal

Los sistemas de la ayuda

Una forma de organizar las actividades relacionadas a los sistemas de ayuda es pensar en términos de la experiencia del usuario. La experiencia del usuario es un término técnico que denota la sensación que un usuario experimenta al usar tus servicios. La idea es que te pongas en los zapatos de la persona recibiendo la ayuda y camines todo el proceso como si fueses a recibirla, poniendo especial atención a cada sistema entrelazado. Usa este concepto como el viento en popa de tus sistemas de ayuda.

Piensa: Si seguimos con el ejemplo del banco de alimentos, podemos notar que se puede relacionar un sistema separado pero interdependiente para cada grupo de personas que mencioné en la sección anterior. Así tendríamos un sistema para:

1. Relacionarte con tus proveedores.

2. Transportar las provisiones al centro de acopio.
3. Controlar el inventario.
4. Mantener y limpiar el almacén.
5. Abastecer los pasillos con alimentos.
6. Gestionar a los voluntarios.
7. Relacionarte con autoridades de la ciudad.
8. Mercadear y promocionar el programa.
9. Transportar a los discapacitados.
10. Orar por las necesidades.
11. Evangelizar a los asistidos.
12. Educar a la comunidad.

Cualquier beneficiario de tus servicios deberá interactuar de alguna manera con los sistemas anteriores.

Organiza: Para entregar una experiencia superior, debes incluir los siguientes siete aspectos de la experiencia del beneficiario:

1. *Utilidad*: cuál es el beneficio para la persona, por ejemplo, obtendrá comida para alimentar a su familia;

2. *Deseabilidad*: cuál es la calidad del beneficio, por ejemplo, alimentos nutritivos de alta calidad no expirados;

3. *Accesibilidad*: cuán fácil es obtener el beneficio, por ejemplo, no tiene que pagar ni llenar formularios complejos;

4. *Credibilidad*: cuán consistente y confiable es la ayuda, por ejemplo, se recibe en el lugar y la hora acordada sin falta;

5. *Ubicabilidad*: cuán fácil de localizar, por ejemplo, la dirección es real y tal cual se promociona;

6. *Usabilidad*: cuán fácil es interactuar con los sistemas para llegar a la cita y retirar la compra, y;

7. *Valor*: cuál es el valor agregado que los sistemas ofrecen, por ejemplo, busco la compra y de paso aprendo inglés.

Planifica: Planifica el paso a paso de la experiencia de tus beneficiarios. Tal vez no les llames así, pero la idea es la misma. Por ejemplo, una persona carente de alimentos recibe un folleto del banco de alimento, hace una cita en la aplicación en línea para visitar el centro, es recibido por un equipo de bienvenida, se le asigna un agente de caso para que lo ingrese en el sistema y le dé su cupón de compra, toma un carrito de supermercado y va por los pasillos. En los pasillos encuentra los alimentos que necesita porque el jefe de inventario los abasteció antes con las provisiones que el transportista trajo, gracias a las relaciones públicas con los proveedores.

Planifica el paso a paso de la experiencia de tus beneficiarios.

Administra: Una vez planificada la experiencia del usuario, asegúrate de prestar un buen servicio en interacción con los sistemas, desde que el panfleto comunique bien cómo se inicia hasta que el equipo de oración ora y el despachador lleva la comida al carro. Cada persona en el sistema debe reproducir los valores y el mensaje del evangelio en su expresión de amor más genuina.

Administra múltiples canales de servicio comunitario, por ejemplo, tutorías después de la escuela, asistencia legal, clínicas móviles de salud o programas auspiciados por el gobierno.

Usa los motores de búsqueda para descubrir las ayudas disponibles y conectar a tus voluntarios, ya sea con programas gubernamentales o de otras organizaciones de compasión cristiana. Un poco de investigación te podrá rendir grandes beneficios.

También puedes crear tu propio directorio de servicios profesionales con una base de datos actualizada y en línea para la consulta de todos.

Los procesos de la ayuda

El banco de alimentos de la iglesia ha tenido mucho éxito, tanto que se han abierto tres localidades, dos dispensas móviles, y una clínica de salud. El trabajo que hacemos ha llegado a oído de las autoridades de la ciudad y hasta del gobierno federal, al punto de que ha recibido varios reconocimientos oficiales. Su luz está brillando.

Hace poco escuché algo formidable e inesperado de su fundador. Él dijo: "Mi visión es que no haya ningún banco de alimentos en la ciudad". En otras palabras, poder erradicar la necesidad. Aunque Jesucristo dijo que a los pobres siempre los tendríamos con nosotros (Mateo 26:11), la idea de un futuro donde cada familia en la ciudad pueda valerse por sí misma es la historia de transformación que buscan los procesos de ayuda.

Piensa: En las palabras del reconocido autor Stephen Covey, comienza con el fin en mente. [80] Si tu idea es erradicar el hambre en tu comunidad o formar familias autosuficientes, piensa cómo lo vas a lograr. Tal vez debas comenzar por conocer la condición actual de las familias para poder intervenir de forma positiva y medir tu progreso.

El futuro del banco de alimentos trata de cambiar las vidas y el destino de las personas, deshaciendo el ciclo de pobreza mediante la dignidad y el honor, las relaciones y la asociación, la creatividad y la belleza, y la generosidad. Estos son temas definidos para delinear los procesos de cómo entregamos la ayuda en el banco de alimentos.

Piensa en cómo la tecnología te puede ayudar a identificar la necesidad de tu comunidad para hacer ministerio de alcance y socorro. Por ejemplo, recopila, visualiza y analiza los datos demográficos, psicográficos, tendencias de comportamiento y patrones de necesidades imperantes. Aprovecha los mapas digitales que proveen de interfaces de programación o API (por sus siglas en inglés, de *Application Programming Interface*) para visualizar tus propios datos.

Organiza: Es fundamental que la tecnología se utilice de manera responsable y ética para cumplir con los objetivos del ministerio y llevar el amor de Dios a las personas que necesitan ayuda. Los siguientes son ejemplos de procesos tecnológicos que se pueden emplear para un ministerio de ayuda al prójimo.

1. *Enfoca las redes sociales*: Sigue la relevancia y el efecto multiplicador de tus publicaciones. Descubre las necesidades y los desafíos con las encuestas y las etiquetas o *hashtags*. Comparte noticias, eventos y necesidades específicas de ayuda. También úsalas para conectarte con personas en necesidad y brindarles apoyo emocional o dirigirles a recursos disponibles. Recuerdo cuando visité las oficinas corporativas de *Enfoque a la Familia*, en Colorado. Ellos habían montado una sala de monitoreo las 24 horas para identificar a personas con intenciones suicidas, presentarles el evangelio y referirles a las autoridades especializadas y otros recursos.

2. *Gestiona los proyectos*: Sigue el progreso del proyecto de principio a fin. Con herramientas especializadas puedes coordinar esfuerzos de voluntarios y asegurar que se estén cumpliendo los objetivos del ministerio.

3. *Abre canales de microfinanciación*: Sigue el proceso del dinero, desde el donativo hasta las cuentas bancarias. Hay sitios web que fungen como fuentes de financiación colectiva (o en inglés, *crowdfunding*) y pueden ser maneras efectivas de recaudar fondos para iniciativas de ayuda al prójimo.

4. *Crea aplicaciones móviles*: Las aplicaciones móviles publicadas en mercados y tiendas digitales pueden ser una forma efectiva de llegar a tu comunidad. Pueden incluir formularios, encuestas y otras herramientas para interactuar con aquellos quienes ya están conectados con tu ministerio, o pueden distribuir

información de ayuda a tiempo valiéndose de notificaciones de empuje móvil (conocidas en inglés como *mobile push notifications*). También son muy eficientes para comunicar información importante a los voluntarios.

5. *Establece procesos de seguimiento*: Monitorea el progreso y evalúa el impacto de tu ministerio de ayuda al prójimo. También identifica áreas en las que puedes mejorar. Sobre todo, sigue de cerca el crecimiento y la transformación de tus usuarios.

Planifica: Haz planes que emanen de tus temas clave y las iniciativas que has escogido considerando el tiempo, las personas y los recursos necesarios. Una campaña de promoción para las redes sociales o la creación de una aplicación móvil son candidatos perfectos para crear un plan de acción que se desarrolle en el tiempo, con objetivos claros y alcanzables. Si no sabes la metodología para manejar un proyecto, infórmate.

Administra: En la administración de procesos es importante documentar para tener un registro claro y detallado de cómo se llevan a cabo y pasarlos por el escrutinio para identificar áreas de mejora y hacer ajustes.

La tecnología puede ayudarte a automatizar los procesos para hacerlos más eficientes y reducir errores humanos. También hay herramientas que te permiten monitorear regularmente los procesos para asegurarte de que se están llevando a cabo de manera efectiva y de que se están logrando los objetivos deseados.

Recuerda que es muy importante capacitar al personal contratado y a los voluntarios para asegurar que comprendan los procesos y que puedan llevarlos a cabo de manera efectiva y eficiente.

Las políticas de la ayuda

El trabajo con la comunidad tiene grandes recompensas, como ver el rostro de la gente dignificada y llena de esperanza, o el gozo de los niños recibiendo sanidad en el acto o padres respondiendo al evangelio de Jesucristo y uniéndose a la iglesia. Pero también viene con grandes responsabilidades y riesgos.

A veces las cosas no salen como lo has planeado. Nunca falta la persona que se queja o hace alboroto al confrontarse con algún límite o la que quiera sacar ventaja de la nobleza de la misericordia. Por eso es de suma importancia tener políticas, normas y procedimientos claros y bien comunicados en todos los canales posibles, para evitar malentendidos y comportamientos indeseables.

Piensa: ¿Qué normas deben seguir el personal y el voluntariado? ¿Cuáles son las políticas que rigen el servicio a la comunidad? Puede que haya inclusive algunas reglas de la ciudad o del gobierno. ¿Cuáles son los procedimientos para que todo se haga bien, con orden y excelencia? Este es el tipo de preguntas que debes hacer en junta ministerial con "otros ojos," un ojo en lo pragmático y procedural, y otro ojo en la tecnología de soporte.

Organiza: En tiempo de los apóstoles, "La Iglesia estaba compuesta por judíos palestinos que hablaban arameo y por judíos de habla griega en la diáspora". [81] Las diferencias raciales y culturales entre ambos grupos habían comenzado a crear tensiones en el seno del ministerio. Por lo general, los judíos palestinos se creían superiores o más puros que los de la diáspora por creer que estos últimos se habían mezclado racialmente y adoptado prácticas mundanas. Este desdén creaba una disparidad en la forma en que los judíos helénicos eran tratados. Así lo leemos en Hechos capítulo seis:

> En aquellos días, al aumentar el número de los discípulos, se quejaron los judíos de habla griega contra los de habla aramea de que sus viudas eran desatendidas en la distribución diaria de los alimentos (Hechos 6:1).

Ya hablamos de cómo la escritura nos insta a cuidar de las viudas, de manera que el reclamo era legítimo. Dada las circunstancias, los apóstoles llamaron al consenso para organizar la distribución equitativa de alimentos.

> Así que los doce reunieron a toda la comunidad de discípulos y les dijeron: "No está bien que nosotros los apóstoles descuidemos el ministerio de la palabra de Dios para servir las mesas. Hermanos, escojan de entre ustedes a siete hombres de buena reputación, llenos del Espíritu y de sabiduría, para encargarles esta responsabilidad. Así nosotros nos dedicaremos de lleno a la oración y al ministerio de la palabra". Esta propuesta agradó a toda la asamblea (Hechos 6:2-5a).

La solución al problema comenzó con la elección de personas idóneas para el servicio, llenas del Espíritu Santo y de sabiduría, para establecer el orden necesario. Los apóstoles no dictaron las normas y los procedimientos, sino que delegaron esta función a siete servidores.

> Escogieron a Esteban, hombre lleno de fe y del Espíritu Santo, y a Felipe, a Prócoro, a Nicanor, a Timón, a Parmenas y a Nicolás, un prosélito de Antioquía. Los presentaron a los apóstoles, quienes oraron y les impusieron las manos (Hechos 6:5b-6).

La lista de nombres es importante porque se puede inferir de ella que se escogieron a representantes de ambos bandos para atender a todos por igual. No aparecen quejas adicionales en el resto del libro de Hechos, lo cual nos permite inferir que resolvieron la situación. Además, el mismo pasaje nos confirma:

> Y la palabra de Dios se difundía: el número de los discípulos aumentaba considerablemente en Jerusalén, e incluso muchos de los sacerdotes obedecían a la fe (Hechos 6:7).

Poner un orden adecuado es una práctica bíblica. Trae paz, bienestar común y plena libertad para el ejercicio del ministerio.

Organiza tus políticas para convertirte en un ministerio accesible. No prives del ministerio de la iglesia al discapacitado, a las personas con necesidades especiales o a las personas en alguna clase de desventaja cultural. Antes facilita su participación desde las raíces de tu organización. Por ejemplo, puedes hacer que tu sitio web sea accesible siguiendo la guía del Consorcio de la Red Mundial (W3C), [82] o puedes traducirlo a otros idiomas con módulos multilingües.

Planifica: En el banco de alimentos hay establecidas políticas para procurar el orden y que los beneficiarios reciban alimentos de calidad de manera equitativa, algunas son:

1. Hay horarios y reglas establecidas para la entrega de alimentos, y nos aseguramos de que los beneficiarios conozcan las políticas y los procedimientos establecidos.

2. Empleamos un sistema de seguimiento con el fin de llevar un registro de quienes reciben alimentos y evitar entregas duplicadas. Tal sistema es un requisito para informar a los proveedores de donativos y a las autoridades pertinentes.

3. Asignamos una cantidad determinada de alimentos dependiendo del número de miembros en el grupo familiar, de acuerdo con las necesidades del hogar, por ejemplo, familias con bebés tienen acceso a fórmula y pañales.

4. Definimos criterios claros para la admisión, estableciendo requisitos de ingresos y análisis de necesidades económicas para poder recibir la ayuda.

5. Tenemos procedimientos claros para la distribución de alimentos en caso de escasez o demanda excesiva, y garantizar

que los recursos se distribuyan de manera equitativa. Esto fue crítico durante los encierros de la pandemia.

6. Revisamos con frecuencia las medidas claves del impacto del ministerio para asegurarnos de que se cumplen los objetivos establecidos.

7. Seguimos medidas de seguridad para proteger, almacenar y manipular los alimentos. También se proporciona un ambiente seguro y protegido durante las visitas.

Escribe y organiza las políticas propicias a tu ministerio en tu contexto particular.

Poner un orden adecuado es una práctica bíblica.

Administra: Todo ejercicio de misericordia y compasión requiere de buenas prácticas de sus políticas y procedimientos en el uso de la tecnología. Aunque no haya habido mala intención en el trato preferencial que las viudas de los judíos palestinos recibían, es claro que una mejor planificación corrigió las diferencias.

En las palabras de John Stott:

> No se sugiere que el descuido haya sido deliberado... más probablemente la causa fue la mala administración o supervisión. [83]

La mala administración y supervisión pueden ser la causa de muchas consecuencias indeseables, por lo que una gestión controlada, llevada a cabo por personas calificadas, es fundamental. Esto incluye también el buen y transparente manejo de las finanzas. Explico.

El llamado de los siete fue a "servir en las mesas". Las mesas no solo eran usadas para servir alimentos o comer, sino también para intercambiar el dinero y completar transacciones comerciales. Recuerda que "Jesús entró en el templo y echó de allí a todos los que compraban y vendían. Volcó las mesas de los que cambiaban dinero y los puestos de los que vendían palomas" (Mateo 21:12). Lo que hizo Jesús es tema para otro libro, pero puedes ver el uso de las mesas para transar con el dinero y puedes apreciar la importancia de administrar las finanzas con orden y justicia.

Los aparatos de la ayuda

A lo largo de este capítulo he identificado algunos aparatos de la ayuda, tanto en los pasajes bíblicos como en las referencias al banco de alimentos. Cuando atendemos las necesidades del menesteroso y de la desvalida, Isaías 58.10 nos promete que nuestra luz brillará:

> Si te dedicas a ayudar a los hambrientos y a saciar la necesidad del desvalido, entonces brillará tu luz en las tinieblas, y como el mediodía será tu noche.

La luz es un fenómeno natural; no es tecnología, pero con certeza hay tecnología que sirve para hacer la luz brillar. Una lámpara en una repisa alumbra a todos los que están en casa. Eso lo dijo Jesús:

> Ustedes son la luz del mundo. Una ciudad en lo alto de una colina no puede esconderse. Ni se enciende una lámpara para cubrirla con un cajón. Por el contrario, se pone en la repisa para que alumbre a todos los que están en la casa. Hagan brillar su luz delante de todos, para que ellos puedan ver las buenas obras de ustedes y alaben al Padre que está en el cielo (Mateo 5:14-16).

Necesitarás diferentes dispositivos y herramientas para que tus ministerios de ayuda brillen, dependiendo del tamaño y de las necesidades específicas del programa. Es importante hacer una evaluación de las necesidades de "todos los que están en casa" antes de comenzar a adquirir dispositivos y comenzar a operarlos.

Si hay extranjeros que hablan otros idiomas, tal vez debas ofrecer clases del idioma dominante como segundo idioma y un circuito cerrado de radio o aplicaciones en línea para hacer interpretaciones en vivo. Detalles en el **Capítulo 11** bajo "Traducciones".

Piensa: Reflexiona junto a tu equipo de trabajo ministerial sobre las tecnologías que traen luz a tu comunidad, en otras palabras, aquellas que necesitarás usar en tus programas de compasión y misericordia.

Haz un mapa de tus iniciativas y la tecnología necesaria: ¿Qué tipo de programas de acción comunitaria tienes en la iglesia y qué recursos tecnológicos podrían mejorar su eficacia? ¿Cuáles son los principales desafíos que enfrentas y cómo los puedes superar con tecnología?

Considera la información que precisas recaudar y cómo la vas a mantener y utilizar: ¿Qué tipo de información necesitas recopilar y analizar para medir el impacto de tus programas de compasión y qué herramientas tecnológicas te podrían ayudar con esos objetivos?

Toma en cuenta la capacidad técnica de tu equipo de trabajo: ¿Cuáles son las habilidades tecnológicas de tu equipo y qué tipo de capacitación necesitas para utilizar eficazmente los dispositivos y el software necesarios? ¿Qué clase de mantenimiento necesitan tales aparatos o aplicaciones de software y cómo vas a asegurarte de que estén al día y sean seguros de operar?

Finalmente, asegura las finanzas para cada proyecto: ¿Con qué presupuesto cuentas para invertir en la tecnología y cómo puedes maximizar tus gastos para obtener el mayor beneficio posible?

Organiza: El conocimiento tecnológico facilita una mejor organización para servir a los demás, usando la herramienta adecuada para cada trabajo. En el mismo pasaje anterior del libro de Mateo, Jesús dice que somos la sal de la tierra. El pasaje lee:

> Ustedes son la sal de la tierra. Pero, si la sal se vuelve insípida, ¿cómo recobrará su sabor? Ya no sirve para nada, sino para que la gente la deseche y la pisotee (Mateo 5:13).

Varias traducciones de este pasaje contienen la interpretación de que se trata de la sal común, o cloruro de sodio, usada para preservar y sazonar los alimentos, por eso está escrito: "¿cómo recobrará su sabor?" Sin embargo, el mismo contexto del pasaje nos da una pista que no se trata de "la sal de la mesa" sino de "la sal de la tierra".

La sal de la mesa no se vuelve insípida ni se degrada de forma natural, mientras que la sal de la tierra sí pierde sus cualidades. La sal de la tierra es otra clase de sal, más probablemente, sal de fosfato, que se usaba con dos propósitos muy definidos.

El primero, en el piso de los hornos de barro para regular su temperatura. Es bien sabido que la sal tiene propiedades termorreguladoras, y podía usarse para calentar los hornos más rápido y aprovechar con más efectividad el combustible. Por eso me gusta más la traducción que hace la Traducción en Lenguaje Actual:

> Ustedes son como la sal que se pone en el horno de barro para aumentar su calor. Si la sal pierde esa capacidad, ya no sirve para nada, sino para que la tiren a la calle y la gente la pisotee (TLA: Mateo 5:13).

El segundo uso era como fertilizante de la tierra de cultivo, ya que el fosfato es un catalizador de los procesos agrícolas para acelerar la maduración y promover la producción de semillas de forma natural. Este fosfato se va liberando en la tierra poco a poco hasta que se desvanecen sus propiedades nutritivas y debe ser desechado a la orilla del camino.

Ya ves. Cada sal para cada uso. Y eso significa organizar: arregla cada cosa con un orden estructurado para su debido uso. Las posibilidades de usar tecnología para ayudar son infinitas.

Figura 27: Categorías de los aparatos para ayudar

Apóyate en la tecnología para coordinar la logística utilizando aplicaciones programadas para el manejo de casos o CMS (por sus siglas en inglés, de *Case Management System*). Esta clase de software provee a tu ministerio un repositorio central para almacenar y darle seguimiento a los beneficiarios de tus programas en cuanto a los contactos, las clases de ayudas, las notas del progreso, las citas y la historia de la relación mutua.

Planifica: Habiendo decidido qué programas de acción comunitaria vas a iniciar o a continuar, ahora puedes planificar la implementación de las herramientas y aparatos pertinentes y el uso recurrente de las mismas.

Te invito a que crees una jerarquía de los aparatos de la ayuda que tus programas han de utilizar y la mantengas visible y actualizada. La **Figura 27** previa te puede servir de guía en la creación de tu propia jerarquía de aparatos y software.

Administra: Ahora gestiona la selección inteligente y el buen uso de los aparatos y el software. Para ello necesitas considerar los siguientes aspectos:

1. *Mantenimiento*: Es necesario realizar un mantenimiento periódico de los equipos y software para evitar fallas y asegurar su correcto funcionamiento.

2. *Actualizaciones*: Es importante mantener actualizados los sistemas y aplicaciones para mejorar su seguridad y funcionalidad.

3. *Capacitación*: Es necesario capacitar al personal encargado de utilizar los equipos y software para asegurar su correcto uso y evitar problemas técnicos y operativos.

4. *Seguridad*: Es importante implementar medidas de seguridad para proteger los datos y la información de los usuarios y del ministerio.

5. *Control de acceso*: Es necesario establecer un sistema de control de acceso para evitar el uso no autorizado de los equipos y software.

6. *Políticas de uso*: Ya cubrimos esto. Es importante establecer políticas de uso para el personal encargado de utilizar los

equipos y software, para garantizar su uso adecuado y evitar problemas técnicos y operativos.

7. *Bitácora de uso*: Es importante llevar un registro de uso de los equipos y software para monitorear su uso y detectar posibles problemas.

8. *Presupuesto*: Es necesario establecer un presupuesto para renovar los equipos y darle mantenimiento.

Estos aspectos generales también aplican a cualquiera de las otras áreas de misión que ya hemos discutido. Te recomiendo que revises los aparatos de la adoración, del aprendizaje, del alcance, y del acompañamiento a la luz de esta lista.

> *Arregla cada cosa con un orden estructurado para su debido uso.*

Repasemos, la tecnología para ayudar te asiste en el ejercicio de la misericordia y la compasión, porque:

- Acciona tu amor al prójimo.
- Comunica tus objetivos y tus valores de servicio.
- Conecta soluciones con los problemas que aquejan a la gente.
- Facilita la administración y el control detallado de tus recursos y tus beneficiarios.
- Te hace presente en tu comunidad y abre oportunidades para compartir el evangelio.
- Da seguimiento a todos los usuarios en todos tus programas.
- Recluta y maneja a tus voluntarios sirviendo en las distintas oportunidades que ofreces.

- Administra las finanzas de tus iniciativas.
- Mide y visualiza el impacto que estás creando y te ayuda en la toma de decisiones.

Hasta aquí el **Capítulo 9**. La misión no es la lámpara ni la sal, ni siquiera la luz ni el calor, sino reflejar la gloria de Dios, manifestar su amor y provocar Su alabanza. Pasemos a considerar el último pilar de la tecnología en misión: la tecnología para acompañar.

TECNOLOGÍA PARA ACOMPAÑAR

La tecnología no es nada.
Lo importante es que tengas fe en la gente.

– STEVE JOBS, COFUNDADOR DE APPLE.

Más valen dos que uno,
porque obtienen más fruto de su esfuerzo.
Si caen, el uno levanta al otro. ¡Ay del que cae
y no tiene quien lo levante!

– REY SALOMÓN, ECLESIASTÉS 4:9-10.

Los médicos habían desahuciado a Patricia. Le habían dado tres meses más de vida a menos que se atendiera inmediatamente. Su deficiencia cardíaca empeoraba cada día y el marcapaso que la había sostenido por los últimos diez años estaba llegando a sus últimas pulsaciones. Solo quedaba una pequeña ventana de tiempo para prolongarle la vida reemplazando el marcapaso. Lo demás sería esperar a que su corazón tuviese la fuerza suficiente para soportar el reemplazo.

Patricia tenía otro problema. Ella vive en un país de Latinoamérica con recursos muy escasos y poco poder adquisitivo. Las malas noticias llegaban cuando el país estaba en completa encerrona a causa de la pandemia, limitando su movilidad y lo que pudiese hacer para gestionar una cirugía de emergencia. Además, el solo marcapaso costaba catorce mil dólares. El prospecto no era nada alentador.

Pero Patricia nunca perdió la esperanza. Había estado conectada a una de las comunidades en línea de la iglesia. En ocasiones incluso dirigía el tiempo de alabanzas en las transmisiones en vivo. Todos la apreciaban por su carisma y su fidelidad a Dios expresado en servicio y actos de misericordia. Ahora le tocaba estar del lado de quien recibe.

Apenas dejó saber en el chat de la comunidad, echamos a correr un plan para socorrerla, sazonado de mucha oración y ruego, con acción de gracias, recordándole Filipenses 4:6-7:

> Por nada estéis afanosos, sino sean conocidas vuestras peticiones delante de Dios en toda oración y ruego, con acción de gracias. Y la paz de Dios, que sobrepasa todo entendimiento, guardará vuestros corazones y vuestros pensamientos en Cristo Jesús.

Qué apropiado. ¡La paz de Dios guardaría su corazón! Le preguntamos de qué recursos ella disponía y qué podía hacer para recolectar parte del dinero. Ella había iniciado una página web de recaudación colectiva que ya estaba dando sus primeros frutos. Obtuvimos el presupuesto de la clínica para corroborar el procedimiento y los costos previstos, el cual usamos para correr la voz y una organización se sumó para colaborar, negociando para abaratar el costo total. Luego llegamos a un acuerdo con una organización sin fines de lucro para que sirviera de intermediaria en la recolección de los donativos más significativos.

Algunos donantes dorados completaron los esfuerzos. Se importó el marcapasos. Se fijó la fecha de la cirugía y el día de la intervención quirúrgica toda la comunidad estaba en cadena internacional de oración con grandes expectativas.

¿Cuál hubiese sido el desenlace de esta historia sin la tecnología? Patricia se hubiese encontrado aislada, sin poder recibir mucho apoyo de la iglesia local por estar cerrada y sin poder compartir su necesidad con la comunidad de fe. Pero Patricia no estuvo sola. La Internet, los grupos de chat, las videoconferencias, el correo electrónico, el comercio en línea, y la microfinanciación se combinaron para que pudiésemos acompañarla en su travesía.

David Gómez, ministro auxiliar de las Asambleas de Dios de España, en su libro *Evangelizar en Internet*, escribe con acierto:

> La red es el medio de comunicación que más está creciendo, y lo hace porque en realidad es mucho más que un medio de comunicación, es un medio de relación. [84]

La tecnología fortalece las comunicaciones con el fin de fortalecer las relaciones. Con tecnología podemos acompañar a la gente en su caminar con Dios, y así atender sus necesidades, animar su crecimiento, alentar su esperanza y hasta avivar sus corazones. Con tecnología podemos vivir en comunidad.

La tecnología fortalece las comunicaciones con el fin de fortalecer las relaciones.

En cuanto a Patricia, todo salió bien; su corazón late al ritmo de las alabanzas que aún toca y canta. Cabe mencionar que su corazón late gracias a la tecnología médica que la acompaña a todos lados. Acompañar con tecnología da vida y es transformador.

Koinonía pneumatos

Me aflige pensar que pueda haber quienes profesan la fe cristiana de manera personal, pero han dejado de creer en la iglesia. Puede ser que alberguemos conceptos equivocados de lo que significa la iglesia, pensando que se refiere solo a tradiciones históricas o a instituciones oficiales, pero eso sería un reduccionismo crónico. La iglesia es la comunidad dinámica de la vida cristiana. No debemos olvidar que creer en la iglesia es parte de nuestra confesión de fe.

A tal efecto, el credo niceno-constantinopolitano del año 381 d.C., aceptado por la iglesia en general, lee:

> [Creo] ...en el Espíritu Santo, el Señor y Dador de vida, que procede del Padre y del Hijo, que con el Padre y el Hijo juntos es adorado y glorificado, que habló por los profetas. En una santa Iglesia católica y apostólica; reconocemos un solo bautismo para la remisión de los pecados, esperamos la resurrección de los muertos y la vida del mundo venidero. Amén. [85]

Esta es la última sección del credo trinitario que trata del Espíritu Santo. Me gusta decir con frecuencia que, aunque el Dios Trino participa de todo el plan de salvación, se han expresado de manera individual, ya que:

13. La creación es la obra visible de Dios Padre,
14. La encarnación, muerte y resurrección es la obra visible del Hijo, el Verbo, y
15. La iglesia es la obra visible del Espíritu Santo.

No creer en la iglesia sería como negar la gestión visible del Espíritu Santo en la historia de la humanidad.

El Espíritu Santo es poder (*dynamis*) del cielo que dinamiza a los creyentes para testificar:

> Pero, cuando venga el Espíritu Santo sobre ustedes, recibirán poder y serán mis testigos tanto en Jerusalén como en toda Judea y Samaria, y hasta los confines de la tierra (Hechos 1:8).

Es quien nos incorpora a la comunidad de fe por medio de la confesión y del bautismo:

> Todos fuimos bautizados por un solo Espíritu para constituir un solo cuerpo —ya seamos judíos o gentiles, esclavos o libres—, y a todos se nos dio a beber de un mismo Espíritu (1 Corintios 12:13).

Es el poder de vida de la iglesia; el fruto es el fruto del Espíritu y los dones son los dones del Espíritu. Y es el poder de vida que levantó a Jesucristo de los muertos y nos garantiza, nos sella, nos da las arras, de que experimentaremos la misma resurrección:

> El Espíritu da vida (Juan 6:63a).

> En él también vosotros, habiendo oído la palabra de verdad, el evangelio de vuestra salvación, y habiendo creído en él, fuisteis sellados con el Espíritu Santo de la promesa, que es las arras de nuestra herencia hasta la redención de la posesión adquirida, para alabanza de su gloria (Efesios 1:13-14).

> Y, si el Espíritu de aquel que levantó a Jesús de entre los muertos vive en ustedes, el mismo que levantó a Cristo de entre los muertos también dará vida a sus cuerpos mortales por medio de su Espíritu, que vive en ustedes (Romanos 8:11).

De allí que la iglesia siendo una, santa, católica y apostólica (revisa la sección sobre la misión de la iglesia del **Capítulo 5**, desde la página 122) sea el compañerismo del Espíritu o, en el griego original *koinonía pneumatos*.

La combinación de estas dos palabras la encontramos en la despedida de la segunda carta a los corintios y a los filipenses:

> Que la gracia del Señor Jesucristo, el amor de Dios y la **comunión del Espíritu** Santo sean con todos ustedes (2 Corintios 12:14 – énfasis añadido).

> Por tanto, si sienten algún estímulo en su unión con Cristo, algún consuelo en su amor, algún **compañerismo en el Espíritu**, algún afecto entrañable, llénenme de alegría teniendo un mismo parecer, un mismo amor, unidos en alma y pensamiento (Filipenses 2:1-2 – énfasis añadido).

El compañerismo en el Espíritu produce en la iglesia unidad de parecer, unidad de amor, unidad de alma y unidad de pensamiento. La comunidad es la común unidad. Unidad, no uniformidad. El acompañarnos en unidad es una facultad del ser llenos del Espíritu y solo es posible a plenitud en la iglesia.

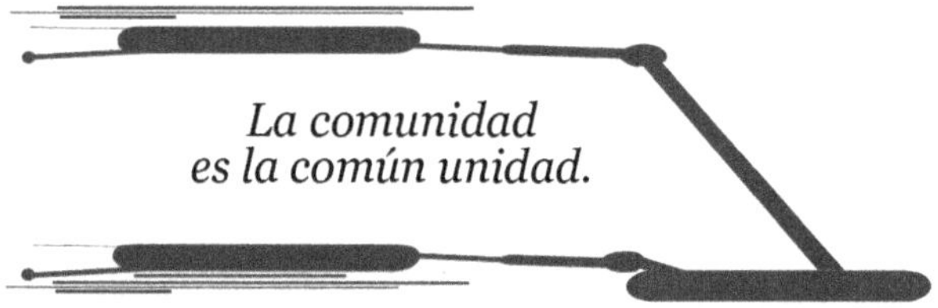

El significado de la palabra *koinonía* es muy rico. Por un lado, significa compañerismo, comunión, participación y fraternidad. Denota el compromiso mutuo de una relación bidireccional. Es un derivado de la palabra *koinos*, que significa algo común, como de uso común o de común acuerdo, en contraste con la palabra *idios*, de donde se deriva idiosincrasia, y que significa privado o individual.

La vida cristiana no está diseñada para experimentarla de manera privada e individualista, aunque estos sean grandes ideales de la cultura prevaleciente. ¡No! La vida cristiana no es idiosincrática sino *koinosincrática.*

La vida cristiana está diseñada para vivirla acompañada por la comunidad de creyentes; es la vida compartida en Dios:

> *Koinonía* describe por sobre todas las cosas la vida compartida en Cristo... Esta vida compartida tiene su fuente en Dios, y es mucho más que participar de una parte o una porción de un todo (como compartir una pizza o tener un número de acciones en una sociedad anónima). *Koinonía* es participar del todo, es ser parte integrante de una totalidad. [86]

Por otro lado, *koinonía* significa llevar un negocio en sociedad, ser dueño compartido de alguna propiedad o empresa, o la gestión administrativa de conducir la asociación. Implica que no se puede estar en sociedad si la sociedad misma no se administra. El contrato de *koinonía* demanda que, en los negocios, todas las partes compartan la visión, la misión, los valores y los objetivos comunes, y todos pongan de su parte el enfoque y el esfuerzo que sea necesario para que cumplan sus propósitos. *Koinonía*, más que una relación chévere de amistad es un compromiso mutuo de metas y logros comunes para participar todos del todo de los beneficios y las ganancias.

Así es como, en *koinonía*, todos nos acompañamos siendo todos responsables de la logística de acompañarnos. Es como emprender un viaje en el cuál todos tenemos tareas y somos responsables de su éxito, unos comprando boletos, otros reservando el hospedaje, otros controlando el itinerario y otros asegurando la alimentación y el entretenimiento. *Koinonía* es acompañamiento y administración.

Todos nos acompañamos siendo todos responsables de la logística de acompañarnos.

Acompañar administrando

Había una vez un gerente que tenía fama de mal administrador. No estaba lleno de *koinonía pneumatos*. Cuando su jefe revisó su rendimiento laboral y le pidió cuentas, el gerente supo que su trabajo estaba en riesgo y que era muy probable que lo despidieran en breve. Entonces se ideó un plan deshonesto pero efectivo para ganar puntos con la clientela. Pensó: "Si me echan del trabajo, por lo menos uno de los clientes me contratará y no quedaré de patitas en la calle".

No le importó que esta actitud violaba las políticas de conflicto de intereses de la empresa. Así que tomó el teléfono, llamó a los dos compradores más importantes y les alteró las facturas de lo que debían pagar; al primero le hizo un descuento del 50% y al segundo del 20%.

Cuando el jefe llamó al gerente por segunda vez, este pensó que sería el final de su relación laboral, pero ni modo, ya el daño estaba hecho. El jefe se había enterado de los descuentos injustificados y exagerados que el gerente había otorgado sin autorización. Para su sorpresa, el jefe le hizo Empleado del Mes en lugar de despedirlo. Resulta que los clientes estaban tan felices que hicieron revisiones de cinco estrellas en un popular sitio de reseñas públicas, alabando el excelente servicio al cliente de la compañía. Luego dejaron comentarios en las redes sociales que se fueron virales y las visitas a la página web de la empresa por búsqueda orgánica se incrementaron. En menos de una semana aumentaron de forma inesperada las ventas.

Esta historia, o bueno, algo parecida, la contó Jesucristo y la encontramos en Lucas 16:1-15. El verso 8 lee:

> Pues bien, el patrón elogió al administrador de riquezas mundanas por haber actuado con astucia. Es que los de este mundo, en su trato con los que son como ellos, son más astutos que los que han recibido la luz (Lucas 16:8).

La supuesta mala administración del gerente había resultado en buen acompañamiento de los clientes. La moraleja: si eres astuto en los negocios la gente te hará más compañía. La contra moraleja: para que nos acompañen más personas, los de la fe debemos administrar mejor que quienes no conocen la fe.

La triste realidad que debemos cambiar es que muchos ministerios no han desarrollado la misma astucia para manejar los negocios del Padre que han desarrollado los que llevan los negocios del mundo. Es tiempo de invertir la balanza y ser más inteligentes para administrar los recursos del ministerio.

Acompañando con tecnología

Un administrador astuto de los negocios del Padre debe ser responsable y diligente. Debe gestionar con sabiduría para avanzar el reino de Dios y acompañar a los de la familia de la fe. Una administradora astuta debe ser fiel en la gestión de la comunidad y ser capaz de hacer frente a los desafíos y problemas que puedan surgir. También debe tener una mentalidad de mayordomía y no de propiedad, reconociendo que todo lo que tenemos y administramos pertenece a Dios y debemos usarlo de acuerdo con Su voluntad y propósito. En última instancia, un administrador astuto hace todo para la gloria de Dios y el cumplimiento de Sus propósitos.

La tecnología para acompañar puede ser nuestra mejor aliada para administrar con astucia y caminar junto a otros en el peregrinaje de la fe, sin importar barreras de tiempo y espacio. La pastora de la primera iglesia digital de las Asambleas de Dios, *Pursuit Church Live*, Angela Craig, lo escribe de la siguiente manera:

> Hoy la tecnología nos puede ayudar a crear comunidad y conexiones más profundas mientras ministramos a quienes de otra manera pudiesen estar lejos de nuestro alcance. [87]

No en balde los negocios del mundo son astutos en el uso de la tecnología. Los de la luz podemos mediar *koinonía* con la tecnología.

Viento en POPA

Soy miembro fundador del programa de comunidades en línea de nuestra iglesia en Venezuela. La idea de tener comunidades en el exilio conectadas con el ministerio de la iglesia central andaba rondando en la mente del pastor por un tiempo, pero no se habían tomado las acciones necesarias para iniciarla. Las encerronas durante la pandemia fueron el catalizador que provocaron las primeras conversaciones para crear un ministerio como este.

Al principio, habíamos estado conectándonos de manera informal con una comunidad de amigos en Miami, Florida, por varias semanas. Tras la llamada del pastor para iniciar el proceso de formalizar las comunidades en línea, invité al líder de la comunidad a ser parte del equipo directivo y que su comunidad sirviera como comunidad piloto del programa, a lo cual también accedió.

Al momento de escribir estas líneas, el programa cuenta con seis comunidades. Además de la comunidad piloto, se han añadido comunidades en San José, Costa Rica; Lima, Perú; Santiago, Chile; Buenos Aires, Argentina; y Roma, Italia. El programa sigue de viento en popa, creciendo, con la flexibilidad de explorar las adaptaciones necesarias de regreso a la vida normal.

Las personas del acompañar

¿Cómo comenzamos? Organizando primero al equipo directivo de cinco personas claves, ahora conocido como el equipo global, quienes nos reunimos semana tras semana para imaginar, orar juntos y darle forma y vida al programa. Con algunas ideas sobre el papel, muchas ganas y el apoyo en la experiencia del líder de Miami, creamos un modelo reproducible e invitamos a cinco líderes propiamente identificados para que se encargaran de cada una de las comunidades.

Piensa: ¿Quiénes son tus apóstoles de hoy? ¿Quiénes son tus apóstoles digitales? ¿Quiénes están disponibles y dispuestos a ser enviados? La palabra apóstol es la combinación de dos palabras griegas *apó*, una preposición direccional que significa hacia afuera, y el verbo *stello*, que significa enviar o despachar. Jesús envió primero a los apóstoles a hacer la obra del ministerio, quienes a su vez pasaron la batuta a la siguiente generación de creyentes. Esta transición de liderazgo la vemos en las palabras de Pablo a su discípulo Timoteo:

> Lo que me has oído decir en presencia de muchos testigos, encomiéndalo a creyentes dignos de confianza, que a su vez estén capacitados para enseñar a otros (2 Timoteo 2:2).

Si deseas acompañar a tu comunidad, asigna a personas dignas de confianza y capacitadas para enseñar a otros en palabra, pero sobre todo con el ejemplo.

Crea un equipo de personas que se dediquen a la entrada de datos. Esto hicimos en la iglesia para alimentar la base de datos del sistema de gestión eclesiástica con la información de los visitantes y los nuevos creyentes después de los servicios. Haz todo lo necesario para mantener toda la información centralizada en un mismo sistema, esto facilita su manejo a mediano y a largo plazo.

Cualquier sistema de información será tan bueno como la información que contenga. Como dice la Biblia: Si metes basura, basura sacarás. En realidad, la Biblia no dice eso, pero si dice: “Cada uno cosecha lo que siembra” (Gálatas 6:7b). Por otro lado, la información correcta te permitirá crear informes exactos y analizar el estado real de tu ministerio.

Dependiendo del tamaño de tu congragación, es probable que necesites grupos especializados para cada área; no es lo mismo manejar los sistemas contables que los datos personales de los nuevos convertidos, de los estudiantes o de sus padres

Organiza: Estructura el modelo del equipo de trabajo, las líneas de responsabilidades, y las funciones de cada uno. Debes documentarlo todo. Ten una rutina de reuniones para dar cuentas del progreso y de los retos del camino. Aprovecha herramientas como las ya mencionadas para organizarte.

Es importante que crees grupos de voluntarios para líderes y servidores y los documentes en el procesador de palabras de tu preferencia. Considera una aplicación que sea de fácil acceso para todas las personas en las comunidades internacionales.

Para las comunidades en línea, creamos un modelo reproducible con siete círculos de acompañamiento, cada uno con roles bien definidos, que incluyo acá porque es probable que te sirvan de guía.

Cada círculo de la **Figura 28** tiene asignada las siguientes responsabilidades:

1. *Organizadores*: A cargo de la formación inicial, logística y coordinación de actividades.

2. *Líderes*: Encargados de la salud y crecimiento espiritual de la comunidad en línea; piensa en pastores digitales.

3. *Anfitriones*: Quienes lidian con los aspectos técnicos durante las reuniones en línea para que las personas se conecten.

4. *Gestores*: Gestores de comunidad encargados de mantener viva a la comunidad durante las reuniones y después de ellas.

5. *Maestros*: Grupo probado para enseñar la palabra durante las reuniones y con vídeos pregrabados.

6. *Adoradores*: Músicos y adoradores quienes dirigen la alabanza durante las reuniones y con vídeos pregrabados.

7. *Cobertores*: Ancianos en el sentido espiritual, encargados de prestar cobertura a la comunidad.

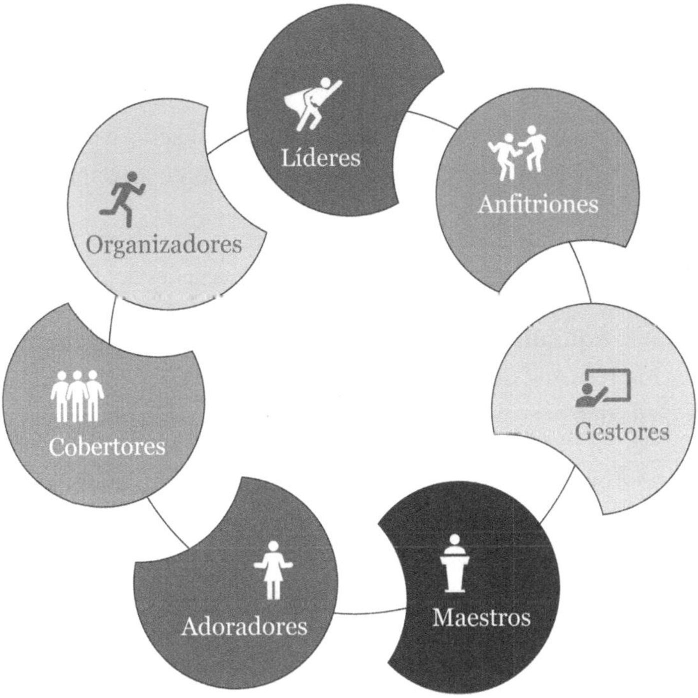

Figura 28: Círculos de acompañamiento

Planifica: tu equipo de líderes y voluntarios deben estar en la capacidad de acompañar a otros en su caminar de fe. Algunas cualidades importantes para realizar bien esta labor son:

1. *Madurez*: Es importante que las personas que acompañen a otros en la fe sean maduros espiritualmente y tengan un conocimiento sólido de las Escrituras. Esto les permitirá compartir lo que la Palabra de Dios aconseja en el diario vivir.

2. *Empatía y compasión*: Los líderes deben ser capaces de ponerse en el lugar de las personas y entender sus necesidades y dificultades para ofrecer el apoyo y orientación adecuados.

3. *Escucha activa*: Escuchar para entender sin juzgar ni criticar.

4. *Paciencia:* el camino de fe de cada persona es único y puede tomar tiempo y esfuerzo. Los líderes deben ser pacientes y respetar el ritmo de crecimiento de cada persona.

5. *Seguimiento*: Después de cada contacto, darle seguimiento y continuar apoyando a las personas en su caminar espiritual.

Planifica no solo las actividades y las tareas, sino también el crecimiento en carácter y cualidades de quienes acompañan a otros.

Administra: Mantén una gestión responsable y transparente de los recursos del ministerio y asegúrate de que se utilicen de manera efectiva para el beneficio de la comunidad de fe, digital o presencial.

Mientras el programa de comunidades en línea corre, se deben gestionar la creación de los materiales promocionales para las reuniones, los grupos de chat para estimular la participación entre reuniones, confirmar con el maestro del día, grabar las reuniones y subirlas a la aplicación creada para tal fin, y otras acciones necesarias. Cada persona asignada se moviliza para realizar estas tareas a tiempo.

Comunica con claridad a todos los involucrados cuáles canales de comunicación han de compartir y sé consistente con el contenido, la frecuencia y los objetivos de tu comunicación.

Los sistemas del acompañar

Define los sistemas de acompañamiento que se han de coordinar para que la gente se sienta compenetrada con tu ministerio y atendida en sus necesidades de crecer. Si hay varios sistemas involucrados, define sus roles y las interacciones entre sí. Responde: ¿cómo se integran las partes de un acompañamiento mediado por tecnología? Usa el modelo POPA para definir estos sistemas y sus mutuas dependencias.

Piensa: Decide primero los métodos de acompañamiento que mejor cumplan con tus propósitos de crear y fortalecer tu comunidad.

Gracias al desarrollo de las tecnologías de la comunicación, las posibilidades son muy amplias. Por ejemplo, puedes tener reuniones en línea o por mensajería instantánea, programar aplicaciones móviles para promover la lectura bíblica, la meditación y la oración o usar las redes sociales para compartir testimonios. Hay incluso aplicaciones de adoración y música que pueden facilitar una experiencia de adoración en línea y sistemas de gestión financiera para llevar un registro de las contribuciones. Algunos de estos sistemas han sido socializados para facilitar la interacción con otras personas; esto significa que han incorporado elementos de redes sociales, gamificación y grupos de soporte.

Organiza: Tus sistemas deben funcionar para evitar malentendidos y contratiempos. Consulta con frecuencia cuáles son las expectativas de las personas que conforman tu ministerio para ser asertivo al atenderlas. En las comunidades en línea pasamos encuestas con cierta frecuencia para saber cuáles son las carencias materiales, de oración, de crecimiento y de aprendizaje, y proponer formas creativas para satisfacer esas carencias. Si usas un sistema especializado para encuestas puedes luego analizar datos históricos que te ayuden a tomar decisiones usando la misma encuesta.

Permite que tus sistemas fomenten la participación y la retroalimentación de las personas que están siendo acompañadas para mejorar tus programas y promuevan una actitud de respeto, empatía y compasión para todos. Apóyate en buenos modelos de comunicación y seguimiento para lograr tales objetivos.

Planifica: Planifica un período de prueba y error que te de la agilidad para ajustar tus sistemas en el camino. Sé flexible. Cuando comenzamos las comunidades en línea, probamos varias aplicaciones de chat antes de escoger. Para ir capturando los correos electrónicos y enviar secuencias automáticas comenzamos con un proveedor, pero sus limitaciones nos hicieron mover a otro. Este otro nos serviría además para crear páginas web de aterrizaje para promover las reuniones regulares y las conferencias extraordinarias.

Planifica el tiempo de iniciación, selección, asimilación, implementación, uso y evaluación de los sistemas, ya que cada etapa requerirá tu completa atención y dedicación.

Administra: Todo lo que se administra se mide, y todo lo que se mide puede mejorar. Esto significa que hay que administrar todo lo que se puede medir: las finanzas, la asistencia, la participación de los voluntarios, la matrícula de estudiantes, las habilidades de los empleados, en fin, la lista es amplia. La mejor manera de administrar los recursos del ministerio es utilizando un sistema de software especializado.

Te recomiendo que escojas un sistema de gestión eclesiástica (o ChMS, por sus siglas del inglés, de *Church Management System*). Estos sistemas ofrecen una combinación de módulos y opciones para administrar distintas áreas del ministerio. Por lo general se componen de varios módulos especializados que se integran mutuamente (la *koinonía* de los sistemas, pero ese es otro tema). Implementa un módulo a la vez para que veas resultados inmediatos y a mediano plazo.

Administra los sistemas de acompañamiento de acuerdo con sus capacidades y requerimientos técnicos. Aunque los principios sean los mismos, hay diferencias considerables entre administrar tus transmisiones en vivo y administrar comunidades en línea. La transmisión en línea es un proceso menos participativo y, si pudiese ser interactivo, menos completo, dado que la única forma de interacción es mediante el chat. Las comunidades en línea asumen el hecho de que puedes ver a la persona en tiempo real – si encienden la cámara, claro está – permitiendo una interacción más directa y participativa.

Administra el tiempo de tus reuniones y deja espacio suficiente para esa participación. Dedica unos minutos a la interacción natural en el lobby virtual y deja que los miembros hagan preguntas y comentarios. Abre sesiones pequeñas para la discusión y la oración.

Administra el uso que se le da a los sistemas en un calendario común. La regularidad de las reuniones de las comunidades en línea sugiere la cadencia de uso. En nuestro caso, escogimos un sistema de videollamadas con opciones para calendarizar las reuniones de forma automática al integrarse a nuestro calendario de preferencia. Creamos un calendario compartido para enviar vídeos cortos con micro mensajes y felicitaciones de cumpleaños y para atender las peticiones de oración. También creamos un calendario de correos electrónicos con las enseñanzas. Todos estos sistemas en coordinación han ayudado a que las comunidades en línea se mantengan y crezcan.

Los procesos del acompañar

Los procesos de acompañamiento en la fe pueden ser mediados por tecnología. Las nuevas tecnologías pueden habilitar una guía espiritual de calidad y personalizada, sin importar la ubicación geográfica o limitaciones de tiempo, permitiendo a más personas ser acompañadas en su caminar de fe y formando a una nueva generación de ministros comprometidos con el evangelio.

Aunque no pensemos en esto con frecuencia, acompañar la fe con tecnología fue una realidad desde los tiempos de la iglesia primitiva. Con la expansión de la iglesia, los primeros cristianos vieron la necesidad de narrar el evangelio de forma consistente en todo lugar. El primer evangelio que se escribió fue el de Marcos, pero luego se añadieron los libros de Mateo, Lucas y Juan. Lucas, por cierto, siendo compañero de Pablo en sus viajes misioneros, también se dio a la tarea de narrar los Hechos del Espíritu Santo en las naciones, a veces trabajando como el amanuense de Pablo en algunas de sus cartas.

Los evangelios y los escritos de Pablo y Lucas pronto se convertirían en encíclicas (del griego, *enkyklios epistolē*), es decir, cartas dirigidas a varias comunidades para que fuesen leídas por ellas y pasadas a la siguiente comunidad en el circuito. Con frecuencia, estas comunidades hacían una copia a mano antes de hacerla circular, razón por la cual tenemos fragmentos y abundantes variantes de las mismas porciones del Nuevo Testamento.

Puedes apreciar el proceso de la tecnología en acción para acompañar la fe de los cristianos en el mundo conocido. Las tecnologías de hoy sirven para acelerar, personalizar, especializar, traducir y contextualizar la fe de manera más eficiente, siempre que se use para tal fin con intención.

Piensa: Todo sistema que se adopte producirá una transformación en el estilo de trabajo. Es importante reconocer que toda transformación tomará tiempo, pero se debe ser muy intencional en los hábitos que se quieren cambiar.

Piensa en qué procesos puedes emplear para acompañar a otros en la fe. Estos tienen dos aspectos: procesos relacionados con compartir una fe pertinente en comunidad, y procesos relacionados con administrar las comunidades de fe.

1. Procesos para compartir una fe pertinente a las circunstancias presentes. Acá defines procesos para:

    a. Identificar las necesidades de las personas participando en los programas.
    b. Seleccionar y utilizar las herramientas apropiadas, como aplicaciones de videoconferencia, lectura digital, comunicación en línea.
    c. Asignar agentes de seguimiento, mentores y consejeros para guiar a la gente en su fe.
    d. Calendarizar sesiones regulares y especiales de acompañamiento.
    e. Preparar los materiales de apoyo y aprendizaje tales como los recursos de lectura y el material audiovisual.

2. Procesos para administrar las comunidades de fe: La administración de las comunidades se fe es tan importante como los procesos de acompañamiento mismos. Para esto detallas procesos como:

a. Desarrollar claridad en la visión y objetivos clave de las comunidades.
b. Mantener un registro de cada comunidad, de todos sus miembros y su asistencia a las actividades.
c. Administrar la logística, los voluntarios y las actividades de crecimiento.
d. Desarrollar y mantener los presupuestos de las iniciativas de la comunidad, mayordomía y donaciones.
e. Evaluar con regularidad el crecimiento y buscar nuevas oportunidades para expandir el ministerio.

Organiza: Cada proceso requerirá consideraciones organizativas particulares, comenzando por la definición de objetivos específicos, la capacitación de las personas involucradas en cada una de sus áreas, el flujo de la información, la asignación de recursos suficientes y la evaluación continua para asegurar la continuidad de los programas. He visto varios programas de comunidades en línea frustrados por el regreso postpandemia al templo y la falta de claridad para sostener las comunidades en línea a largo plazo. Ajusta tus programas a las realidades cambiantes de tu entorno. Ten mentalidad de futuro y progreso, organiza con expectativa de expansión y continuidad.

Organiza con expectativa de expansión y continuidad.

Planifica: Proyecta la reflexión y organización de tus procesos con enfoque en acompañar a los creyentes de tus comunidades en su fe, confesión y crecimiento.

La celebración de los sacramentos en las comunidades en línea, por ejemplo, ha creado retos y oportunidades únicas. ¿Cómo celebrar el bautismo de un miembro de la comunidad en línea que quiere profesar su fe pública e incorporarse al cuerpo de Cristo? ¿Cómo celebrar la Cena del Señor en la distancia? ¿Y qué de la presentación de niños? Estos requieren de formas diferentes y de planes alternativos, por ejemplo, crear asociaciones con iglesias en distintas ciudades para celebrar el bautismo o usar servicios de distribución de alimentos para repartir los elementos de la cena del Señor con anterioridad a la celebración – no he visto aún a ninguna iglesia haciendo esto aún, pero es posible.

Administra: La administración consiste en revisar con regularidad y ajustar cuando sea necesario las otras áreas de POPA. O sea que debes revisar y ajustar lo que piensas, lo que organizas y lo que planeas para cada proceso de acompañamiento. Además, debes dirigir y controlar los procesos en sí y los mecanismos de revisión y ajuste en un ciclo que se retroalimenta. Es recomendable que asumas un período regular de revisión y ajuste que vaya acorde con cada determinado proceso, por ejemplo, cada seis meses o cada año para las comunidades en línea, o cada año o cada dos para la formación ministerial de los nuevos creyentes. Dedica fechas en tu calendario para estas revisiones.

Las políticas del acompañar

Hay un cuerpo bíblico de políticas que los siervos y administradores deben seguir en la obra del ministerio. Cuando Pablo le escribe a Timoteo con respecto a las cualidades de los líderes de la iglesia, detalla los requisitos de conducta de los diáconos y sus esposas:

> Los diáconos, igualmente, deben ser honorables, sinceros, no amigos del mucho vino ni codiciosos de las ganancias mal habidas. Deben guardar, con una conciencia limpia, las grandes verdades de la fe. Que primero sean puestos a prueba, y después, si no hay nada que reprocharles, que sirvan como diáconos. Así mismo, las esposas de los diáconos deben ser honorables, no calumniadoras, sino moderadas y dignas de toda confianza. El diácono debe ser esposo de una sola mujer y gobernar bien a sus hijos y su

> propia casa. Los que ejercen bien el diaconado se ganan un lugar de honor y adquieren mayor confianza para hablar de su fe en Cristo Jesús (1 Timoteo 3:8-13).

El texto funciona casi como una lista de verificación y si se halla deficiencia en alguno de los puntos, como razón suficiente para descalificar a la persona al diaconado por un período de tiempo.

Los diáconos son los encargados de la salud de las relaciones de la comunidad de fe, la fidelidad de la enseñanza, y la buena administración. Por eso deben llevar relaciones sanas en su casa con sus esposas e hijos, tener libre la consciencia para guardar las verdades de la fe, y no perseguir negocios deshonestos cuando administran el dinero. Los diáconos deben sujetarse a los más altos estándares de conducta para representar bien la fe en su comunidad.

De la misma manera, estamos encargados de definir las políticas y los procedimientos que han de regir el ministerio en su función de acompañar a otros en la fe.

Piensa: ¿Cuáles son las políticas que protegen tu comunidad de fe? ¿Hay requisitos de protección al menor? ¿Cuáles facilitan los procesos de crecimiento y cuáles se hacen indispensables en el entorno donde haces ministerio? ¿Cuáles son de hecho obligatorias para usar los dispositivos y las aplicaciones de software que has definido como aparatos para acompañar? ¿Tienes requisitos de membresía? Todavía mucho más crítico, ¿Cuáles son los requisitos financieros y contables de la representación legal de tu ministerio? ¿Qué hay de las obligaciones de proveer informes fidedignos a los cuerpos denominacionales y entidades gubernamentales?

Esta es una lista breve de ideas para delinear tus políticas ministeriales. Trata de tener un documento para cada una:

1. Uso de las instalaciones del templo.

2. Uso aceptable de los recursos digitales como software, el sitio web y las redes sociales.
3. Privacidad de los datos de los miembros de la comunidad.
4. Uso, mantenimiento y remplazo de los dispositivos al servicio de la comunidad.
5. Políticas de protección al menor y al anciano.
6. Requisitos de los líderes, pastores, ancianos y diáconos.
7. Requisitos de los miembros de la comunidad
8. Requisitos de la asociación civil o representación legal.
9. Políticas del manejo de las finanzas e impuestos.
10. Preparación para emergencias y desastres naturales.
11. Políticas de relaciones interorganizacionales, como consejos, concilios, denominaciones y otras libres asociaciones.

Todas estas cosas hacen parte de las políticas del acompañar. Enuméralas y disponte a organizarlas, a planear alrededor de ellas y a administrarlas con transparencia y lealtad. Para cada una de estas políticas hay tecnologías asociadas, tanto en su ejecución como para su administración. Incluye la descripción y el uso de las tecnologías correspondientes con cada política como corresponda.

Organiza: Una vez que hayas definido el cuerpo de políticas y procedimientos que te ha de permitir acompañar mejor a tu comunidad de fe tanto en persona como por medios digitales, es necesario organizarlas de manera congruente.

Al organizar estas políticas y procedimientos, debes considerar los siguientes aspectos:

1. *Claridad*: Asegúrate de que las políticas y procedimientos estén escritos de forma clara y sean fácilmente comprensibles para todos los miembros de tu comunidad de fe.

2. *Aprobación*: Asegúrate de que las políticas y procedimientos sean aprobados por la jerarquía de la iglesia, para evitar conflictos y resguardar su cumplimiento.

3. *Implementación*: Asegúrate de que las políticas y procedimientos sean implementados de manera efectiva, para que se cumplan los objetivos establecidos.

4. *Comunicación*: Asegúrate comunicarlas a todos para que las entiendan y las apliquen correctamente. La comunicación a intervalos regulares pudiese ser obligatoria en tu localidad.

5. *Evaluación*: Asegúrate de evaluarlas periódicamente, para que se ajusten a las necesidades cambiantes.

6. *Capacitación*: Asegúrate de que todos los miembros de la comunidad de fe estén capacitados para implementar las políticas y procedimientos de manera efectiva.

7. *Accesibilidad*: Asegúrate que sean accesibles para todos los miembros de la comunidad de fe, incluyendo aquellos que tienen discapacidades de diversa índole.

8. *Cumplimiento*: Asegúrate de que se cumplan de manera constante, para garantizar un ambiente seguro y acogedor para todos los miembros de la comunidad de fe.

Planifica: Planifica la recolección de información pertinente a los requisitos en tu contexto, el análisis previo, el desarrollo de cada política y procedimiento, el tiempo para implementarlas y hacer que tu comunidad corra con agilidad con ellas.

Planifica también en dónde estarán publicadas cada una de tus políticas. Algunas serán de uso público, como tus políticas para la protección al menor que te obligan a revisar el trasfondo criminal de las personas que atienden a tus niños o declarar impuestos sobre la renta, mientras otras serán de uso privado, como las normas para mantenerte como miembro en buen estado de tu denominación y los informes trimestrales que debes reportar a la junta directiva. Por cierto, si tienes requisitos de publicar informes, crea un calendario para ir trabajando en ellos con suficiente anticipación.

Administra: Recuerda que el administrar es un don del Espíritu Santo, tal como lo compartimos en la sección sobre administrar en el **Capítulo 5**. Esto significa que el Espíritu Santo nos da la capacidad para administrar y dirigir la grey de Dios, siguiendo principios bíblicos de buena administración.

Administra las políticas del acompañar con la llenura del Espíritu Santo. Asegúrate de que las políticas se implementen adecuadamente y que el personal y los voluntarios estén al tanto de ellas. Mantente al frente del proceso de capacitación y supervisión, y sé el primero aplicar las políticas a ti mismo. Conviértete en defensora de las políticas, con la capacidad de explicarlas claramente a la congregación, y responder a las preguntas y preocupaciones que puedan surgir en amor.

Revisa y actualiza las políticas y los procedimientos con frecuencia, para asegurarte de que sigan siendo relevantes y efectivas en acompañar a una comunidad de fe que está en constante cambio. Administra el cambio y cómo afecta tus políticas.

Los aparatos del acompañar

El título de esta sección lo dice todo: la mayoría de los seres humanos estamos acompañados por aparatos. Por ejemplo, somos una población mundial de 7,400 millones de personas y hay 7,700 millones de teléfonos inteligentes activos con subscripción. Esto significa que muchas personas tienen más de uno.

Los teléfonos inteligentes son en realidad computadoras compactas multiuso, y como tales, pueden acompañar a las personas en su caminar de fe de muchas maneras, algunas de las cuales ya hemos discutido. Conviene pensar que la base del acompañamiento móvil son las aplicaciones móviles.

Administra el cambio.

Piensa: Cuando se trata de acompañar a otros con tecnología, hay tecnología en ambos lados del proceso de comunicación. Es decir, hay tecnología de transmisión y tecnología de recepción. Esto es importante, ya que por cada aparato, dispositivo o aplicación de software que quieras usar, hay elementos de los dos lados.

¿Quieres transmitir tus servicios en vivo? Necesitas considerar los aparatos y el software de la transmisión y necesitas asegurarte de que los aparatos y el software de quienes se conecten funcione para recibir la transmisión. A veces incluso, debes darle soporte al usuario final para asegurarte el éxito de tu transmisión. ¿Quieres conectarte con tu comunidad con regularidad mediante una aplicación móvil propia? Necesitas desarrollar la aplicación y publicarla en tu tienda digital de preferencia, así como proveerle al usuario las ayudas necesarias para que la descargue y la aprenda a usar. Cuando pienses en los aparatos para acompañar piensa en los requisitos en los dos lados de la ecuación.

Organiza: Cuando el rey Salomón se propuso comenzar la construcción del templo de Jerusalén llegó a un acuerdo con el rey Hiram I de Tiro para que este le proveyera de toda la madera para el proyecto. La narración la puedes encontrar en 2 Crónicas 2.

Salomón le envía una carta a Hiram pidiéndole ayuda técnica y material para el proyecto de tecnología de adoración más grande de la historia. Salomón quería contratar a un experto de Tiro en orfebrería, metalurgia, textilería y carpintería (primero las personas):

> Envíame un experto para trabajar el oro y la plata, el bronce y el hierro, el carmesí, la escarlata y la púrpura, y que sepa hacer grabados, para que trabaje junto con los expertos que yo tengo en Judá y en Jerusalén, los cuales contrató mi padre David (2 Crónicas 2:7).

E importar madera de cedro, ciprés y sándalo del Líbano:

> Envíame también del Líbano madera de cedro, de ciprés y de sándalo, pues yo sé que tus obreros son expertos en cortar estos árboles. Mis obreros trabajarán con los tuyos para prepararme mucha madera, porque el templo que voy a edificar será grande y maravilloso (2 Crónicas 2:8-9).

A cambio, les daría trigo, cebada y aceite. El intercambio comercial, favorable para ambos reinos, redundaría en alabanza para Dios. Hiram acompañaría a Salomón como socio principal del proyecto, ideando un sistema marítimo para transportar la madera de forma eficiente desde el Líbano hasta Jerusalén, un recorrido que por tierra representaba unas 250 millas de distancia:

> Nosotros cortaremos del Líbano la madera que necesites, y te la llevaremos por mar hasta Jope, en forma de balsas. De allí tú la llevarás a Jerusalén (2 Crónicas 2:16).

Este plan requería tecnología en ambos lados de la ecuación. Hiram se encargaría de cortar la madera y transportarla por mar a Jope. Salomón se encargaría de llevarla de Jope a Jerusalén (unas 40 millas) y labrarla para la construcción del templo. Cuando planteas un programa de tecnología para acompañar, debes organizar el uso a ambos lados de quienes participarán.

Planifica: Lo otro que podemos notar de este pasaje es el nivel de planificación y coordinación necesaria para llevar a cabo tan magno proyecto, pero por supuesto, Salomón fue un gran gerente de proyectos con la sabiduría que Dios le dio. Por eso escribió:

> Pon en manos del Señor todas tus obras, y tus proyectos se cumplirán (Proverbios 16:3).

Para la construcción de su palacio real y el templo tuvo a su cargo a miles de personas, "reclutó a setenta mil cargadores y ochenta mil canteros, para que trabajaran en la montaña. Al frente de ellos puso a tres mil seiscientos capataces" (2 Crónicas 2:2). Ni siquiera alcanzo a imaginar el nivel de planificación. Yo he manejado muchos proyectos de tecnología en mi carrera, pero nunca de más de veinte personas.

Para las comunidades en línea se creó una aplicación móvil que le permite a los miembros de la comunidad mantenerse informado de las actividades por venir, acceder en diferido las grabaciones de las enseñanzas, leer la Biblia, pedir oración y ver cuando la comunidad ora por sus necesidades. Lo mejor de todo, es que se creó sin conocimiento de lenguajes de programación, usando una plataforma de no código.

En la medida que implementas tecnología para acompañar, es primordial que crees un mapa de los aparatos que estarás empleando en cada área de ministerio. Te dejo un ejemplo en la **Figura 29** en la siguiente página.

Administra: Finalmente, administra con sabiduría y diligencia, sin pereza ni dejadez, todas las recursos y aparatos de la tecnología para ver cumplidos tus deseos de acompañar a la gente en su crecimiento cristiano, como lo dijera Salomón:

> El perezoso ambiciona, y nada consigue; el diligente ve cumplidos sus deseos (Proverbios 13:4).

Estando listos para dar cuentas de lo que se nos ha encargado como buenos administradores de los misterios de Dios:

> Que todos nos consideren servidores de Cristo, encargados de administrar los misterios de Dios. Ahora bien, a los que reciben un encargo se les exige que demuestren ser dignos de confianza (1 Corintios 4:1-2).

Figura 29: Categorías de los aparatos para acompañar

Todo lo que se mide se administra. Esto quiere decir que para ser astuto administrador debes convertirte en astuto medidor. Cuando tienes un sistema que se alimenta de data, puedes convertir esa data en información, y convertir la información en la toma de buenas decisiones. El análisis de la información es un área poco explorada en el ministerio y la principal debilidad de la mayoría de los que conozco que ya han implementado un sistema de gestión eclesiástica. No caigas en el mismo error:

1. Escoge sistemas que ya vengan con cierta capacidad de reportar la data.

2. Integra herramientas analíticas gratuitas de fuentes múltiples en tu análisis.
3. Utiliza las herramientas provistas por los motores de búsqueda para analizar todo lo relacionado a tu sitio web.
4. Analiza los resultados de asistencia y participación con tu equipo de trabajo en reuniones regulares.
5. Estudia los datos financieros del ministerio, las donaciones y la rentabilidad y autosuficiencia de tus programas.

La tecnología para acompañar te permitirá añadir astucia al ministerio porque, entre otras cosas:

- Incrementa la productividad de los empleados y voluntarios.
- Facilita las relaciones entre los miembros de la comunidad.
- Canaliza los recursos ministeriales de forma efectiva.
- Aporta claridad a la información del ministerio.
- Apoya la toma de decisiones informadas.
- Amplifica la asistencia, la participación y las donaciones.

Acompaña en comunidad y fortalecerás la fe. Administra con astucia y recibirás mayores recompensas. Recuerda que, si eres fiel en lo poco, el Señor te pondrá en lo mucho, pero solo cuando administras lo que mides y mides lo que administras conocerás la diferencia entre qué es poco y qué es mucho.

Todo lo que se administra se mide.
Todo lo que se mide se administra.

La tecnología no reemplaza la importancia de las relaciones interpersonales y la comunidad en el ministerio, sino que puede ayudar a ampliar y mejorar la forma en que se llega a la gente, nos brindamos mutuo apoyo y nos acompañamos en el camino de la fe.

Así queda cubierto todo el marco de referencia planteado para pensar, organizar, planificar y administrar la tecnología ministerial desde el seno de la misión. Cada uno de los componentes de la tecnología sirve para ministrar en cada una de las áreas de misión, exigiendo que pensemos en la tecnología no como un mal necesario ni una ocurrencia tardía, sino como esencial y estratégica para alcanzar al mundo con el poderoso y transformador mensaje del evangelio de Jesucristo para salvación y vida plena.

Ahora unas palabras finales.

PARA TODO HAY UNA *APP*

Cuando la técnica inalámbrica se aplique a la perfección, toda la tierra se convertirá en un enorme cerebro, y todas las cosas serán partículas de un todo genuino y rítmico. [88]

– NIKOLA TESLA, INVENTOR SERBIO.

Hemos sido inundados con tantas aplicaciones y herramientas ingeniosas, imprescindibles y que nos ahorran tiempo que en realidad no nos queda ni un segundo libre. [89]

– RYAN HOLMES, FUNDADOR DE HOOTSUITE.

En el año 2003, celebrábamos el cumpleaños de Tim, un compañero de trabajo, en un restaurante del centro histórico de Pasadena, California. El cumpleañero, quien estaba a cargo de darle mantenimiento a las computadoras del Seminario Teológico Fuller, estaba muy emocionado porque en los próximos días sería la gran apertura de la tienda de Apple en la ciudad.

Al terminar de almorzar, Tim propuso que camináramos a la tienda para ver los preparativos. Para nuestra sorpresa, estando de pie en la puerta observando a los empleados hacer los últimos arreglos, el mismo Steve Jobs salió y nos invitó a pasar. Nos saludó con mucha amabilidad vestido como de costumbre, con su franela negra, pantalones de mezclilla rasgados y chancletas. Nos pidió que le diésemos nuestra opinión sobre cuál sería la mejor organización del espacio cercano al mostrador de servicios al cliente.

Allí parados, le miramos cómo se adentraba al fondo de la tienda, movía unos sillones y unas mesas como de una sala de estar, y regresaba para preguntarnos nuestra opinión. Se paraba frente a nosotros mirando los cambios, y nos decía: "¿qué opinan?" Eso se repitió por lo menos tres o cuatro veces. Estábamos un poco en *shock* por lo informal de su trato y lo accesible que era. La última vez que se paró frente a nosotros, notamos un hueco en la parte trasera de su pantalón, y apenas se dio la vuelta, hacíamos chistes de que haríamos una recolecta para comprarle pantalones nuevos.

¡Inolvidable! Ese día le dimos consultoría gratuita a Steve Jobs.

Ecosistema de aplicativos

Pasarían cinco años desde ese encuentro hasta la comercialización del primer iPhone y su tienda de aplicaciones. Apple inauguró su *App Store* en el 2008 con 500 aplicaciones básicas para su propio sistema operativo, iOS. Sin embargo, había creado un ecosistema que le permitía a desarrolladores de todo el mundo publicar aplicaciones de manera consistente y distribuirlas con agilidad a su red de usuarios. Esta agilidad le permitió publicar más de dos millones de aplicaciones en menos diez años.

Fue tan rápido el crecimiento de las aplicaciones disponibles, que la compañía lanzó su campaña publicitaria alrededor de todo lo que se podía hacer con su teléfono inteligente, porque si quieres hacer cualquier cosa, "hay una aplicación para eso".

Por esta razón sería una labor infructífera darte una lista extensa de todo lo que es posible hacer en el ecosistema de aplicativos. Si además sumas las aplicaciones para sistemas operativos Android, Windows y Linux que corren en móviles y computadores portátiles y de escritorio, las aplicaciones web y el software en la nube, en definitiva, para todo hay una *app*.

Comenzar a implementar tecnología por las aplicaciones o los aparatos es como tomar al cascabel por la cola. Por eso he hecho hincapié literal de comenzar por la cabeza, por el pensar, por la estrategia. La tecnología ministerial inicia con la misión y considera primero a las personas en ambos lados de la ecuación.

Sin perder esto de vista, quiero ofrecerte una referencia en este corto capitulo, organizando por categorías todas las tecnologías mencionadas en este libro. Espero que este capítulo te sirva de punto de partida y consulta recurrente.

Referencia de aplicaciones

Por las limitaciones del medio impreso y la naturaleza cambiante de la tecnología, he preferido mover las referencias específicas a las aplicaciones y las compañías desarrolladoras a la página web que acompaña el libro, con enlaces a las respectivas fuentes de tales tecnologías, las cuales mantendré actualizadas con su desarrollo en el transcurso tiempo.

Adoración

Presentaciones, secuencias de *scores* musicales, distribución de audio, dispositivos, equipos y otros recursos.

http://vla.lu/adorar

Análisis de datos

Aplicaciones, software y otros recursos para recopilar y analizar datos y tendencias de diversa índole.

http://vla.lu/analizar

Almacenamiento

Almacén de documentos y archivos usando servicios en la nube e integrados con otras aplicaciones de software.

http://vla.lu/almacenar

Artes gráficas

Aplicaciones para crear toda clase de plantillas y gráficas para uso comercial en las redes sociales y medios impresos.

http://vla.lu/graficar

Automatización

Plataformas de procesos, flujo y transferencia de datos entre aplicaciones programadas y automatizadas.

http://vla.lu/automatizar

Banco de alimentos

Aplicaciones de software con miras a la gestión de un banco de alimentos con estudios de caso y datos demográficos.

http://vla.lu/alimentar

Bases de datos

Aplicaciones para guardar datos de distinta índole en distintos formatos, contactos, tendencias y análisis.

http://vla.lu/guardar

Comunicaciones

Aplicaciones para conectar y mantener canales abiertos de comunicación como correo electrónico, telefonía y texto.

http://vla.lu/comunicar

Contabilidad

Software para llevar el control de las finanzas y la contabilidad del ministerio con opciones para hacer los impuestos.

http://vla.lu/contar

Contenido educativo

Aplicaciones de distribución de contenido cristiano de alto valor y calidad de producción para integrar en la enseñanza.

http://vla.lu/educar

Correo electrónico

Software especializado para crear y mantener campañas de alcance y mercadeo por correo electrónico automatizadas.

http://vla.lu/enviar

Educación

Aplicaciones para discipular, gestionar el aprendizaje, crear contenido y distribuirlo a través de la Internet.

http://vla.lu/apender

Encuestas

Aplicaciones especializadas en crear formularios para hacer y distribuir encuestas y analizar las respuestas.

http://vla.lu/encuestar

Evangelismo

Aplicaciones móviles para compartir el plan de salvación, ideas de alcance y plataformas de anuncios digitales.

http://vla.lu/alcanzar

Financiación colectiva

Sitios web y aplicaciones para conducir planes y campañas de donativos para proyectos específicos.

http://vla.lu/financiar

Flujo de trabajo

Aplicaciones en línea para dibujar diagramas de flujo y de trabajo compartidos en la Internet.

http://vla.lu/diagramar

Gestión de proyectos

Software especializado en la gestión de proyectos para coordinar el tiempo de entrega, los recursos y las personas.

http://vla.lu/ejecutar

Gestión Eclesiástica

Software especializado en la administración de la iglesia, la coordinación de grupos y data de los miembros.

http://vla.lu/acompanar

Identidad

Aplicaciones y formularios para definir tu identidad corporativa o *branding* para darle consistencia a tu mensaje.

http://vla.lu/identificar

Inteligencia artificial

Aplicaciones prácticas de la inteligencia artificial para crear contenidos escritos, gráficos y audiovisuales.

http://vla.lu/solicitar

Inteligencia empresarial

Software especializado para el análisis de datos y derivar inteligencia de la organización para tomar decisiones.

http://vla.lu/decidir

Inventario

Aplicaciones dedicadas a la gestión y el mantenimiento de inventario físico de recursos destinados al ministerio.

http://vla.lu/inventariar

Licencias

Licencias para adquirir los derechos y usar con permiso la música, los vídeos, las fotos y otros elementos audiovisuales.

http://vla.lu/licenciar

Manejo de casos

Aplicaciones para la gestión y el manejo de casos en el contexto de la ayuda legal, médica, psicológica o material.

http://vla.lu/ayudar

Mapas

Mapas para integrarlos en aplicaciones móviles y sitios web e incluso interactuar con ellos programáticamente.

http://vla.lu/ubicar

Modelos

Varios modelos que los líderes pueden usar en la planificación y la administración de los procesos de la organización.

http://vla.lu/modelar

Nube

Información actualizada sobre la nube computacional y los recursos que ofrece para alojar las aplicaciones de software.

http://vla.lu/alojar

Oración

Aplicaciones móviles para promover la oración personal y darles seguimiento a los testimonios de la comunidad.

http://vla.lu/orar

Pensamiento

Herramientas para ayudarnos a pensar, como mapas mentales, diagramas de flujo y matrices de decisión.

http://vla.lu/pensar

Plataformas de no código

No código se refiere a las plataformas para desarrollar aplicaciones sin conocimiento previo de programación.

http://vla.lu/programar

Portales de pago

Proveedores de procesamiento de pagos y donativos digitales, algunos dedicados a la iglesia y otros de enfoque secular.

http://vla.lu/donar

Productividad

Procesadores de palabras, presentaciones, listas, hojas de cálculo, calendarios, contactos y otros documentos varios.

http://vla.lu/producir

Publicidad

Plataformas para anunciarte con publicidad digital y acceder a subvenciones para instituciones sin fines de lucro.

http://vla.lu/anunciar

Radio y podcasting

Instrucciones para crear una emisora de radio en línea y publicar programación en audio por sindicación simple.

http://vla.lu/difundir

Redes sociales

Ideas para el uso de redes sociales públicas y aplicaciones para crear redes sociales privadas para la comunidad.

http://vla.lu/conectar

Reflejo de pantallas

Dispositivos inalámbricos, y periféricos para reflejar las pantallas de aparatos móviles en televisores inteligentes.

http://vla.lu/reflejar

Reputación

Sitios web para el manejo de la reputación, la opinión pública, las reseñas y testimonios de una empresa u organización.

http://vla.lu/resenar

Sitios web y blogs

Aplicaciones para la creación de sitios web, blogs, y módulos para añadir uso, funcionalidad, seguridad y rendimiento.

http://vla.lu/publicar

Software bíblico

Programas de software bíblico y biblias digitales para la lectura devocional y el estudio privado y en comunidad.

http://vla.lu/estudiar

Traducciones

Recursos y software para traducir tu sitio web, subtítulos para vídeos, reuniones en vivo y toda clase de contenido.

http://vla.lu/traducir

Transmisión en vivo

Recomendaciones de equipos y software para transmitir en vivo contenido de alta calidad por las redes sociales.

http://vla.lu/transmitir

Vídeo

Aplicaciones de escritorio y de Internet para producir y editar vídeos, y plataformas para la distribución y el almacenaje.

http://vla.lu/visualizar

Videoconferencias

Software para llamadas de grupo, conferencias en vídeo y colaboración simultánea con conexión a la Internet.

http://vla.lu/reunir

Voluntariado

Aplicaciones para reclutar, seleccionar y administrar a los voluntarios y sus asignaciones en la organización.

http://vla.lu/servir

Palabras Finales

Así llegamos al final de *Ciberministerio: 5 funciones esenciales de la tecnología en la misión de la Iglesia.* A lo largo de este libro hemos discutido la importancia de desarrollar una perspectiva nueva y consciente del entorno tecnológico en el cual nos movemos en este siglo, revisar nuestras actitudes acerca de la tecnología en el ministerio, descubrir el rol de la tecnología en algunas de las historias bíblicas y considerar a la tecnología como componente estratégico de la misión de la iglesia.

Siempre que haya sido apropiado, he también identificado algunas tecnologías de uso común y cómo se pueden aplicar en cada una de las cinco funciones esenciales de la misión. El libro no pretende ser un manual comprehensivo de todas estas tecnologías, ni un manual de uso paso a paso. Ni siquiera un listado de todas las tecnologías posibles. Más bien, el libro presenta un modelo de pensamiento, un marco de referencia, para pensar, organizar, planificar y administrar la tecnología en el ministerio.

Como marco de referencia, ahora es tarea tuya definir el propósito estratégico de la tecnología en tu ministerio y delinear un plan estratégico que inserte a la tecnología en el seno de tu misión. Esta no es cualquier labor. Todo lo contrario. Pero como dice la palabra:

> A todo el que se le ha dado mucho, se le exigirá mucho; y al que se le ha confiado mucho, se le pedirá aún más (Lucas 12:48b).

Ahora te he confiado mucho para que hagas de la tecnología un instrumento aliado de tu misión. Oro a Dios para que veas con otros ojos, traiga luz a tus pensamientos, dirija tus pasos y te conviertas en un administrador de propósito, un *kybernétes* dotado por el Espíritu Santo para testificar del evangelio de Jesucristo y perfeccionar la misión en la obra del ministerio.

¡Adelante, *ciberministro*!

APÉNDICES

APÉNDICE A: TECNOACTITUDES

Escala de tecnoactitudes

Edad: ________ Sexo: M F

Esta escala evalúa las actitudes hacia tecnología en el ministerio. No hay respuesta equivocada o correcta. Lo que importa es saber tu punto de vista. Marca con una 'x' o círculo 'o' el valor que consideras más acertado para cada una de las actitudes entre 0 para las actitudes no existentes hasta 10 para las actitudes fuertes. Apreciamos tu paciencia y exactitud.

Lo importante es que puedas hacer esta evaluación varias veces durante el año para observar cómo las actitudes van cambiando en el tiempo y si puedes identificar tendencias positivas o negativas en la transformación de la cultura tecnológica de tu ministerio.

Nombre del participante:											
Ignorancia											
0	1	2	3	4	5	6	7	8	9	10	
Rechazo											
0	1	2	3	4	5	6	7	8	9	10	
Ceguera											
0	1	2	3	4	5	6	7	8	9	10	
Tradicionalismo											
0	1	2	3	4	5	6	7	8	9	10	
Demora											
0	1	2	3	4	5	6	7	8	9	10	
Indisciplina											
0	1	2	3	4	5	6	7	8	9	10	
Desorden											
0	1	2	3	4	5	6	7	8	9	10	
Parálisis											
0	1	2	3	4	5	6	7	8	9	10	
Inmoralidad											
0	1	2	3	4	5	6	7	8	9	10	
Infobesidad											
0	1	2	3	4	5	6	7	8	9	10	
Inseguridad											
0	1	2	3	4	5	6	7	8	9	10	
Excusas											
0	1	2	3	4	5	6	7	8	9	10	
Gran total											

Apéndice A: Escala de tecnoactitudes

Totales para la escala

Tabula los totales de cada área para cada participante. Esto te dará una idea de cuáles actitudes son prevalentes en tu equipo de trabajo y en cuáles te puedes enfocar para crear una cultura adecuada hacia la tecnología en tu ministerio.

Nombre del participante	Ignorancia	Rechazo	Ceguera	Tradicionalismo	Demora	Indisciplina	Desorden	Parálisis	Inmoralidad	Infobesidad	Inseguridad	Excusas	Gran Total
Total													
Promedios (Total/)													

Apéndice A: Totales por equipo de la escala de tecnoactitudes

Si deseas obtener una copia electrónica de la Escala de tecnoactitudes y todas las demás herramientas de evaluación para imprimirlas, visita www.ciberministerio.com.

APÉNDICE B: PARA LA DISCUSIÓN

Este no es un examen, son sólo unas preguntas para facilitar la discusión en grupo. He dividido las preguntas por capítulos para facilitar la navegación y el enfoque, pero no necesitas utilizarlas de esta manera. No necesitas responder todas las preguntas, pero sí es recomendable que en tus sesiones de planificación y evaluación respondas por lo menos dos o tres de cada sección.

Capítulo 1: Otros ojos

1. ¿Por qué es importante ver con otros ojos?
2. ¿Cómo ver con otros ojos te ayuda a tener una visión correcta de la tecnología en el ministerio?
3. Haz un inventario de toda la tecnología que tienes a la vista en estos momentos y reflexiona sobre cómo llegó hasta aquí.
4. ¿Puedes enumerar varias tecnologías que conforman a una ciudad?
5. ¿Cuáles son las siete características de toda tecnología?
6. Toma un par de esas características y aplícalas a cómo se ven reflejadas en la tecnología que ahora empleas en tu ministerio.

Capítulo 2: Tecnoactitudes

1. ¿Consideras que eres tecnófobo o tecnófilo? ¿Por qué?
2. ¿De qué manera ha resistido tu ministerio el uso de la tecnología?
3. ¿Puedes identificar tecnologías viejas que sí usas en el ministerio, pero no las hayas visto como tecnologías?
4. Cuando piensas en la serpiente de bronce, ¿Crees que es tecnología o no? ¿Por qué?

5. ¿Cuál sería una actitud balanceada que tu ministerio puede adoptar con respecto a la tecnología?
6. Enumera las doce actitudes negativas que podemos albergar en contra de la tecnología, ¿cuáles de ellas tienes y qué puedes hacer para mejorar tu actitud?
7. ¿Es posible en verdad rechazar la tecnología? ¿Por qué?
8. ¿Crees sufrir de infobesidad? De ser así, ¿Cómo te puedes someter a una infodieta? Escribe acciones prácticas que puedes tomar.
9. ¿Cuáles son las excusas comunes de tu ministerio para implementar o no ciertas tecnologías? ¿Qué puedes hacer para contrarrestar esas excusas?

Capítulo 3: La tecnología

1. ¿Qué pensabas de la tecnología antes de leer este libro?
2. ¿De qué manera la definición de tecnología que presento en este libro ha cambiado tu manera de visualizar la tecnología? ¿Para mejor? ¿Para peor?
3. ¿En qué se asemeja o diferencia el concepto que tienes de la tecnología del concepto que presento en el libro?
4. ¿Qué significado tiene para tu ministerio el hecho de que la tecnología sea un ecosistema integrado?
5. ¿Qué significado tiene para tu ministerio el hecho de que la tecnología sea una red cultural? ¿Qué implicaciones tiene esto para tu contexto cultural particular?
6. Escoge una tecnología en uso en tu ministerio e identifica cada una de las cinco áreas en detalle.
7. ¿Cuáles son las personas clave de la tecnología en tu ministerio?
8. ¿Cuáles son las partes de todo sistema?
9. ¿De qué manera la adoración es un sistema?
10. Trata de diagramar un proceso ministerial siguiendo el modelo del libro.
11. ¿Qué políticas puedes identificar de primera que son necesarias en el ejercicio de tu ministerio?

12. ¿Qué criterios puedes emplear para escoger los aparatos y las aplicaciones de software?

Capítulo 4: Trilogía de la tecnología

1. ¿En qué consiste la trilogía de la tecnología?
2. ¿Cómo te puede ayudar la trilogía de la tecnología al desenlace deseado de crecimiento en tu ministerio?
3. ¿Cuáles son los siete componentes de una estrategia?
4. ¿Hablas de la visión, pero no tienes una escrita? ¿Qué puedes hacer para escribirla?
5. ¿Ya tienes tu estrategia ministerial escrita? ¿Por qué?
6. Si tienes una estrategia ministerial escrita, ¿Cuáles son los próximos pasos para insertar tecnología en cada área?
7. ¿Cómo aparatas la comisión antes de comisionar los aparatos?
8. Escoge una tecnología que ya esté en uso en tu ministerio, haz tres columnas en un papel, y organiza aquellas cosas que son de la estrategia, la táctica y la inteligencia.
9. ¿Cuáles factores tácticos puedes identificar que afectan el uso de tecnología en tu ministerio?
10. ¿Cuáles factores operativos puedes identificar que afectan el uso de tecnología en tu ministerio?
11. Define tus indicadores de desempeño, cómo los vas a medir y dónde los vas a registrar para luego revisarlos.

Capítulo 5: Tecnologías ministeriales

1. ¿Por qué es importante tener un marco de referencia y un modelo para llevar la tecnología en el ministerio?
2. ¿Qué significa el acrónimo viento en POPA?
3. ¿Cómo cambia tu perspectiva el saber que la administración es un don del Espíritu Santo?
4. En tus propias palabras, ¿Cuál es la misión de la iglesia?
5. Enumera las cinco funciones esenciales de la misión, las 5aes, y de qué manera tu ministerio ejecuta cada una.

6. ¿Es tu ministerio deficiente en alguna de las cinco funciones esenciales? ¿Por qué? ¿Qué acciones puedes tomar para remediarlo?
7. ¿Cuál es la diferencia entre el primer mandamiento cronológico y el primer mandamiento en prioridad? ¿Están relacionados entre sí? ¿Cómo?
8. ¿Qué son las tecnologías ministeriales?
9. ¿Cómo se relacionan las tecnologías ministeriales con la misión de la iglesia?
10. Dibuja de memoria la *Matriz de Tecnologías Ministeriales®*.
11. Nombra por lo menos dos maneras en las cuáles puedes usar la *Matriz de Tecnologías Ministeriales®* para organizar y evaluar la tecnología en tu ministerio.
12. ¿Cómo sirve la tecnología para adorar, aprender, alcanzar, ayudar y acompañar en tu ministerio?

Capítulo 6: Tecnología para adorar

1. ¿Cómo Éxodo 20:24 se relaciona con la tecnología?
2. Lee Éxodo 31. ¿Qué tiene que ver este pasaje con la tecnología para adorar?
3. ¿Qué relación existe entre la música, la adoración y la tecnología?
4. ¿Qué significa que la adoración bíblica sea mediática?
5. ¿Qué significa que la adoración bíblica sea multimedia?
6. ¿Qué significa que la adoración bíblica sea tecnológica?
7. ¿Cómo puedes aplicar la definición de la tecnología a la función de adorar?
8. Crea un diagrama FODA de la tecnología para adorar de tu ministerio.
9. Haz tu lista detallada de las personas, los sistemas, los procesos, las políticas y los aparatos de adoración siguiendo el modelo POPA, aplicada a tu ministerio.
10. Haz un mapa visual por categorías de todos los aparatos de adoración que tienes o te gustaría tener en tu ministerio. Usa

este mapa para crear planes asertivos para estimular la adoración en tu ministerio.

Capítulo 7: Tecnología para aprender

1. ¿De qué manera el lenguaje es esencial para la tecnología?
2. ¿Deberías aplicar conceptos de la tecnología educativa a los procesos de discipulado de la iglesia? ¿Por qué?
3. ¿Cómo el desarrollo tecnológico en la iglesia ha afectado su capacidad para educar en asuntos de fe?
4. Basado en Deuteronomio 6:1-7, ¿En qué consiste la instrucción bíblica y por qué es esencial en la formación de discípulos?
5. ¿Por qué el discipulado no es la mera transmisión de información?
6. ¿Cuáles son las tareas educativas de la iglesia y de cómo las aplicas a tu ministerio?
7. ¿Cómo puedes aplicar la máquina de contenido a todo lo que quieres comunicar en tu ministerio?
8. ¿Cómo puedes aplicar la definición de la tecnología a la función de aprender?
9. Crea un diagrama FODA de la tecnología para aprender de tu ministerio.
10. Haz tu lista detallada de las personas, los sistemas, los procesos, las políticas y los aparatos de aprendizaje siguiendo el modelo POPA aplicado a tu ministerio.
11. Haz un mapa visual por categorías de todos los aparatos de aprendizaje que tienes o te gustaría tener en tu ministerio. Usa este mapa para crear planes asertivos para fomentar el discipulado en tu ministerio.

Capítulo 8: Tecnología para alcanzar

1. ¿Cuál es el llamado de La Gran Comisión?
2. ¿Qué es la cibercultura y qué significa evangelizar la cibercultura?

3. ¿Qué es la iglesia metaversal? ¿Qué puedes hacer para que tu ministerio penetre otros mundos virtuales?
4. ¿Qué ventajas tiene la tecnología para alcanzar a otros con el mensaje del evangelio?
5. ¿Qué áreas de alcance con tecnología puedes establecer en tu ministerio?
6. ¿Cuál es la importancia de conocer bien a tu comunidad para ser más efectivo en el ejercicio de tu ministerio y de qué forma la tecnología te puede ayudar?
7. ¿Tienes un modelo para compartir el evangelio persona a persona? ¿Cómo te podrías valer de aplicaciones móviles para comunicar con eficiencia y efectividad el evangelio?
8. ¿Qué te hace falta todavía para transmitir servicios en vivo de la más alta calidad?
9. ¿Cómo puedes aplicar la definición de la tecnología a la función de alcanzar?
10. Crea un diagrama FODA de la tecnología para alcanzar de tu ministerio.
11. Haz tu lista detallada de las personas, los sistemas, los procesos, las políticas y los aparatos de alcance y evangelismo siguiendo el modelo POPA aplicado a tu ministerio.
12. Haz un mapa visual por categorías de todos los aparatos de alcance que tienes o te gustaría tener en tu ministerio. Usa este mapa para crear planes asertivos para extender el alcance de tu ministerio.

Capítulo 9: Tecnología para ayudar

1. ¿Por qué la compasión, la misericordia y la ayuda mutua son funciones esenciales de la misión?
2. ¿Cómo empleó tecnología el buen samaritano para ayudar al hombre medio muerto a la orilla del camino?
3. ¿Cuáles son los cuatro pasos de amor que podemos aprender del buen samaritano y que pueden fortalecerse con tecnología?
4. ¿Cómo puede tu ministerio valerse de tecnologías disponibles para ayudar al necesitado, al desasistido y al desventajado?

5. ¿Has implementado tecnología de accesibilidad y asistencia al discapacitado? ¿Por qué? Si no, ¿Qué puedes hacer para remediar esta situación?
6. ¿Administras de forma efectiva a tus voluntarios, desde su reclutamiento hasta sus labores ministeriales y resultados?
7. ¿Has creado asociaciones de ayuda mutua con otras organizaciones? Si tu respuesta es sí, ¿cómo estás manejando las relaciones con tales organizaciones?
8. ¿Das pescado o enseñas a pescar? Escribe tus reflexiones, es difícil pescar sin tecnología, ¿cierto?
9. ¿Cómo ajustarías el diagrama de gestión de personal a la administración de tus líderes, empleados, voluntarios y consultores o contratistas?
10. ¿Cómo puedes aplicar la definición de la tecnología a la función de ayudar a otros?
11. Crea un diagrama FODA de la tecnología para ayudar de tu ministerio.
12. Haz tu lista detallada de las personas, los sistemas, los procesos, las políticas y los aparatos de ayuda y compasión siguiendo el modelo POPA aplicado a tu ministerio.
13. Haz un mapa visual por categorías de todos los aparatos de ayuda que tienes o te gustaría tener en tu ministerio. Usa este mapa para crear planes asertivos para extender la ayuda en tu ministerio.

Capítulo 10: Tecnología para acompañar

1. ¿Puedes acompañar con tecnología? ¿Cómo?
2. ¿Cómo la tecnología fortalece las comunicaciones para fortalecer las relaciones?
3. ¿Qué es la *koinonía pneumatos*? ¿Cómo se aplica al ejercicio de tu ministerio?
4. ¿Cómo tu ministerio es *koinosincrático* y no idiosincrático?
5. De acuerdo con el concepto de *koinonía*, ¿qué relación existe entre el acompañamiento y la administración?

6. ¿De qué manera puedes emplear tecnología para acompañar a otros en su caminar de fe?
7. Adapta los círculos de acompañamientos a tu propio contexto y crea tus propios círculos de personas dedicadas a acompañar.
8. Agrupa los procesos para acompañar con tecnología en dos grupos: procesos para compartir la fe en comunidad y procesos para administrar la comunidad de fe.
9. ¿Estás usando tecnología para administrar a tu comunidad? ¿Por qué? ¿Qué te hace falta?
10. ¿Cómo puedes aplicar la definición de la tecnología a la función de acompañar a otros en su caminar de fe?
11. Crea un diagrama FODA de la tecnología para acompañar en tu ministerio.
12. Haz tu lista detallada de las personas, los sistemas, los procesos, las políticas y los aparatos de acompañar siguiendo el modelo POPA aplicado a tu ministerio.
13. Haz un mapa visual por categorías de todos los aparatos de acompañamiento que tienes o te gustaría tener en tu ministerio. Usa este mapa para crear planes asertivos para extender el acompañamiento en tu ministerio.

Capítulo 11: Para todo hay una app

Usa la referencia del capítulo, identifica el área de tecnología que necesitas y visita los enlaces a la página web para ver los detalles.

Si deseas obtener una copia electrónica del cuestionario para la discusión y todas las demás herramientas de evaluación para imprimirlas, visita www.ciberministerio.com.

AGRADECIMIENTOS

A Dios, porque todo se lo debo. Él es el tecnólogo y gestor por excelencia, habiendo creado los planes eternos más extraordinarios y habiendo dotado a los seres humanos de capacidades creativas y colaborativas únicas en su especie. El Ciberministro Mayor.

Quiero agradecer a los demás ciberministros en mi vida, quienes me han acompañado en mi caminar de fe, y tal vez sin saberlo, han moldeado mi forma de pensar acerca de la iglesia y su misión y del rol de la Biblia como agente de cultura y culto.

Adorar: a los esposos Mario y Tamayz Aman, por dirigir mi mirada al autor de la vida digno de toda nuestro amor y dedicación. A Danilo Montero por traerme tantas veces a los pies del maestro, y a tantos otros adoradores que le han dado forma y expresión a mi corazón con sus canciones de alabanza y adoración.

Aprender: a Antonio Madriz, por los años quietos en la sala de su casa que me permitieron ver la revelación con otros ojos y crecer como discípulo de Cristo. A mis profesores de seminario, en especial al Dr. Carlos Van Engen, por enseñarme a pensar con la Biblia de forma holística; al Dr. Daniel Shaw, por darme las herramientas para leer la cultura; y al Dr. Pablo Deiros, por redescubrir para mí el valor de la historia del cristianismo y su relevancia.

Alcanzar: a mi primo, Alcides Sánchez, quien me reclutó para pegar aquellos afiches de la campaña de Yiye Ávila hasta la madrugada, y fuera el primero en "lanzarme a la calle" a evangelizar siendo mi mentor de *Evangelismo Explosivo Internacional.*

Ayudar: a mi esposa, ¡una dadora excepcional! Me ha dado lo mejor de sí, sus mejores años, y siempre está moviéndose para ayudar a los demás. Al Dr. Marcel Pontón, mi amigo de muchos años, mentor y hermano mayor, por enseñarme la importancia de conectar múltiples recursos para ayudar al necesitado, y a hacerlo bien con sabiduría; su generosidad me inspira.

Acompañar: a mi pastor, Samuel Olson. Por estar allí siempre que le he necesitado para traer claridad a mi camino en las decisiones más importantes de mi vida. Por ser un hombre visionario de la misión. Por haber sido el primero, antes de cualquier literatura que conozca y que haya citado en este libro, en mostrarme cómo las cinco funciones esenciales la misión se ponen en práctica para administrar el ministerio. Por modelarme cómo se vive la vida llena del Espíritu. Por imaginar cómo se ve el transformar a la ciudad con el evangelio.

A Juan Carlos Rodríguez, por haberme recibido en su escuela técnica y haberme abierto una puerta que me ha conducido a más de 25 años de carrera informática y a contribuir con el ministerio a través de esta reflexión.

Finalmente, a todos quienes de una u otra forma ayudaron en la formulación de las ideas, el texto, la edición, el formato, la publicación y la promoción de este material, gracias.

SERVICIOS DE ASESORÍA

Existen en la actualidad varios asesores cristianos reconocidos que ayudan a las iglesias y otras organizaciones en diversas áreas del ministerio. Sin embargo, la disponibilidad de asesores cristianos entrenados como teólogos y tecnólogos al mismo tiempo es poca.

La necesidad de atender las demandas tecnológicas de las organizaciones del siglo XXI hace necesarias a quienes llamo "personas puentes," que comprendan bien el rol de la tecnología, pero que puedan desarrollar los planes tecnológicos con sensibilidad bíblica y teológica.

Por eso he desarrollado un modelo de servicios de consultoría en informática conocido como la *Matriz de Tecnologías Ministeriales®* para ayudarte a ti y a tu ministerio en tres áreas fundamentales:

- **Capacitar**: Asociado con el entrenamiento del personal en las labores propiamente técnicas del uso y aplicación de diversas tecnologías. Está orientado tanto al entrenamiento del personal técnico como del personal ministerial.

- **Construir**: Asociado con establecer una presencia digital sólida mediante la implementación de sitios web, correo electrónico, redes sociales, desarrollo de aplicaciones móviles, comercio electrónico e implementación de portales de donaciones y pagos electrónicos.

- **Consultar**: Asociado con la gestión de tecnología, la implementación de la *Matriz de Tecnologías Ministeriales®* en el seno de su ministerio con la creación de un *Mapa Personalizado de Madurez™* que aplica los conceptos de este libro para dirigirte al cumplimiento de tu misión en contexto.

Te invito a que me contactes para explorar cada una de estas tres áreas de servicios que ofrezco. Puedo personalizar mi trabajo a corto, mediano o largo plazo, dependiendo de tus necesidades del momento.

Puedes utilizar mi página de contacto en línea para más información:

https://vladimirlugo.com/es/contactar/

ACERCA DE LA SERIE

El tema de la tecnología es extenso. Por eso necesitamos explorar el uso de la tecnología en el ministerio de la iglesia desde varios ángulos.

Cada uno de los volúmenes de esta serie ofrece un marco teórico, nacido de la reflexión teológica y gerencial de la tecnología, al mismo tiempo que ofrece consejos prácticos probados, nacidos de la experiencia tecnológica y ministerial.

En otras palabras, cada libro te mostrará el muelle y cómo nadar para estar a salvo en estos tiempos de turbulento cambio.

Ciberministerio 1: *Ciberministerio: 5 funciones esenciales de la tecnología en la misión de la iglesia*

Ciberministerio 2: *Cibermadurez: 7 pasos para que las tecnologías ministeriales den mucho fruto*

Visita este sitio web si deseas mantenerte informado acerca de esta serie y otros libros de la colección:

www.ciberministerio.com

ACERCA DEL AUTOR

Aparata la comisión
antes de comisionar el aparato.

– VLADIMIR LUGO.

Vladimir Lugo es un asesor de tecnologías ministeriales, profesional de la informática, escritor, conferencista y ministro de vocación, que les brinda asistencia a organizaciones cristianas en la adopción de tecnologías ministeriales en línea para liberar el poder de su misión.

Como profesional de la informática cuenta con más de veinticinco años de experiencia. Ha desarrollado un entendimiento profundo de sistemas de información y ha ayudado a muchas instituciones a alinear el uso que estas hacen de la tecnología con sus respectivas misiones y metas estratégicas.

Como ministro de vocación, ha servido a la comunidad cristiana por más de treinta años de ministerio, entendiendo su llamado como educador y mentor. Ha adoptado tempranamente programas computarizados para el estudio de La Biblia, redes sociales, blogs y aplicaciones electrónicas para la enseñanza y el aprendizaje. Ha asistido a varios ministerios en la implementación de sistemas administrativos, de productividad y de presencia en la Internet.

Estudió Ingeniería Química en su país natal, Venezuela, y se graduó con una Maestría en Divinidad (M. Div.) del Seminario Teológico Fuller en Pasadena, California con una concentración en

Estudios Interculturales. Además, es especialista certificado en varias tecnologías de *Oracle* y arquitecto de soluciones certificado de la nube de *Oracle* y de *Amazon Web Services*.

Trabajó por 13 años para la Universidad Loyola Marymount, donde estuvo a cargo de la infraestructura de software de todos los sistemas administrativos, lo cual es una manera técnica de decir que, si tenía una base de datos y un servidor web, él era el responsable.

Trabajó para Ellucian, una empresa que ofrece soluciones de software para cerca de tres mil universidades y colegios, migrando dichos sistemas a la nube pública antes de formar sus propias empresas de consultoría informática, Tepui Cloud, y de desarrollo de contenidos, Tepui Media, para las cuales labora en la actualidad.

Se la pasa leyendo porque considera que el lector merece lo mejor. Puedes seguir sus hábitos de lectura en la red social para lectores *Goodreads*:

www.goodreads.com/vladimirlugomt

Dedica tiempo para escribir sobre temas de liderazgo y el uso de la tecnología en el ministerio cristiano a través de su blog www.vladimirlugo.com. Allí podrás compartir tu correo electrónico para que recibas sus artículos: *Ciberministro hoy*, donde explora con frecuencia el tema de las tecnologías ministeriales.

En estos momentos está preparando varios otros libros para publicar. Si compartes tu correo, también estarás al tanto de sus proyectos a futuro y de oportunidades para escucharle hablar en vivo.

Junto con su esposa de más de treinta años, Ivonne, son padres de dos hijas, Johanna y Natasha. Viven en el área de Los Ángeles, California. Le encanta correr, ciclar y nadar; y con frecuencia compite en triatlones y maratones. Ama a Dios, ama a sus mujeres, ama a la Iglesia y ama la aventura de vivir.

Revisa su perfil en *LinkedIn* si quieres ver su historial profesional detallado de trabajo y hoja de vida:

www.linkedin.com/in/vladimirlugomt/es

Está activo en las redes sociales con la identidad única *@vladimirlugomt*. Sigue la conversación en las redes sociales acerca del libro utilizando la etiqueta *#ciberministerio* y sobre las tecnologías ministeriales con la etiqueta *#tecnologiasministeriales*.

Para invitaciones a dar conferencias
puedes visitar su página:

https://vladimirlugo.com/es/contratar/conferencias/

También le puedes contactar por correo electrónico a: vladimir@vladimirlugo.com o escaneando el siguiente código de lectura rápida:

LIMITACIÓN DE RESPONSABILIDAD

Este libro ha sido escrito para compartir información. El autor ha hecho todo lo posible para que dicha información sea fidedigna e integral, sin embargo, es posible que haya errores de tipografía o de contenido.

El propósito de este libro es el de educar. El autor y la casa publicadora no garantizan que la información contenida en este libro esté absolutamente completa y no se hará responsable por errores u omisiones.

El autor y la casa publicadora limitan su responsabilidad legal por daños y perjuicios que pudiese causar o que se alegue causar, directa o indirectamente, por el contenido de este libro.

Si tiene algún reclamo o desea hacer alguna pregunta de índole legal, por favor escríbale al autor a: legal@vladimirlugo.com.

Bibliografía

Libros

Aristotle, *Ars Rhetorica*, W. D. Ross, ed., Clarendon Press (Medford, MA: 1959).

Aristóteles, *Ética a Nicómaco*, traducido por María Araujo, Centro de Estudios Constitucionales, (Madrid, España: 1994).

Aristóteles, *Física*, traducción y notas: Guillermo R. de Echandía, Planeta de Agostini, Editorial Gredos, S.A. (Madrid, España: 1995).

Arndt, W., Danker, F. W., y Bauer, W., *A Greek-English lexicon of the New Testament and other early Christian literature*, 3rd ed., University of Chicago Press (Chicago, IL: 2000).

Biblia de Jerusalén Latinoamericana, Liturgical Press; Revised edition (Bilbao: Desclée de Brouwer, 2009).

Biblia para Todos: Traducción En Lenguaje Actual, American Bible Society (New York, NY: 2003).

Comunidades Europeas, *Lenguaje y tecnología: De la torre de Babel a la aldea global*, Comisión Europea, ed., (Bruselas, Bélgica: 1997).

Covey, Stephen R., *Los 7 hábitos de la gente altamente efectiva*, Paidós (Buenos Aires, Argentina: 2003).

Craig, Angela L., *Online Jesus: A Guide to Building Community, Disciple & Care Online*, Angela Craig (Seattle, WA: 2020).

Cremin, Lawrence A., *Traditions of American Education*, Basic Books (New York, NY: 1977).

Deiros, Pablo A., *El Espíritu Santo Hoy*, Serie: Programa de formación ministerial por extensión, Publicaciones Proforme (Buenos Aires, Argentina: 2000)

Fisher, Neal F., *The Parables of Jesus: Glimpses of God's Reign*, The Crossroad Publishing Company (New York: NY, 1990).

Freeman, James M. y Harold J. Chadwick, *Manners & Customs of the Bible,* Bridge-Logos Publishers (North Brunswick, NJ: 1998).

Garrett, Jeremiah K., "Sons of the Prophets," *The Lexham Bible Dictionary*, John D. Barry et al. Ed., Lexham Press (Bellingham, WA: 2016).

Gebel, Dante, *Destinado al Éxito: Cómo Alcanzar tus Mejores Sueños*, Zondervan, (Nashville, TN: 2011).

Gómez, David, *Evangelizar en Internet: Descubre cómo usar Internet para proclamar el evangelio hasta lo último de la tierra*, David Gómez (San Sebastián, España: 2017).

Heidegger, Martin, *The Question Concerning Technology and Other Essays*, Harper Perennial Modern Thoughts (New York, NY: 2013).

Hiebert, Paul G., *Cultural Anthropology*, Second Edition, Seventh Impression, Baker Book House, (Grand Rapids, MI: 1995).

Hirsh, Alan, *5Q: Reactivating the Original Intelligence and Capacity of the Body of Christ*, 100M (Cody, WY: 2017).

Illich, Ivan, *In the Vineyard of the Text: A Commentary to Hugh's Didascalicon*, University of Chicago Press (Chicago, IL: 1996).

Isaacson, Walter, *Invent & Wander: The Collected Writings of Jeff Bezos*, Harvard Business Review (Boston, MA: 2021).

Johnson, Clay A, *The Information Diet: A Case for Conscious Consumption*, 1st ed., O'Reilly Media, (Sebastopol, CA: 2012).

Kelly, Kevin, *What Technology Wants,* Viking (New York, NY: 2010).

Klingberg, Torkel, *The Overflowing Brain: Information Overload and the Limits of Working Memory*, Oxford University Press (New York, NY: 2009).

Liddell, H. G., *A Lexicon: Abridged from Liddell and Scott's Greek-English Lexicon*, Logos Research Systems, Inc. (Oak Harbor, WA: 1996).

Lugo, Vladimir, *Cibermadurez, 7 pasos para que las tecnologías ministeriales den mucho fruto*, Primera Revisión, Tepui Media (Sheridan, WY: 2023).

Madison, Dan, *Process Mapping, Process Improvement and Process Management: A Practical Guide to Enhancing Work and Information Flow*, Paton Professional Press, (Chico, CA: 2005).

Malphurs, Aubrey, *A New Kind of Church: Understanding Models of Ministry in the 21st Century*, Baker Books (Grand Rapids, MI: 2007).

__, *Advanced Strategic Planning: A 21st Century Model for Church and Ministry Leaders*, Baker Books (Grand Rapids, MI: 2013).

__, *Planeamiento Estratégico: Un nuevo modelo para la iglesia y los líderes*, Editorial Peniel (Miami, FL: 2006).

__ and Gordon E. Penfold, *re:Vision: The Key to Transforming Your Church*, Baker Books (Grand Rapids, MI: 2007).

Mancini, Will, *Iglesia Única: Cómo los líderes misionales definen la visión, capturan la cultura y generan movimiento*, Editorial Vida (Miami, FL: 2014).

Mathews, Kenneth A., "The Historical Books," in *Holman Concise Bible Commentary*, ed. David S. Dockery, Broadman & Holman Publishers (Nashville, TN: 1998).

Mitcham, Carl, *Thinking through Technology: The Path between Engineering and Philosophy*, University of Chicago Press (Chicago, IL: 1994).

Myers, Edward, "Hugh of Saint-Victor" *The Catholic Encyclopedia: An International Work of Reference on the Constitution, Doctrine, Discipline, and History of the Catholic Church*, Vol. VII, Herbermann, Charles G., Edward A. Pace, Condé B. Pallen, et. al., ed, The Encyclopedia Press (New York, NY: 1913).

Niebuhr, H. Richard, *Cristo y La Cultura*, traducido por José Luis Lana, Península (Barcelona, España: 1968).

Pazmiño, Robert W., *Foundational Issues in Christian Education: An Introduction in Evangelical Perspective*, 2nd Ed., Baker Books (Grand Rapids: MI, 2001).

Proust, Marcel, *En Busca del Tiempo Perdido 5: La Prisionera*, traducido por Consuelo Berges, Alianza (Madrid, España: 1998).

Ritzema, Elliot, *Diccionario Bíblico Lexham*, Lexham Press (Bellingham, WA: 2014).

Rosenthal, Mark and Pavel Yudin, ed., *A Dictionary of Philosophy*, Progress Publishers (Moscow, Russia: 1967).

Ruiz Bueno, Daniel, *Padres Apostólicos*, Biblioteca de Autores Cristianos, Edición Bilingüe Completa, La Editorial Católica (Madrid, España: 1950).

Sale, Kirkpatrick. *After Eden: The Evolution of Human Domination*, Duke University Press, (Durham, NC: 2006).

Sauvajol-Rialland, Caroline, *InfobéSité: Comprendre Et Maîtriser La Déferlante D'informations Qui Nos Submerge,* (Paris, France: 2013).

Spadaro, Antonio, *Ciberteología: Pensar el cristianismo en tiempos de red*, traducción de Antoni Martínez Riu, Herder Editorial; 1ra edición (Barcelona, España: 2014).

Stott, John R. W., *The Message of Acts to the Ends of the Earth*, The Bible Speaks Today, InterVarsity Press (Downers Grove, IL: 1990).

Summers, Harry G., *American Strategy in Vietnam: A Critical Analysis*, Dover Publications (Mineola, NY: 2007).

Taylor, Jerome (tr. ed.), *The Didascalicon of Hugh, of Saint-Victor: A Medieval Guide to the Arts*, Columbia University Press, Reprint edition (New York, NY: 1991).

Tesla, Nikola, *Collier's Interview with Nikola Tesla*, by John. B Kennedy, Collier's The National Weekly, vol. 27, no. 5 (Springfield, OH: 1926).

Utley, Bob, *El Libro de Los Hechos: El Historiador Lucas*, ed. Patricia Cabral y Gisela Ramos, traducido por Summer Palmer, Comentario del Intérprete Bíblico, Lecciones Bíblicas Internacional (Marshall, TX: 2015).

Van Engen, Carlos, *El Pueblo Misionero de Dios*, Libros Desafío (Grand Rapids, MI: 2004).

Waltner, James H., *Psalms*, Believers Church Bible Commentary, Herald Press (Waterloo, ON: 2006).

Warren, Rick, *Una Iglesia con Propósito*, Editorial Vida (Miami, FL: 1999).

Sitios web

Bible Gateway, HarperCollins Christian Publishing, [http://www.biblegateway.com], accedido por última vez el 5 de mayo de 2023.

Diccionario de la Lengua Española, 23ª edición, Real Academia Española (Madrid, España: 2016) [http://rae.es/], accedido por última vez el 5 de mayo de 2023.

Gerente de Proyectos Digital, *Matriz RACI Simplificado: Cómo Crear Una Matriz De Responsabilidades Que Realmente Funcione*, 2013 [https://thedigitalprojectmanager.com/es/grafico-raci-manera-mas-simple], accedido por última vez el 5 de mayo 2023.

Holmes, Ryan, *5 Free Apps to Simplify your Digital Life*, Inc. Magazine (New York, NY: 2013) [https://www.inc.com/ryan-holmes/5-free-apps-to-simplify-your-digital-life.html], accedido por última vez el 5 de mayo 2023.

Information Security Policy Templates, SANS Institute, 2015, [http://www.sans.org/security-resources/policies/], accedido por última vez el 5 de mayo de 2023.

Introducción a la Accesibilidad Web, Consorcio de la Red Mundial W3C (Cambridge, MA: 2019) [https://www.w3.org/WAI /fundamentals/accessibility-intro/es], accedido por última vez el 5 de mayo de 2023.

IT History Society, *Casio PB-100* (Tiburon, CA: 2019), [https://www.ithistory.org/db/hardware/casio-computer -co-ltd/casio-pb-100], accedido por última vez el 5 de mayo de 2023.

Key, Allan, *Wikiquotes*, [http://en.wikiquote.org/wiki/Alan_Kay], accedido por última vez el 5 de mayo de 2023.

La Didaché, Aleteia Digital, [https://es.aleteia.org/2016/07/07/texto-completo-de-la-didache/], accedido por última vez el 5 de mayo de 2023.

Lugo, Vladimir, *3 pasajes para formular una teología bíblica de la tecnología*, (Los Ángeles, CA: 2015) [https://vladimirlugo.com/es/3-pasajes-para-formular-una-teologia-biblica-de-la-tecnologia/], accedido por última vez el 5 de mayo de 2023.

__, *5 columnas vitales de la tecnología*, (Los Ángeles, CA: 2016) [https://vladimirlugo.com/es/5-columnas-vitales-de-la-tecnologia/], accedido por última vez el 5 de mayo de 2023.

__, *5 componentes ineludibles del tu plan estratégico*, (Los Ángeles, CA: 2015) [https://vladimirlugo.com/es/5-componentes-ineludibles-de-tu-plan-estrategico/], accedido por última vez el 5 de mayo de 2023.

__, *5 lecciones de las redes sociales para la iglesia de hoy* (Los Ángeles, CA: 2015) [https://vladimirlugo.com/es/5-lecciones-de-las-redes-sociales-para-la-iglesia-de-hoy/], accedido por última vez el 5 de mayo de 2023.

__, *5 males de la tecnología que debemos subsanar* (Los Ángeles, CA: 2017) [https://vladimirlugo.com/es/5-males-de-la-tecno logia-que-debemos-subsanar/], accedido por última vez el 5 de mayo de 2023.

__, *5 ventajas de generar un claro modelo de negocios* (Los Ángeles, CA: 2018) [https://vladimirlugo.com/es/5-ventajas-de-generar-un-claro-modelo-de-negocios/], accedido por última vez el 5 de mayo de 2023.

__, *7 fuentes de fotos gratuitas para tu presencia visual*, (Los Ángeles, CA: 2017) [https://vladimirlugo.com/es/7-fuentes-de-fotos-gratuitas-para-tu-presencia-visual/], accedido por última vez el 5 de mayo de 2023.

Mosendz, Polly, *Apple Launches Investigation into Celebrity iCloud Hack*, The Wire, [https://www.theatlantic.com/technology/archive/2014/09/apple-launches-investigation-into-celebrity-icloud-hack/379439/], accedido por úlitma vez el 5 de mayo de 2023.

Oxford Dictionaries Online quarterly update: new words added to oxforddictionaries.com today, Oxford Dictionaries, 2013, [https://public.oed.com/updates/new-words-list-june-2013/], accedido por última vez 5 de mayo de 2023.

Sierra, Elena Jorge. "*Actitudes Ante la Ciencia y la Tecnología: 'Apocalípticos e Integrados.' Tecnorealismo y Determinismo Tecnológico*" [https://sociotecno4.wordpress.com/actitudes-ante-la-ciencia-y-la-tecnologia-apocalipticos-e-integrados/] accedido por última vez el 5 de mayo de 2023.

Stones, Alison, *Scriptorium: the term and its history,* Open Edition Journals [https://journals.openedition.org/perspective/4401], accedido por última vez el 5 de mayo de 2023.

Vargas, Daniel R., *¿Qué dijo Billy Graham desde Puerto Rico?* Primera Hora, [https://www.primerahora.com/noticias/puerto-rico/notas/que-dijo-billy-graham-desde-puerto-rico/], accedido por última vez el 5 de mayo de 2023.

ANOTACIONES

Todas las traducciones al español hechas por Vladimir Lugo.

[1] Para un estudio más profundo del trabajo influyente de Hugo de San Víctor, por favor consulte a Edward Myers, "Hugh of Saint-Victor" *The Catholic Encyclopedia: An International Work of Reference on the Constitution, Doctrine, Discipline, and History of the Catholic Church*, Vol. VII, Herbermann, Charles G., Edward A. Pace, Condé B. Pallen, et. al., ed, The Encyclopedia Press (New York, NY: 1913), pp. 521-523; Taylor, Jerome (tr. ed.), The *Didascalicon of Hugh, of Saint-Victor: A Medieval Guide to the Arts*, Columbia University Press; Reprint edition (New York, NY: 1991); Illich, Ivan, *In the Vineyard of the Text: A Commentary to Hugh's Didascalicon*, University of Chicago Press (Chicago, IL: 1996).

[2] Taylor, *Óp. Cit.*, las referencias textuales del inglés o francés han sido traducidas por el autor.

[3] Aristóteles, *Física*, traducción y notas: Guillermo R. de Echandía, Planeta de Agostini, Editorial Gredos, S.A. (Madrid, España: 1995), p. 51.

[4] IT History Society, *Casio PB-100* (Tiburon, CA: 2019), [https://www.ithistory.org/db/hardware/casio-computer-co-ltd/casio-pb-100], accedido por última vez el 5 de mayo de 2023.

[5] Proust, Marcel, *En Busca del Tiempo Perdido 5: La Prisionera*, traducido por Consuelo Berges, Alianza (Madrid, España: 1998), p. 147.

[6] "Ubicuo, a", *Diccionario de la lengua española*, 23ª ed., Real Academia Española (Madrid, España: 2014).

[7] Kelly, Kevin, *What Technology Wants,* Kindle Edition, Viking (New York, NY: 2010), loc. 2621.

[8] *Ibid.*, loc. 2574.

[9] Lugo, Vladimir, *5 males de la tecnología que debemos subsanar* (Los Ángeles, CA: 2017) [https://vladimirlugo.com/es/5-males-de-la-

tecnologia-que-debemos-subsanar/], accedido por última vez el 5 de mayo de 2023.

[10]Sale, Kirkpatrick, *After Eden: The Evolution of Human Domination*, Duke University Press (Durham, NC: 2006). El libro trata extensamente el ludismo, un movimiento opositor a la revolución industrial que se desarrolló en Inglaterra y que hace eco a finales del siglo veinte en forma de neoludismo. Los ludistas son tecnófobos que se oponen a la inteligencia artificial, a la tecnología nuclear y a la informática.

[11] Sierra, Elena Jorge. "*Actitudes Ante la Ciencia y la Tecnología: 'Apocalípticos e Integrados.' Tecnorealismo y Determinismo Tecnológico*". [http://sociotecno4.wordpress.com/actitudes-ante-la-ciencia-y-la-tecnologia-apocalipticos-e-integrados/] accedido por última vez el 5 de mayo de 2023.

[12] Kelly, Kevin. *Óp. cit.*, loc. 618.

[13] Niebuhr, H. Richard, *Cristo y La Cultura*, traducido por José Luis Lana, Península (Barcelona, España: 1968).

[14] Véase, por ejemplo, a Kevin Kelly, *Op. Cit.*, quien expone la selectividad y el desarrollo de tecnologías alternativas de los grupos amish.

[15] Números 26. El censo de Israel antes de entrar a la tierra revela más de 600,000 hombres mayores de 20 años capaces de ir a la guerra. Si sumamos mujeres, ancianos y niños, se podría estimar con facilidad una población de alrededor de tres millones de personas.

[16] "Disciplina", *Diccionario de la lengua española,* 23ª ed., Real Academia Española (Madrid, España: 2014).

[17] Aristóteles, *Ética a Nicómaco*, traducido por María Araujo, Centro de Estudios Constitucionales (Madrid, España: 1994).

[18] La palabra ha sido acuñada en el título del libro *La Infobesidad: Comprender y Controlar El Flujo de Información que nos Abruma*, del texto original en francés y aún no disponible en español. Caroline Sauvajol-Rialland, *InfobéSité: Comprendre Et Maîtriser La Déferlante D'informations Qui Nos Submerge*, Vuibert (Paris, France: 2013).

[19] Mucho se ha escrito sobre este tema a nivel de gerencia, organizacional, y hasta científico. El doctor Torkel Kingberg, profesor de Neurociencia Cognoscitiva del Instituto Karolinska de Estocolmo escribe que en nuestra capacidad para procesar la información "los límites no están definidos por la tecnología sino por nuestra propia biología". Torkel Klingberg, *The Overflowing*

Brain: Information Overload and the Limits of Working Memory, Oxford University Press, (New York, NY: 2009), p. 3.

20 Este es un neologismo del autor, derivado de otro libro publicado en inglés: Clay A. Johnson, *The Information Diet: A Case for Conscious Consumption*, 1st ed., O'Reilly Media, (Sebastopol, CA: 2012).

21 Mosendz, Polly, *Apple Launches Investigation into Celebrity iCloud Hack*, The Wire, [https://www.theatlantic.com/technology/archive/2014/09/apple-launches-investigation-into-celebrity-icloud-hack/379439/], accedido por úlitma vez el 5 de mayo de 2023.

22 En inglés se conocen como *Open Source* y *Free Software Foundation.* El código abierto ofrece la fuente original del software, mientras que el software libre se refiere a aplicaciones que son gratis. Muchas aplicaciones son ambas cosas o alguna combinación de estas.

23 Filipenses 2:13: "pues Dios es quien produce en ustedes tanto el querer como el hacer para que se cumpla su buena voluntad".

24 Kelly, Kevin, *Óp. Cit.*, loc. 2869.

25 De acuerdo con el diccionario Oxford, se suman más de mil palabras cada año. *Oxford Dictionaries Online quarterly update: new words added to oxforddictionaries.com today*, Oxford Dictionaries, 2013, [https://public.oed.com/updates/new-words-list-june-2013], accedido por última vez 5 de mayo de 2023.

26 Key, Allan, *Wikiquotes* [http://en.wikiquote.org/wiki/Alan_Kay], accedido por última vez el 5 de mayo de 2023.

27 "Tecnología", Diccionario de la lengua española, 23ª ed., Real Academia Española (Madrid, España: 2014).

28 Aristóteles, *Ars Rhetorica*, W. D. Ross, ed., Clarendon Press (Medford, MA: 1959), pp. 1354b, 1355a, 1356a. Se traduce del texto griego como 'sistematizar o poner bajo las reglas del arte' (en este caso, de la retórica como arte), siguiendo a H. G. Liddell, *A Lexicon: Abridged from Liddell and Scott's Greek-English Lexicon*, Logos Research Systems, Inc. (Oak Harbor, WA: 1996), p. 804.

29 Mitcham, Carl, *Thinking through Technology: The Path between Engineering and Philosophy*, University of Chicago Press (Chicago, IL: 1994), pp. 128-131.

30 Kelly, Kevin, *Óp. cit.*, loc. 159.

31 Hiebert, Paul G., *Cultural Anthropology*, Second Edition, Seventh Impression, Baker Book House (Grand Rapids, MI: 1995), p. 62.

[32] Lugo, Vladimir, *Cibermadurez, 7 pasos para que las tecnologías ministeriales den mucho fruto*, (Sheridan, WY: Tepui Media, 2023), capítulo 10.

[33] "Sistema", *Diccionario de la lengua española*, 23ª ed., Real Academia Española (Madrid, España: 2014).

[34] El retorno de inversión o ROI (por sus siglas en inglés de *Return On Investment*) y el valor total de la propiedad o TCO (por sus siglas en inglés de *Total Cost of Ownership*), son de hecho valores estándares en la industria que las empresas usan en sus procesos de venta. Pregunta por estos valores cuando evalúes comprar equipos o aplicaciones de software.

[35] Madison, Dan, *Process Mapping, Process Improvement and Process Management: A Practical Guide to Enhancing Work and Information Flow*, Paton Professional Press (Chico, CA: 2005), p. 3.

[36] Gebel, Dante, *Destinado al Éxito: Cómo Alcanzar tus Mejores Sueños*, Zondervan, Edición Kindle (Nashville, TN: 2011), loc. 2090.

[37] *Ibid.*, loc. 2114.

[38] SANS Institute, *Information Security Policy Templates*, 2015, [http://www.sans.org/security-resources/policies/], accedido por última vez el 5 de mayo de 2023.

[39] Puedes consultar la Internet si deseas más información acerca de la matriz RACI, pero te recomiendo que leas el artículo del gerente de proyectos digital, *Matriz RACI Simplificado: Cómo Crear Una Matriz De Responsabilidades Que Realmente Funcione*, 2013 [https://thedigitalprojectmanager.com/es/grafico-raci-manera-mas-simple], accedido por última vez el 5 de mayo 2023.

[40] Tzu Sun, *El Arte de la Guerra*, 14ª edición, Editorial Fundamentos (Madrid, España: 2008), 2:19.

[41] Arndt, W., Danker, F. W., y Bauer, W., *A Greek-English lexicon of the New Testament and other early Christian literature*, 3rd ed., University of Chicago Press (Chicago, IL: 2000), p.948.

[42] Ruiz B., Daniel, trans., *Padres Apostólicos: Edición Bilingüe Completa*, Biblioteca de Autores Cristianos, La Editorial Católica S.A. (Madrid, España, 1950), p. 212.

[43] Malphurs, Aubrey, *Planeamiento Estratégico: Un nuevo modelo para la iglesia y los líderes*, Editorial Peniel (Miami, FL: 2006).

[44] Mancini, Will, *Iglesia Única: cómo los líderes misionales definen la visión, capturan la cultura y generan movimiento*, Editorial Vida, Edición Kindle (Miami, FL: 2014), loc. 760-916.

[45] Malphurs, Aubrey and Gordon E. Penfold, *re:Vision: The Key to Transforming Your Church*, Baker Books (Grand Rapids, MI: 2014), pp. 168-169.

[46] Revisa la sección de Modelos del Capítulo 11 para una definición de cada una de estas metodologías. Además, he escrito una breve introducción a *Business Model Generation* en mi artículo *5 ventajas de generar un claro modelo de negocios* (Los Ángeles, CA: 2018) [https://vladimirlugo.com/es/5-ventajas-de-generar-un-claro-modelo-de-negocios/], accedido por última vez el 5 de mayo de 2023.

[47] Ruiz B., Daniel, *Óp. cit.*

[48] Summers, Harry G., *American Strategy in Vietnam: A Critical Analysis*, Dover Publications (Mineola, NY: 2007), p. 115.

[49] "Táctico, a", *Diccionario de la lengua española*, 23ª ed., Real Academia Española (Madrid, España: 2014).

[50] Véase, por ejemplo, Heráclito de Éfeso, en *A Dictionary of Philosophy*, Progress Publishers (Moscú, Rusia: 1967), p. 188, editado por Mark Rosenthal y Pavel Yudin. Para Heráclito, todo en la naturaleza se encuentra en continuo cambio, siguiendo unas normas que previenen que el cambio se descontrole en completo caos. Estas normas que mantienen un cambio controlado sin salirse de sus propósitos son Logos. Heráclito fue el primer filósofo en atribuirle estatus metafísico al Logos y con seguridad influyó en la introducción del evangelio de Juan, Logos es el principio de cambio constante.

[51] Isaacson, Walter, ed., *Invent & Wander: The Collected Writings of Jeff Bezos*, Harvard Business Review (Boston, MA: 2021), p. 83.

[52] Lugo, Vladimir, *3 pasajes para formular una teología bíblica de la tecnología*, (Los Ángeles, CA: 2015) [https://vladimirlugo.com/es/3-pasajes-para-formular-una-teologia-biblica-de-la-tecnologia/], accedido por última vez el 5 de mayo de 2023.

[53] Puedes leer más acerca del concepto de *kybernéseis* en mi segundo libro de la serie: *Cibermadurez*, Óp. cit., Capítulo 8.

[54] Van Engen, Carlos, *El Pueblo Misionero de Dios*, Libros Desafío (Grand Rapids, MI: 2004).

[55] Warren, Rick, *Una Iglesia con Propósito*, Editorial Vida (Miami, FL: 1999). pp. 119-127.

[56] Malphurs, Aubrey, *A New Kind of Church: Understanding Models of Ministry for the 21st Century*, Baker Books (Grand Rapids, MI: 2007).

[57] Hirsh, Alan, *5Q: Reactivating the Original Intelligence and Capacity of the Body of Christ*, 100M (Cody, WY: 2017), p. 64.

[58] *Ibid.*, p. 66.

[59] El metaverso es un concepto nuevo que se convirtió en el hablar de los medios cuando en el 2021 Facebook decidió cambiar su nombre a Meta. El metaverso es un conglomerado de nuevas tecnologías que incluye los videojuegos en línea, las videoconferencias, los avatares y mundos digitales, la propiedad digital por medio de tokens no fungibles (o NFT por sus siglas en inglés, de *Non-Fungible Tokens*) y las criptomonedas. La iglesia de hoy está llamada a ejercer sus funciones en los nuevos mundos digitales, de allí el nuevo concepto de la iglesia metaversal.

[60] Revisa la página 174 para una explicación de qué son las filacterias.

[61] Lugo, Vladimir, *5 lecciones de las redes sociales para la iglesia de hoy*, (Los Ángeles, CA: 2015) [https://vladimirlugo.com/es/5-lecciones-de-las-redes-sociales-para-la-iglesia-de-hoy/], accedido por última vez el 5 de mayo de 2023.

[62] Mathews, Kenneth A., "The Historical Books," in *Holman Concise Bible Commentary*, ed. David S. Dockery (Nashville, TN: Broadman & Holman Publishers, 1998), p. 161.

[63] Waltner, James H., *Psalms*, Believers Church Bible Commentary (Scottdale, PA; Waterloo, ON: Herald Press, 2006), p. 759.

[64] *Biblia par Todos: Traducción en Lenguaje Actual*, Sociedad Bíblica Americana (New York, NY: 2003), Proverbios 14:4.

[65] Cremin, Lawrence A., *Traditions of American Education*, (New York, NY: Basic Books, 1977), p. 134.

[66] Comunidades Europeas, *Lenguaje y tecnología: De la torre de Babel a la aldea global*, Comisión Europea, ed., (Bruselas, Bélgica: 1997), p. 1.

[67] Puedes leer el texto completo de *La Didaché* en Aleteia Digital, visitando https://es.aleteia.org/2016/07/07/texto-completo-de-la-didache/, accedido por última vez el 3 de mayo de 2023.

[68] Stones, Alison, *Scriptorium: the term and its history,* Open Edition Journals [https://journals.openedition.org/perspective/4401], accedido por última vez el 5 de mayo de 2023.

[69] Fisher, Neal F., *The Parables of Jesus: Glimpses of God's Reign*, The Crossroad Publishing Company (New York: NY, 1990), pp. 21-22.

[70] Pazmiño, Robert W., *Foundational Issues in Christian Education: An Introduction in Evangelical Perspective*, 2nd Ed., Baker Books (Grand Rapids: MI, 2001), p. 45.

[71] Véase por ejemplo a James M. Freeman y Harold J. Chadwick, en *Manners & Customs of the Bible*, Bridge-Logos Publishers (North Brunswick, NJ: 1998), p. 256; o Jeremiah K. Garrett, "Sons of the

Prophets," ed. John D. Barry et al., *The Lexham Bible Dictionary*, Lexham Press (Bellingham, WA: 2016).

[72] La acreditación de tu programa educativo puede incluir agencias nacionales o regionales, el amparo de denominaciones eclesiásticas, la afiliación a organizaciones independientes como *Educause*, la Asociación para la Educación Teológica Hispana (AETH), o la Asociación Teológica Hispana (ATH), o la participación en acreditadoras institucionales con respaldo del Departamento de Educación como la Asociación para la Educación Bíblica a nivel Superior (ABHE, por sus siglas en inglés, de *Association for Biblical Higher Education*) y la Asociación de Escuelas Teológicas (ATS, por sus siglas en inglés, de *Association of Theological Schools*), entre otras.

[73] Vargas, Daniel R., *¿Qué dijo Billy Graham desde Puerto Rico?* Primera Hora, [https://www.primerahora.com/noticias/puerto-rico/notas/que-dijo-billy-graham-desde-puerto-rico/], accedido por última vez el 5 de mayo de 2023.

[74] Warren, Rick, *Óp. Cit.* p. 154.

[75] RGPD son las siglas para la Regulación General de Protección de Datos en Europa, y CCPA (por sus siglas en inglés de *California Consumer Privacy Act*) es la regulación equivalente para proteger la privacidad del consumidor.

[76] Las *cookies* son pequeños archivos de texto que se almacenan en el dispositivo cuando se visita un sitio web. Estos archivos contienen información que el sitio web puede utilizar para recordar ciertos datos sobre el usuario, como sus preferencias o datos de inicio de sesión. Las cookies son utilizadas por los sitios web para proporcionar una experiencia más personalizada y eficiente al usuario, ya que permiten recordar información y realizar un seguimiento de la actividad en el sitio web.

[77] Lugo, Vladimir, *7 fuentes de fotos gratuitas para tu presencia visual*, (Los Ángeles, CA: 2017) [https://vladimirlugo.com/es/7-fuentes-de-fotos-gratuitas-para-tu-presencia-visual/], accedido por última vez el 5 de mayo de 2023.

[78] __, *Cibermadurez*, Óp. Cit., Capítulo 5.

[79] *Biblia de Jerusalén Latinoamericana*, (Bilbao: Desclée de Brouwer, 2007), Eclesiástico 50:25–26. Paréntesis añadido: del griego *ethne,* que se puede traducir de igual manera gente, pueblo o nación.

[80] Covey, Stephen R., *Los 7 hábitos de la gente altamente efectiva*, Paidós (Buenos Aires, Argentina: 2003), p. 58. Segundo hábito.

[81] Utley, Bob, *El Libro de Los Hechos: El Historiador Lucas*, ed. Patricia Cabral y Gisela Ramos, traducido por Summer Palmer, Comentario del Intérprete Bíblico, Lecciones Bíblicas Internacional (Marshall, TX: 2015), Hechos 6.

[82] *Introducción a la Accesibilidad Web*, Consorcio de la Red Mundial W3C (Cambridge, MA: 2019) [https://www.w3.org/WAI/fundamentals/accessibility-intro/es], accedido por última vez el 5 de mayo de 2023.

[83] Stott, John R. W., *The Message of Acts to the Ends of the Earth*, The Bible Speaks Today (Downers Grove, IL: InterVarsity Press, 1990), p. 105.

[84] Gómez, David, *Evangelizar en Internet: Descubre cómo usar Internet para proclamar el evangelio hasta lo último de la tierra*, David Gómez (San Sebastián, España: 2017), p. 9.

[85] Ritzema, Elliot, *Diccionario Bíblico Lexham*, Lexham Press (Bellingham, WA: 2014), Credo niceno.

[86] Deiros, Pablo A., *El Espíritu Santo Hoy*, Serie: Programa de formación ministerial por extensión, (Buenos Aires, Argentina: Publicaciones Proforme, 2000), p. 131.

[87] Craig, Angela L., *Online Jesus: A Guide to Building Community, Disciple & Care Online*, Angela Craig (Seattle, WA: 2020), p. 20.

[88] Tesla, Nikola, *Collier's Interview with Nikola Tesla*, by John. B Kennedy, Collier's The National Weekly, vol. 27, no. 5, January 30, 1926 (Springfield, OH: 1926), p. 16.

[89] Holmes, Ryan, *5 Free Apps to Simplify your Digital Life*, Inc. Magazine, (New York, NY: 2013) [https://www.inc.com/ryan-holmes/5-free-apps-to-simplify-your-digital-life.html], accedido por última vez el 5 de mayo de 2023.

Este libro ha sido publicado por Tepui Media.

Tepui Media es una empresa comprometida con el fortalecimiento de las iniciativas de autores independientes y con amplificar su impacto comunicacional. Tepui Media cuenta con un equipo de profesionales altamente calificados en comunicaciones de medios múltiples e incluye a varios especialistas en presencia y mercadeo digital, producción audiovisual, estrategia de contenido y desarrollo de software.

Si necesitas publicar tu libro y crear una plataforma sólida de promoción y difusión de tu mensaje, habla con los expertos:

Vladimir Lugo

Made in the USA
Middletown, DE
05 November 2026

36611305R00205